张量分析与连续介质力学导论

雷 钧 著

北京工业大学出版社

内 容 简 介

本书是在参考国内外相关教材与文献的基础上总结编写而成。在保证课程基本要求的前提下，强调基础理论知识的全面性与数学语言的规范性，注重概念的准确性与内容的关联性，数形结合、深入浅出地介绍定义、定理、运算规则，结合例题，加深读者对抽象概念的理解。同时，针对近现代连续介质力学的发展现状，对相关概念进行必要拓展。通过对本书的学习，读者可掌握现代力学的基础语言以及基本原理，为后续的专业学习奠定基础。

本书内容分为两篇，分别介绍张量分析与连续介质力学的基础知识，共分为 12 章。

本书可作为高等工科院校力学专业研究生教材，或者航空航天、机械、土木等专业相关课程的选修课教材，也可作为相关专业人员的参考书。

图书在版编目（CIP）数据

张量分析与连续介质力学导论 / 雷钧著 . —北京：北京工业大学出版社，2023.8

ISBN 978-7-5639-8572-2

Ⅰ . ①张… Ⅱ . ①雷… Ⅲ . ①张量分析—研究生—教材 ②连续介质力学—研究生—教材 Ⅳ . ① O183.2 ② O33

中国国家版本馆 CIP 数据核字（2023）第 087008 号

张量分析与连续介质力学导论

ZHANGLIANG FENXI YU LIANXU JIEZHI LIXUE DAOLUN

著　　者： 雷　钧
策划编辑： 杜一诗
责任编辑： 李周辉
封面设计： 红杉林文化
出版发行： 北京工业大学出版社
（北京市朝阳区平乐园 100 号　邮编：100124）
010-67391722（传真）bgdcbs@sina.com
经销单位： 全国各地新华书店
承印单位： 北京虎彩文化传播有限公司
开　　本： 787 毫米 ×1092 毫米　1/16
印　　张： 13
字　　数： 193 千字
版　　次： 2023 年 8 月第 1 版
印　　次： 2023 年 8 月第 1 次印刷
标准书号： ISBN 978-7-5639-8572-2
定　　价： 49.00 元

序

文如其名，本书包含了密切关联的两部分内容：张量分析、连续介质力学。

张量分析是数学的一个分支，对几乎所有的物理问题来说都是一个强大的分析工具。不管多么复杂的物理场，几乎都可借助张量给出简洁而完美的描述。张量分析已成为高等研究人员有必要掌握的基本数学知识，对于从事力学研究的学者来说更是如此。即使对于工程师，能够系统了解张量的基本概念、定理、运算也是大有裨益的。因此，张量分析不仅是高校力学、物理等专业的研究生必修课，也通常被列为许多工程专业（机械、土木、航空航天等）研究生的选修课。本书作者结合自己多年的教学经验和研究成果，针对工科院校力学专业及其他相关工科专业的研究生数理基础特点，从本科阶段已经学习了解过的向量出发，逐渐深入一般曲面坐标下张量的概念和运算，引导学生由浅入深地理解张量的概念，并掌握其运算，避免因抽象难懂而造成厌学。

连续介质力学是近现代力学的一个重要分支，以统一的观点研究在力场（包括耦合其他物理场）作用下连续体的运动变形等宏观行为和普遍规律，是众多力学分支学科的理论基础。它的连续性假设使数学分析这一强大的工具得以大展身手，特别是张量分析为连续介质力学提供了完美的描述，几乎可以说是为连续介质力学而生。本书第二篇在第一篇对张量进行简洁通用介绍的基础上，进一步展现了张量在连续介质力学中的精美应用。第二篇不仅详细介绍了连续介质力学的基本概念和定理，还提供了丰富的例题，便于初学者理解。

总之，尽管关于张量分析和连续介质力学的教材并不少，但本书在简洁性、通用性、全面性等方面有其特色，特别是针对高校工科专业学生的特点对内容进行了合理的安排和调整，便于教师深入浅出地开展教学和学生由浅入深地理解掌握，适合作为高校力学专业高年级本科生或研究生，以及相关工科专业研究生的教材。

作为本书作者曾经的博士指导教师，对其能十余年倾注于一线教学、注重经验积累且汇编成书甚为欣慰，并欣然为序。

写于天津大学与北京交通大学

2023 年 4 月 25 日

前言

近年来，教育部持续加强基础学科和拔尖创新人才的培养，通过培养基础学科人才，推动我国的原始创新能力，实现更多从 0 到 1 的科技突破，提升国家的“元实力”。基础学科是建设世界科技强国的基石，是保证国家战略安全的底牌，是国家富强的血脉，数学与力学更是支撑现代科技发展的两大支柱学科。张量分析是现代数学物理学的基础工具。张量分析所提供的对曲线坐标系的微分方法，真正实现了非欧几何从概念到演算的革命。连续介质力学是现代力学的总纲，属理性力学范畴，它自上而下地规范了力学的总体建设，以统一的观点高屋建瓴地研究连续介质在外部作用下的变形和运动规律，是诸多力学课程的理论基础。作为现代科学最基本的数学工具之一，张量分析与微分几何学已渗透到连续介质力学中，在描述连续介质力学行为方面具有不可替代的作用。有了张量分析，连续介质力学就如鱼得水。没掌握好张量分析，就无法阅读多数现代文献。

目前，高等教育存在一定程度的学科分工过细现象，可能会造成学生知识结构相对封闭和狭隘等缺陷，无法形成有效的立体式、多向度的联系。这就使得张量分析及连续介质力学这类总纲性课程在学科交叉中的联结作用尤为重要。在多年教学过程中，笔者深刻体会到现有教材在广大工科类地方院校培养力学专业人才方面存在的不足：该类院校的研究生多为跨专业生源，学科基础相对薄弱，对过于理论抽象化的专业知识难以快速掌握。基于此，笔者在总结多年教学经验与成果积累，以及参考国内外相关教材与文献的基础上，总结编写了本书，作为具有新工科人才培养特色的力学学科基础学位课“张量分析与连续介质力学导论”的教材。

本书分为两篇：张量分析、连续介质力学。张量分析篇突出张量语言通用性、简洁性的特色，坚持数形结合，力争深入浅出地引入各种概念与运算规则。所有公式采用一般曲线坐标系中的张量绝对记法与并矢符号，并沿用当前通用的国际规范语言进行描述。连续介质力学篇侧重对基本概念的准确描述，并提供解释性说明与丰富的例题，以加强读者对抽象概念的理解与应用。同时，针对近现代连续介质力学的发展特征，对相关概念进行必要拓展。为保证内容的完整性与适用性，书中选择不加证明地给出了一些定理。通过对本书的学习，读者可掌握现代力学的基础语言以及基本原理，为后续的专业学习奠定基础。笔者希望该教材可为推动新工科人才培养和学科专业建设、提升教材和课程建设做出一定贡献。

在本书编写过程中，笔者得到北京工业大学力学学科老师们的大力支持和帮助，南京航空航天大学黄再兴教授、武汉大学楚锡华教授等对内容编排提出了宝贵意见。本书的出版也得到北京工业大学材料与制造学部及国家自然科学基金（No. 11972054）的资助，在此表示衷心的感谢。

因本人学识所限，书中的不足之处在所难免，衷心希望使用本书的老师与同学们提出宝贵意见，并进行批评指正。

雷　钧

2022 年 11 月

目 录

第一篇 张量分析

第二篇　连续介质力学

第一篇

张 量 分 析

张量分析作为近代数学向现代数学进化的开端之一，为现代数学物理学提供了工具。爱因斯坦（Einstein A.）和格拉斯曼（Grassmann H.）最早实现了张量分析的物理意义，同时建立起引力的几何理论，从根本上改变了物理学的面貌。以张量分析为基础的黎曼几何学，已成为现代理论物理的基础工具。

19 世纪后半叶，几何学这种用来表征自然的语言发生了质的变化，产生这种变化的原因有三点：其一，非欧几何思想的产生打破了空间平直的僵硬观念；其二，向量分析建立起来，几何方法在解析几何之后有了新的实质突破；其三，黎曼（Riemann G. F. B.）发表划时代的演说，高维、弯曲空间概念在格拉斯曼、凯莱（Cayley A.）的代数层面研究之后，有了几何学的意义。在这样的背景下，新的几何学，也就是后来被称为黎曼几何的数学分支开始了从概念阶段到可计算阶段发展的历程，而真正实现这个转变的是张量分析方法的建立。新几何学提供了在高维曲线坐标系中如何进行微分运算的方法。其中，最重要的是曲线坐标系的微分方法——绝对微分法的建立。现代科学自广义相对论之后的发展，尤其是弦理论的成果，充分证明了这种方法在表征自然方面的强大能力。几何学家陈省身曾说，张量分析是如此重要，以至人人都要学，这就是微分几何总是从张量开始的原因。张量分析与微分几何学在描述连续介质力学行为方面具有不可替代的作用，有了张量分析，连续介质力学就如鱼得水。

本篇内容包括向量、张量的基本概念、张量的代数运算、二阶张量、张量函数、张量场分析六章，主要介绍张量的定义、坐标变换规则、张量的代数运算、张量函数、张量场的导数与积分运算公式等。张量本身具有坐标变换的不变性，张量的各种代数运算、张量函数的哈密顿（Hamilton）算子代表的梯度运算、对张量场函数的各种积分运算都是不依赖于坐标系的不变形式。因此，用上述各种与坐标系无关的符号写出的各种方程，包括代数方程、场微分方程、积分方程都适用于一切坐标系，这就是张量方程的不变性。该部分是为学习连续介质力学等作必要的准备，所以主要限于三维欧氏空间的讨论。

第1章

向　　量

1.1 向量的基本概念

标量（scalar）是一类仅需一个数量即可表征的量，如长度、质量、能量、温度、电荷等，其数值大小仅依赖所参考的单位。还有一类具有方向性的物理量，如速度、力、热流、电场等，需要具有相同量纲的数组才可以完整表示，称为**向量**或**矢量**（vector）。向量满足如下的加法运算

$$\begin{cases} \boldsymbol{a}+\boldsymbol{b}=\boldsymbol{b}+\boldsymbol{a} \\ (\boldsymbol{a}+\boldsymbol{b})+\boldsymbol{c}=\boldsymbol{a}+(\boldsymbol{b}+\boldsymbol{c}) \end{cases} \tag{1.1}$$

以及数乘运算

$$\begin{cases} \alpha(\boldsymbol{a}+\boldsymbol{b})=\alpha\boldsymbol{a}+\alpha\boldsymbol{b} \\ (\alpha+\beta)\boldsymbol{a}=\alpha\boldsymbol{a}+\beta\boldsymbol{a} \\ (\alpha\beta)\boldsymbol{a}=\alpha(\beta\boldsymbol{a}) \end{cases} \tag{1.2}$$

式中，$\boldsymbol{a}$，$\boldsymbol{b}$，$\boldsymbol{c}$ 为向量，α，$\beta\in\mathbf{R}$ 为实数。满足以上运算法则的向量全体，称为**向量空间**。

1.2 直角坐标系与向量的指标式

一个坐标系的基本元素包括坐标原点、参考基（基向量、基矢量）、转向（左手系或右手系）、与参考基指向一致的坐标轴等要素。笛卡儿坐标系由坐标原点 O 与三个单位正交基向量 $\{\boldsymbol{i},\ \boldsymbol{j},\ \boldsymbol{k}\}$ 组成，从 O 点指向 P 的向径 $\boldsymbol{r}$ 可由三个坐标分量表示

$$\boldsymbol{r} = \boldsymbol{r}(x,\ y,\ z) = x\boldsymbol{i} + y\boldsymbol{j} + z\boldsymbol{k} \tag{1.3}$$

式中，x，y，z 分别为向径 $\boldsymbol{r}$ 在三个基向量上的**投影**。

采用**指标记法**，以（x_1，x_2，x_3）表示笛卡儿坐标（x，y，z），$\{\boldsymbol{e}_1,\ \boldsymbol{e}_2,\ \boldsymbol{e}_3\}$ 表示标准正交基（orthogonal basis）$\{\boldsymbol{i},\ \boldsymbol{j},\ \boldsymbol{k}\}$，则式（1.3）可记为指标形式

$$\boldsymbol{r} = \sum_{i=1}^{3} x_i \boldsymbol{e}_i \tag{1.4}$$

式中，$\boldsymbol{e}_k$ 满足

$$\boldsymbol{e}_i \cdot \boldsymbol{e}_j = \delta_{ij} = \begin{cases} 1, & i = j \\ 0, & i \neq j \end{cases} \tag{1.5}$$

式中，δ_{ij} 称为**克罗内克**（Kronecker）**符号**，是张量分析中最常用的符号之一。

为使公式表达更为简洁，对指标式中的求和符号可采用**爱因斯坦求和约定**进行简化：在同一项中，重复一次的两个指标均在其取值范围内遍历求和，公式中的求和符号 Σ 可略去。这个重复的指标称为**哑指标**，可任意替换。因此，式（1.4）可简记为

$$\boldsymbol{r} = \sum_{i=1}^{3} x_i \boldsymbol{e}_i = x_k \boldsymbol{e}_k = x_i \boldsymbol{e}_i$$

指标式中另一类常见的指标为**自由指标**：在表达式的每一侧仅出现一次，且处于同一水平上的指标，即同为上指标或下指标。它表示该表达式在该指标取值范围 $1 \sim n$ 内均成立，即代表了 n 个表达式。例如

$$y_k = x_k \Leftrightarrow y_1 = x_1,\ y_2 = x_2,\ y_3 = x_3$$

1.3 向量的点乘

采用标准正交基 $\{\boldsymbol{e}_k\}$，向量 $\boldsymbol{a}$ 和 $\boldsymbol{b}$ 可表示为 $\boldsymbol{a} = a_i\boldsymbol{e}_i$ 与 $b = b_i\boldsymbol{e}_i$，考虑式（1.5）有

$$\boldsymbol{a} \cdot \boldsymbol{b} = a_i b_j \boldsymbol{e}_i \cdot \boldsymbol{e}_j = a_i b_j \delta_{ij} = a_i b_i = \{a_1 \quad a_2 \quad a_3\} \begin{Bmatrix} b_1 \\ b_2 \\ b_3 \end{Bmatrix} \tag{1.6}$$

在三维空间中，给出了两个向量 $\boldsymbol{a}$ 和 $\boldsymbol{b}$ **点积**（**内积**，point or inner product）的几何定义

$$\boldsymbol{a}\cdot\boldsymbol{b} = |\boldsymbol{a}|\,|\boldsymbol{b}|\cos(\boldsymbol{a},\ \boldsymbol{b}) = a_B|\boldsymbol{b}| = b_A|\boldsymbol{a}| \tag{1.7}$$

式中，a_B 与 b_A 表示投影，如 a_B 为向量 $\boldsymbol{a}$ 和 $\boldsymbol{b}$ 上的投影，见图 1.1。

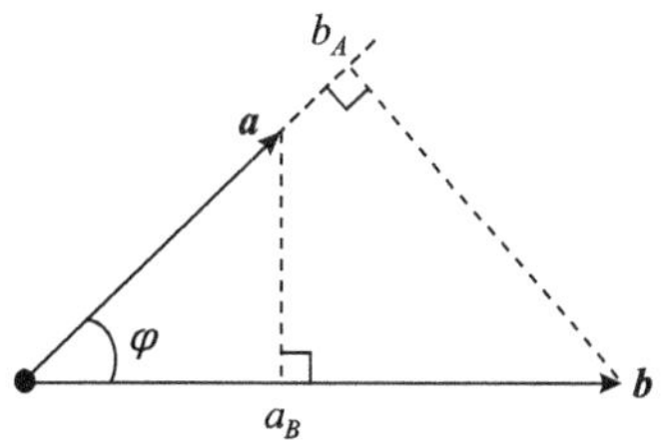

图 1.1　点积的几何定义

向量的长度可由点积定义为 $|\boldsymbol{a}| = \sqrt{\boldsymbol{a}\cdot\boldsymbol{a}}$，显然满足施瓦茨（Schwarz）不等式 $|\boldsymbol{a}\cdot\boldsymbol{b}| \leqslant |\boldsymbol{a}|\,|\boldsymbol{b}|$。

两个非零向量 $\boldsymbol{a}$ 和 $\boldsymbol{b}$ 间的夹角 φ 可由 $\cos\varphi = \dfrac{\boldsymbol{a}\cdot\boldsymbol{b}}{|\boldsymbol{a}|\,|\boldsymbol{b}|}$ 确定。当 $\boldsymbol{a}\cdot\boldsymbol{b} = 0$ 时，称 $\boldsymbol{a}$ 和 $\boldsymbol{b}$ **正交**，可记为 $\boldsymbol{a}\perp\boldsymbol{b}$。规定了内积的向量空间，称为**欧氏向量空间**，用 $\mathbb{E}^n$ 表示 n 维欧氏空间。

1.4 向量的叉积

两个向量之间的**叉积**（cross product）又称**矢积**（vector product），是另一种应用广泛的向量运算。其概念来自具有物理背景的转动，如图 1.2 所示。作用于 P 点的力 $\boldsymbol{F}$，将使物体围绕通过定点 O 且垂直于 $\boldsymbol{r}-\boldsymbol{F}$ 平面的轴 $\boldsymbol{n}$ 转动，$\boldsymbol{r}$ 为 P 点的位矢。

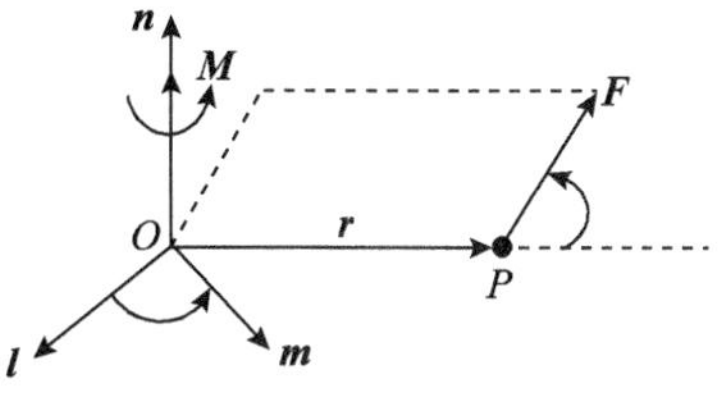

图 1.2　叉积的定义

由物理学可知，$\boldsymbol{F}$ 的转动效应可用力矩向量 $\boldsymbol{M}$ 来度量，$\boldsymbol{M}$ 定义为 $\boldsymbol{r}$ 与 $\boldsymbol{F}$ 的叉积

$$\boldsymbol{M} = \boldsymbol{r} \times \boldsymbol{F} \tag{1.8}$$

其大小为

$$|\boldsymbol{M}| = |\boldsymbol{r} \times \boldsymbol{F}| = |\boldsymbol{r}|\,|\boldsymbol{F}|\sin(\boldsymbol{r},\boldsymbol{F}) \tag{1.9}$$

$|\boldsymbol{M}|$ 在几何上表示 $\boldsymbol{r}$ 和 $\boldsymbol{F}$ 所构成的平行四边形面积，其方向的规定具有人为性。假定垂直于转动平面，指向按**右手法则**确定，这就相当于定义了一个随物体转动的右手系直角坐标系。

设单位正交基为 $\{\boldsymbol{l},\boldsymbol{m},\boldsymbol{n}\}$，坐标系的转动方向自 $\boldsymbol{l}$ 转至 $\boldsymbol{m}$，与 $\boldsymbol{r}$ 转至 $\boldsymbol{F}$ 保持一致。根据右手法则，$\boldsymbol{n}$ 的方向定义为力矩 $\boldsymbol{M}$ 的方向，即 $\boldsymbol{n} = \boldsymbol{l} \times \boldsymbol{m}$。这种方向由人为规定的与坐标系转向有关的向量称为**轴向量**，如力矩、角速度等；而方向完全由物理意义确定的向量称为**极向量**，如力、速度等。

两个向量的叉积 $\boldsymbol{a} \times \boldsymbol{b}$ 代表一个面积向量，指向由右手螺旋法则确定，其大小等于以 $\boldsymbol{a}$ 和 $\boldsymbol{b}$ 为棱边的平行四边形面积。将向量 $\boldsymbol{a}$ 和 $\boldsymbol{b}$ 的标准正交基展开式代入叉积定义式（1.8），可得

$$\boldsymbol{a} \times \boldsymbol{b} = a_i b_j \boldsymbol{e}_i \times \boldsymbol{e}_j \tag{1.10}$$

规定 $\{\boldsymbol{e}_i\}$ 是一个右手系的正交基时，如图 1.3 所示，有

$$\begin{cases} \boldsymbol{e}_1 \times \boldsymbol{e}_2 = -\boldsymbol{e}_2 \times \boldsymbol{e}_1 = \boldsymbol{e}_3 \\ \boldsymbol{e}_3 \times \boldsymbol{e}_1 = -\boldsymbol{e}_1 \times \boldsymbol{e}_3 = \boldsymbol{e}_2 \\ \boldsymbol{e}_2 \times \boldsymbol{e}_3 = -\boldsymbol{e}_3 \times \boldsymbol{e}_2 = \boldsymbol{e}_1 \end{cases} \tag{1.11}$$

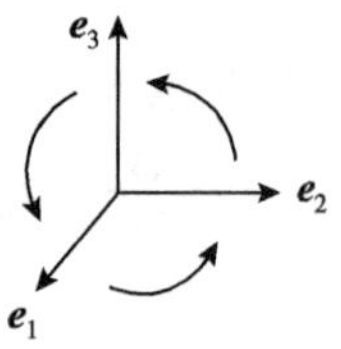

图 1.3　右手系直角坐标系

这个关系式可由下面的统一式表示

$$\boldsymbol{e}_i \times \boldsymbol{e}_j = e_{ijk}\boldsymbol{e}_k \tag{1.12}$$

式中，e_{ijk}（根据需要也可记作 e^{ijk}）称为**里奇**（Ricci）**符号或排列符号**（permutation symbol），定义如下

$$
e_{ijk}=\begin{cases}0,\ \text{不构成 123 的排列}\\+1,\ i,\ j,\ k\ \text{正序排列}\\-1,\ i,\ j,\ k\ \text{逆序排列}\end{cases} \tag{1.13}
$$

它是张量分析中又一个最常用的符号。由定义可证其运算具有反交换性

$$
\boldsymbol{a}\times\boldsymbol{b}=-\boldsymbol{b}\times\boldsymbol{a}
$$

根据其指标轮换规则，任何矩阵 $[a_{mn}]$ 的行列式 $\det[a_{mn}]$ 可写为

$$
\det[a_{mn}]=\begin{vmatrix}a_{11}&a_{12}&a_{13}\\a_{21}&a_{22}&a_{23}\\a_{31}&a_{32}&a_{33}\end{vmatrix}=e_{ijk}a_{i1}a_{j2}a_{k3}=e_{ijk}a_{1i}a_{2j}a_{3k} \tag{1.14}
$$

可见根据行列式的指标与置换符号具有相同的指标轮换规则，因而有

$$
\det[a_{pq}]e_{lmn}=e_{ijk}a_{il}a_{jm}a_{kn}
$$

根据式（1.12），任意两个向量 $\boldsymbol{a}$ 和 $\boldsymbol{b}$ 的叉积可写作

$$
\boldsymbol{a}\times\boldsymbol{b}=a_i b_j\boldsymbol{e}_i\times\boldsymbol{e}_j=e_{ijk}a_i b_j\boldsymbol{e}_k=\begin{vmatrix}\boldsymbol{e}_1&\boldsymbol{e}_2&\boldsymbol{e}_3\\a_1&a_2&a_3\\b_1&b_2&b_3\end{vmatrix} \tag{1.15}
$$

容易验证：当 $\{\boldsymbol{e}_i\}$ 为左手系时，有 $\boldsymbol{e}_i\times\boldsymbol{e}_j=-e_{ijk}\boldsymbol{e}_k$。

1.5 向量的混合积

在 $\mathbb{E}^3$ 中，三个向量 $\boldsymbol{a}$，$\boldsymbol{b}$，$\boldsymbol{c}$ 的**混合积**（mixed product）定义如下

$$
[\boldsymbol{a},\ \boldsymbol{b},\ \boldsymbol{c}]=\boldsymbol{a}\cdot(\boldsymbol{b}\times\boldsymbol{c})=\boldsymbol{b}\cdot(\boldsymbol{c}\times\boldsymbol{a})=\boldsymbol{c}\cdot(\boldsymbol{a}\times\boldsymbol{b}) \tag{1.16}
$$

根据向量叉积与内积的定义，可采用标准正交基（右手系）将混合积表示为

$$
\begin{aligned}
[\boldsymbol{a},\ \boldsymbol{b},\ \boldsymbol{c}]&=(\boldsymbol{a}\times\boldsymbol{b})\cdot\boldsymbol{c}=a_i b_j c_k(\boldsymbol{e}_i\times\boldsymbol{e}_j)\cdot\boldsymbol{e}_k\\
&=e_{ijk}a_i b_j c_k=\begin{vmatrix}a_1&a_2&a_3\\b_1&b_2&b_3\\c_1&c_2&c_3\end{vmatrix}
\end{aligned} \tag{1.17}
$$

可以发现：混合积是一个标量，将混合积式中任何一对向量交换位置，其值将仅改变正负号。对于标准正交基，有 $[\boldsymbol{e}_i,\ \boldsymbol{e}_j,\ \boldsymbol{e}_k] = e_{ijk}$。

混合积 $[\boldsymbol{a},\ \boldsymbol{b},\ \boldsymbol{c}]$ 的绝对值是由 $\boldsymbol{a}$，$\boldsymbol{b}$，$\boldsymbol{c}$ 为棱所构成的平行六面体的体积，如图 1.4 所示。三个向量 $\boldsymbol{a}$，$\boldsymbol{b}$，$\boldsymbol{c}$ 非共面的一个充分必要条件是 $[\boldsymbol{a},\ \boldsymbol{b},\ \boldsymbol{c}] \neq 0$。不过 $[\boldsymbol{a},\ \boldsymbol{b},\ \boldsymbol{c}]$ 本身可以有正负之分，取决于 $\boldsymbol{a}$，$\boldsymbol{b}$，$\boldsymbol{c}$ 是否与右手系相一致，所以 $[\boldsymbol{a},\ \boldsymbol{b},\ \boldsymbol{c}]$ 是一种方向性体积。

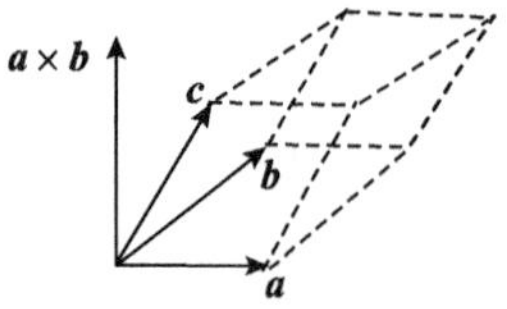

图 1.4　混合积的几何意义

1.6 向量的并积

称 $\boldsymbol{a} \otimes \boldsymbol{b}$ 为两个向量 $\boldsymbol{a} = a_i \boldsymbol{e}_i$ 与 $\boldsymbol{b} = b_i \boldsymbol{e}_i$ 的**并积**，有时略去“$\otimes$”直接记为 $\boldsymbol{ab}$。“$\otimes$”代表并矢运算或称**张量积**。$\boldsymbol{C} = \boldsymbol{a} \otimes \boldsymbol{b}$ 定义了如下的一个二阶张量

$$\boldsymbol{C} = \boldsymbol{a} \otimes \boldsymbol{b} = a_i b_j \boldsymbol{e}_i \otimes \boldsymbol{e}_j = C_{ij} \boldsymbol{e}_i \otimes \boldsymbol{e}_j \tag{1.18}$$

并积满足以下性质

$$\begin{cases} \boldsymbol{a} \otimes (\alpha \boldsymbol{b}_1 + \beta \boldsymbol{b}_2) = \alpha \boldsymbol{a} \otimes \boldsymbol{b}_1 + \beta \boldsymbol{a} \otimes \boldsymbol{b}_2 \\ (\alpha \boldsymbol{a}_1 + \beta \boldsymbol{a}_2) \otimes \boldsymbol{b} = \alpha \boldsymbol{a}_1 \otimes \boldsymbol{b} + \beta \boldsymbol{a}_2 \otimes \boldsymbol{b} \end{cases} \tag{1.19}$$

类似地，还可以定义多个向量的并积。

1.7 里奇（Ricci）符号与克罗内克（Kronecker）符号的关系

由 $\delta_{ij} = \boldsymbol{e}_i \cdot \boldsymbol{e}_j$ 与 $e_{ijk} = [\boldsymbol{e}_i,\ \boldsymbol{e}_j,\ \boldsymbol{e}_k]$ 可得

$$e_{ijk} = \begin{vmatrix} \delta_{i1} & \delta_{i2} & \delta_{i3} \\ \delta_{j1} & \delta_{j2} & \delta_{j3} \\ \delta_{k1} & \delta_{k2} & \delta_{k3} \end{vmatrix} \tag{1.20}$$

可以得到如下一般情况的 $e_{ijk} \sim \delta_{ij}$ 关系式

$$e_{ijk}e_{lmn} = \begin{vmatrix} \delta_{il} & \delta_{im} & \delta_{in} \\ \delta_{jl} & \delta_{jm} & \delta_{jn} \\ \delta_{kl} & \delta_{km} & \delta_{kn} \end{vmatrix} \tag{1.21}$$

从而可得如下最常用的一个关系式

$$\begin{cases} e_{ijk}e_{imn} = \delta_{jm}\delta_{kn} - \delta_{jn}\delta_{km} \\ e_{ijk}e_{ijn} = 2!\delta_{kn} = 2\delta_{kn} \\ e_{ijk}e_{ijk} = 3! = 6 \end{cases} \tag{1.22}$$

1.8 习题

1.1 试证明下面几个关于任意向量 $\boldsymbol{a}$，$\boldsymbol{b}$，$\boldsymbol{c}$ 的恒等式。

(1) $\boldsymbol{a} \times (\boldsymbol{b} \times \boldsymbol{c}) = (\boldsymbol{a} \cdot \boldsymbol{c})\boldsymbol{b} - (\boldsymbol{a} \cdot \boldsymbol{b})\boldsymbol{c}$,

(2) $(\boldsymbol{a} \times \boldsymbol{b}) \times \boldsymbol{c} = (\boldsymbol{a} \cdot \boldsymbol{c})\boldsymbol{b} - (\boldsymbol{b} \cdot \boldsymbol{c})\boldsymbol{a}$,

(3) $(\boldsymbol{a} \times \boldsymbol{b}) \cdot (\boldsymbol{b} \times \boldsymbol{c}) \times (\boldsymbol{c} \times \boldsymbol{a}) = [\boldsymbol{a}, \boldsymbol{b}, \boldsymbol{c}]^2$,

(4) $[\boldsymbol{a}_1, \boldsymbol{a}_2, \boldsymbol{a}_3][\boldsymbol{b}_1, \boldsymbol{b}_2, \boldsymbol{b}_3] = \begin{vmatrix} \boldsymbol{a}_1\boldsymbol{b}_1 & \boldsymbol{a}_1\boldsymbol{b}_2 & \boldsymbol{a}_1\boldsymbol{b}_3 \\ \boldsymbol{a}_2\boldsymbol{b}_1 & \boldsymbol{a}_2\boldsymbol{b}_2 & \boldsymbol{a}_2\boldsymbol{b}_3 \\ \boldsymbol{a}_3\boldsymbol{b}_1 & \boldsymbol{a}_3\boldsymbol{b}_2 & \boldsymbol{a}_3\boldsymbol{b}_3 \end{vmatrix}$。

1.2 试证明拉格朗日恒等式及其特例。

(1) $(\boldsymbol{a} \times \boldsymbol{b}) \cdot (\boldsymbol{c} \times \boldsymbol{d}) = \begin{vmatrix} \boldsymbol{a} \cdot \boldsymbol{c} & \boldsymbol{a} \cdot \boldsymbol{d} \\ \boldsymbol{b} \cdot \boldsymbol{c} & \boldsymbol{b} \cdot \boldsymbol{d} \end{vmatrix} = (\boldsymbol{a} \cdot \boldsymbol{c})(\boldsymbol{b} \cdot \boldsymbol{d}) - (\boldsymbol{a} \cdot \boldsymbol{d})(\boldsymbol{b} \cdot \boldsymbol{c})$,

(2) $(\boldsymbol{a} \times \boldsymbol{b}) \cdot (\boldsymbol{a} \times \boldsymbol{b}) = \boldsymbol{a}^2\boldsymbol{b}^2 - (\boldsymbol{a} \cdot \boldsymbol{b})^2$。

1.3 证明下式

$$\det[a_{mn}] = \begin{vmatrix} a_{11} & a_{12} & a_{13} \\ a_{21} & a_{22} & a_{23} \\ a_{31} & a_{32} & a_{33} \end{vmatrix} = \frac{1}{6} e_{ijk}e_{lmn}a_{il}a_{jm}a_{kn}$$。

第2章

张量的基本概念

物理学定律不应依赖于描述某一物理现象所选择的坐标系。张量分析的主要目的是给人们提供一种数学工具，可以满足描述物理学定律与坐标系的选择无关性。本章首先通过讲述一般曲线坐标系与共轭基，以及坐标变换，引入张量的基本概念；然后进一步介绍度量张量、置换张量、广义克罗内克符号、克里斯托费尔符号的概念。

2.1 曲线坐标系与局部自然基

在三维欧氏空间 $\mathbb{E}^3$ 中，除了常见的直角坐标系 $\{x,\ y,\ z\}$，还可以根据曲线或曲面定义域的特点建立曲线坐标系，如球坐标系 $\{r,\ \theta,\ \varphi\}$ 与柱坐标系 $\{r,\ \theta,\ z\}$ 等。

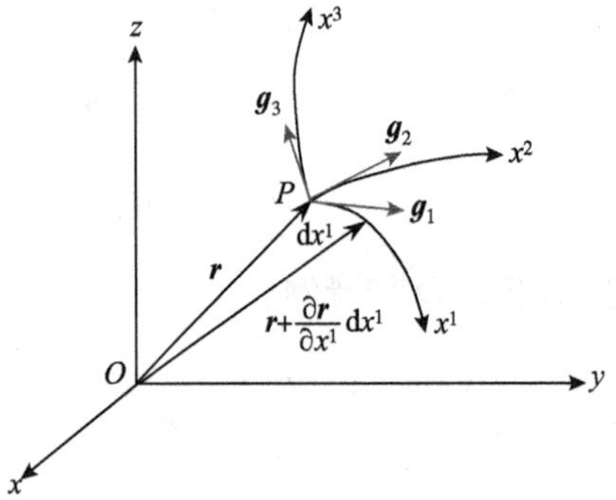

图 2.1　位置矢量 $\boldsymbol{r}$，x^i 坐标曲线与局部自然基矢 $\boldsymbol{g}_i$

在曲线坐标系 $\{x^1,\ x^2,\ x^3\}$ 中，若固定其中两个坐标量，仅让第三个量 x^i 独立变化，向径 $\boldsymbol{r}$ 的矢端在空间中的轨迹通常为一条曲线，称为 x^i - **坐标线**；若保持一个坐标 x^i 为常数，改变其他两个坐标点集构成的曲面，称为 x^i - **坐标面**。如图 2.1 所示。

在某曲线坐标系中，过空间任一点 $P(x^1,x^2,x^3)$ 处的 3 根坐标线，当坐标产生微小增量时，点 P 移动至其邻近点 $Q(x^1+\mathrm{d}x^1,\ x^2+\mathrm{d}x^2,\ x^3+\mathrm{d}x^3)$ 处，线元 $\overrightarrow{PQ}$ 即

向径 $\boldsymbol{r}$ 的增量 $\mathrm{d}\boldsymbol{r}$，由微商关系可得

$$\mathrm{d}\boldsymbol{r} = \frac{\partial \boldsymbol{r}}{\partial x^i}\mathrm{d}x^i = \boldsymbol{g}_i \mathrm{d}x^i \tag{2.1}$$

式中，线元 $\mathrm{d}\boldsymbol{r}$ 可视为 $\boldsymbol{g}_i$ 的线性组合，$\mathrm{d}x^i$ 为线元 $\mathrm{d}\boldsymbol{r}$ 在基向量 $\boldsymbol{g}_i$ 上的分量。式（2.1）以直接自然的方式定义了**基向量**（base vector）$\boldsymbol{g}_i$

$$\boldsymbol{g}_i = \frac{\partial \boldsymbol{r}}{\partial x^i} \triangleq \boldsymbol{r}_{,i} \tag{2.2}$$

其称为坐标系在点 P 处的**局部自然基向量**。对于某个坐标系，如果按式（2.2）定义的基向量随空间位置变化，则该坐标轴为空间曲线，相应的坐标系称为**曲线坐标系**。

显然，$\{\boldsymbol{g}_i\}$ 为点 P 处沿着 3 根坐标线的切线并指向坐标增加的方向，称为该点关于曲线坐标系的**切标架**。曲线坐标系的基向量 $\boldsymbol{g}_i$ 不是常向量，其大小和方向随空间点的位置而改变。只有在直线坐标系上，才可将矢径 $\boldsymbol{r}$ 表示为基向量的线性组合 $\boldsymbol{r} = x^i\boldsymbol{g}_i$。

当这三个基向量 $\boldsymbol{g}_i(i = 1,\ 2,\ 3)$ 构成右手系，有混合积 $[\boldsymbol{g}_1,\ \boldsymbol{g}_2,\ \boldsymbol{g}_3] > 0$，并记为

$$\sqrt{g} \triangleq [\boldsymbol{g}_1,\ \boldsymbol{g}_2,\ \boldsymbol{g}_3] = \boldsymbol{g}_1 \cdot (\boldsymbol{g}_2 \times \boldsymbol{g}_3) \tag{2.3}$$

例 2.1 记 $x^1 = r$ 和 $x^2 = \theta$ 为平面极坐标，x 和 y 为笛卡儿坐标，$\boldsymbol{i}$ 和 $\boldsymbol{j}$ 为笛卡儿坐标的单位方向矢量，$\boldsymbol{r}$ 为位置矢量。求 $\boldsymbol{g}_1$ 与 $\boldsymbol{g}_2$。

解：由 $r = x\boldsymbol{i} + y\boldsymbol{j} = (r\cos\theta)\boldsymbol{i} + (r\sin\theta)\boldsymbol{j}$，易求得

$$\begin{cases} \boldsymbol{g}_1 = \dfrac{\partial \boldsymbol{r}}{\partial r} = (\cos\theta)\boldsymbol{i} + (\sin\theta)\boldsymbol{j} \\ \boldsymbol{g}_2 = \dfrac{\partial \boldsymbol{r}}{\partial \theta} = (-r\sin\theta)\boldsymbol{i} + (r\cos\theta)\boldsymbol{j} \end{cases}$$

易得 $|\boldsymbol{g}_1| = 1$，$|\boldsymbol{g}_2| = r$。

由图 2.2 可从几何上直接得到关系式 $\mathrm{d}\boldsymbol{r} = \mathrm{d}\theta\boldsymbol{g}_\theta + \mathrm{d}r\boldsymbol{g}_r = r\mathrm{d}\theta\boldsymbol{e}_\theta + \mathrm{d}r\boldsymbol{e}_r$，从而得到 $\boldsymbol{g}_1 = \boldsymbol{g}_r = \boldsymbol{e}_r$，$\boldsymbol{g}_2 = \boldsymbol{g}_\theta = r\boldsymbol{e}_\theta$。

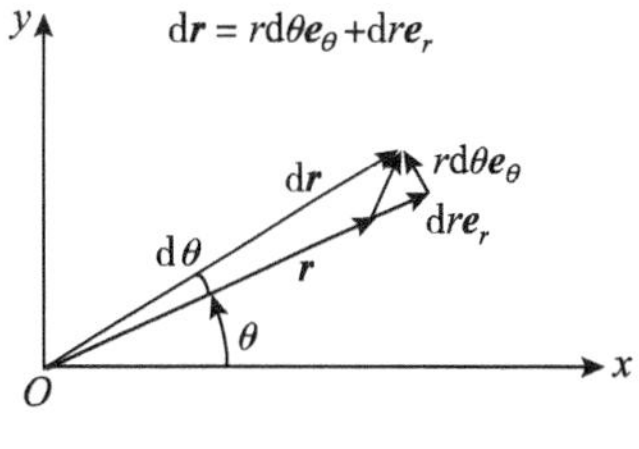

图 2.2 极坐标系 $\{r,\theta\}$ 与局部自然基矢 $\boldsymbol{g}_i$

对于常见的柱坐标与球坐标，均可以由几何学关系直接得到自然基与单位基的关系。

例 2.2 球坐标系如图 2.3 所示，函数关系 $x = r\cos\theta\cos\varphi$，$y = r\sin\theta\cos\varphi$，$z = r\sin\varphi$ 在定义域 $0 < r < \infty$，$0 \leqslant \theta < 2\pi$，$|\varphi| \leqslant \pi/2$ 构成了 (x, y, z) 与 $(x^1 = r, x^2 = \theta, x^3 = \varphi)$ 的一一对应。该坐标系 $\{x^i\}$ 称为球面坐标系，x^1 坐标线为由原点出发的径向射线，x^2 坐标线为纬线，x^3 坐标线为经线（过南北极的大圆）。求坐标系的局部自然基矢。

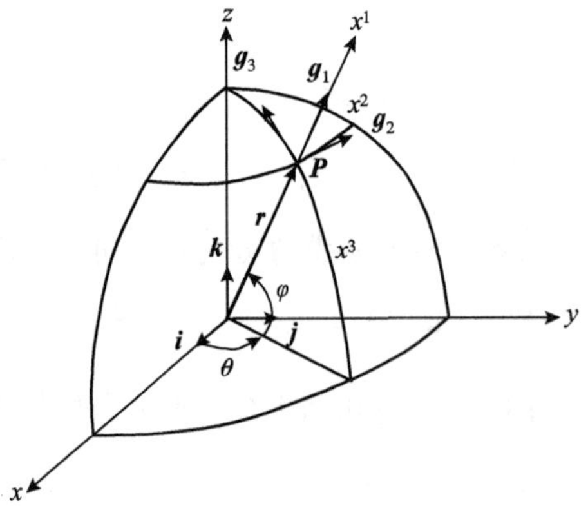

图 2.3 球坐标系 $\{r,\theta,\varphi\}$ 与局部自然基矢 g_i

解：由 $\boldsymbol{r} = x\boldsymbol{i} + y\boldsymbol{j} + z\boldsymbol{k}$ 可得

$$\begin{cases} \boldsymbol{g}_1 = (\cos\theta\cos\varphi)\boldsymbol{i} + (\sin\theta\cos\varphi)\boldsymbol{j} + (\sin\varphi)\boldsymbol{k} \\ \boldsymbol{g}_2 = r[(-\sin\theta\cos\varphi)\boldsymbol{i} + (\cos\theta\cos\varphi)\boldsymbol{j}] \\ \boldsymbol{g}_3 = r[(-\cos\theta\sin\varphi)\boldsymbol{i} - (\sin\theta\sin\varphi)\boldsymbol{j} + (\cos\varphi)\boldsymbol{k}] \end{cases}$$

易验证 $|\boldsymbol{g}_1| = 1$，$|\boldsymbol{g}_2| = r\cos\varphi$，$|\boldsymbol{g}_3| = r$，$\boldsymbol{g}_1\cdot\boldsymbol{g}_2 = \boldsymbol{g}_2\cdot\boldsymbol{g}_3 = \boldsymbol{g}_3\cdot\boldsymbol{g}_1 = 0$。可见 $\boldsymbol{g}_i$ 相互正交，即 $\{r, \theta, \varphi\}$ 为一个正交曲线坐标系。

2.2 共轭基

为方便运算，引进一组与自然基向量 $\boldsymbol{g}_i$ 互为对偶的基向量 $\boldsymbol{g}^i$，满足如下对偶条件

$$\boldsymbol{g}^i \cdot \boldsymbol{g}_j = \delta^i_j \tag{2.4}$$

式中，δ^i_j 与 δ_{ij} 意义相同，均为克罗内克符号。可以发现，$\boldsymbol{g}^i$ 是由自然基 $\boldsymbol{g}_i$ 派生而来，所以称为 $\boldsymbol{g}_i$ 的**共轭基**或**对偶基**。共轭基与自然基的几何关系如图 2.4 所示。

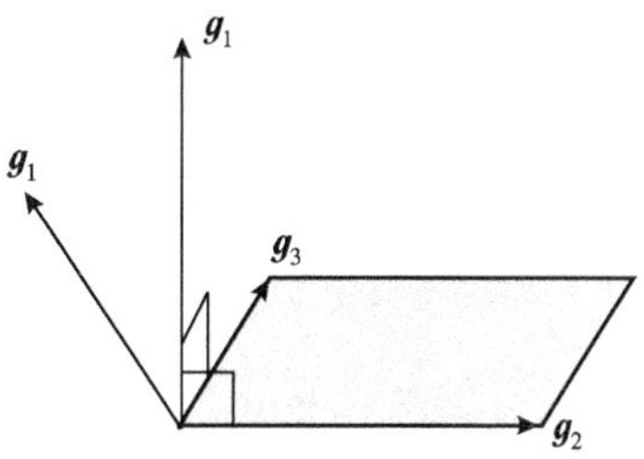

图2.4　共轭基 $\boldsymbol{g}^1$ 与自然基 $\boldsymbol{g}_2$，$\boldsymbol{g}_3$ 正交，且 $\boldsymbol{g}^1 \cdot \boldsymbol{g}_1 = 1$

有了共轭基的定义，对线元微分式 $\mathrm{d}\boldsymbol{r} = \boldsymbol{g}_i \mathrm{d}x^i$ 两边点乘共轭基 $\boldsymbol{g}^j$，就可以方便地求出其分量 $\mathrm{d}x^i = \mathrm{d}\boldsymbol{r} \cdot \boldsymbol{g}^i$。

由对偶关系式（2.4）可得

$$[\boldsymbol{g}^1,\ \boldsymbol{g}^2,\ \boldsymbol{g}^3][\boldsymbol{g}_1,\ \boldsymbol{g}_2,\ \boldsymbol{g}_3] = 1 \tag{2.5}$$

容易验证：$\mathbb{E}^3$ 中的 $\boldsymbol{g}^i$ 也可直接由式（2.5）确定

$$\begin{cases} \boldsymbol{g}^1 = 1/\sqrt{g}\,\boldsymbol{g}_2 \times \boldsymbol{g}_3 \\ \boldsymbol{g}^2 = 1/\sqrt{g}\,\boldsymbol{g}_3 \times \boldsymbol{g}_1 \\ \boldsymbol{g}^3 = 1/\sqrt{g}\,\boldsymbol{g}_1 \times \boldsymbol{g}_2 \end{cases} \tag{2.6}$$

由 $[\boldsymbol{g}_i,\ \boldsymbol{g}_j,\ \boldsymbol{g}_k] = [\boldsymbol{g}_1,\ \boldsymbol{g}_2,\ \boldsymbol{g}_3]\,e_{ijk}$，式（2.6）可统一记为

$$[\boldsymbol{g}_i,\ \boldsymbol{g}_j,\ \boldsymbol{g}_k]\,\boldsymbol{g}^k = \sqrt{g}\,e_{ijk}\,\boldsymbol{g}^k = \boldsymbol{g}_i \times \boldsymbol{g}_j \tag{2.7}$$

类似地，可得 g_i 的表达式

$$\begin{cases} \boldsymbol{g}_1 = \sqrt{g}\,\boldsymbol{g}^2 \times \boldsymbol{g}^3 \\ \boldsymbol{g}_2 = \sqrt{g}\,\boldsymbol{g}^3 \times \boldsymbol{g}^1 \\ \boldsymbol{g}_3 = \sqrt{g}\,\boldsymbol{g}^1 \times \boldsymbol{g}^2 \end{cases} \tag{2.8}$$

以及

$$[\boldsymbol{g}^i,\ \boldsymbol{g}^j,\ \boldsymbol{g}^k]\,\boldsymbol{g}_k = \frac{1}{\sqrt{g}}\,e^{ijk}\,\boldsymbol{g}_k = \boldsymbol{g}^i \times \boldsymbol{g}^j \tag{2.9}$$

2.3 坐标变换

根据所选择的基向量不同，在三维空间还可以建立其他的坐标系，不妨记新坐

标系为 $\{x^{1'},\ x^{2'},\ x^{3'}\}$。对于旧坐标系 $\{x^1,\ x^2,\ x^3\}$ 中的任一点 P，在新坐标系总有一组坐标值与之对应。因此，两个坐标系间存在以下函数关系

$$\begin{cases} x^{1'} = x^{1'}(x^1,\ x^2,\ x^3) \\ x^{2'} = x^{2'}(x^1,\ x^2,\ x^3) \\ x^{3'} = x^{3'}(x^1,\ x^2,\ x^3) \end{cases} \tag{2.10}$$

由空间点与坐标间一一对应的条件，要求该函数关系在其定义域内必须单值连续、光滑、可逆，即要求

$$\mathrm{d}x^{k'} = \frac{\partial x^{k'}}{\partial x^i}\mathrm{d}x^i,\quad \mathrm{d}x^i = \frac{\partial x^i}{\partial x^{k'}}\mathrm{d}x^{k'} \tag{2.11}$$

且相应的正逆两种变换的雅可比（Jacobi）行列式均不为零，即

$$\det\left[\frac{\partial x^{k'}}{\partial x^i}\right] \neq 0,\quad \det\left[\frac{\partial x^i}{\partial x^{k'}}\right] \neq 0 \tag{2.12}$$

其中，矩阵

$$\left[\frac{\partial x^{k'}}{\partial x^i}\right] = \begin{bmatrix} \frac{\partial x^{1'}}{\partial x^1} & \frac{\partial x^{1'}}{\partial x^2} & \frac{\partial x^{1'}}{\partial x^3} \\ \frac{\partial x^{2'}}{\partial x^1} & \frac{\partial x^{2'}}{\partial x^2} & \frac{\partial x^{2'}}{\partial x^3} \\ \frac{\partial x^{3'}}{\partial x^1} & \frac{\partial x^{3'}}{\partial x^2} & \frac{\partial x^{3'}}{\partial x^3} \end{bmatrix},\quad \left[\frac{\partial x^i}{\partial x^{k'}}\right] = \begin{bmatrix} \frac{\partial x^1}{\partial x^{1'}} & \frac{\partial x^1}{\partial x^{2'}} & \frac{\partial x^1}{\partial x^{3'}} \\ \frac{\partial x^2}{\partial x^{1'}} & \frac{\partial x^2}{\partial x^{2'}} & \frac{\partial x^2}{\partial x^{3'}} \\ \frac{\partial x^3}{\partial x^{1'}} & \frac{\partial x^3}{\partial x^{2'}} & \frac{\partial x^3}{\partial x^{3'}} \end{bmatrix}$$

称为**雅可比矩阵**。

根据局部基向量定义，记新坐标系 $\{x^{1'},\ x^{2'},\ x^{3'}\}$ 中某点 P 的局部基向量为 $\boldsymbol{g}_{j'}$，由复合函数微商法则可得

$$\boldsymbol{g}_{j'} = \frac{\partial \boldsymbol{r}}{\partial x^{j'}} = \frac{\partial \boldsymbol{r}}{\partial x^i}\frac{\partial x^i}{\partial x^{j'}} = \frac{\partial x^i}{\partial x^{j'}}\boldsymbol{g}_i \triangleq \beta^i_{j'}\boldsymbol{g}_i \tag{2.13}$$

式（2.13）为基向量 $\boldsymbol{g}_i$ 在新旧坐标系下的变换规则，称为**协变规则**。其中，$\beta^i_{j'} = \frac{\partial x^i}{\partial x^{j'}}$ 称为**协变转换系数**。规定：在新旧坐标系中，按式（2.13）进行坐标变换的基向量 $\boldsymbol{g}_i$ 称为**协变基向量**（covariant base vector）。

现在考虑共轭基 $\boldsymbol{g}^i$ 在不同坐标系中的变换规则。记新坐标系 $\{x^{i'}\}$ 中的共轭基

为 $\boldsymbol{g}^{i'}$，可设新旧坐标系中的共轭基关系由下式表示

$$\boldsymbol{g}^{i'} = \alpha_j^{i'} \boldsymbol{g}^j$$

式中，$\alpha_j^{i'}$ 为待求系数。

以 $\boldsymbol{g}_{k'}$ 点乘此式，可得

$$\delta_{k'}^{i'} = \boldsymbol{g}_{k'} \cdot \boldsymbol{g}^{i'} = \alpha_j^{i'} \boldsymbol{g}^j \cdot \boldsymbol{g}_{k'} = \alpha_j^{i'} \boldsymbol{g}^j \cdot \beta_{k'}^k \boldsymbol{g}_k = \alpha_j^{i'} \beta_{k'}^j$$

对比复合函数微商法则

$$\beta_j^{i'} \beta_{k'}^j = x_{,j}^{i'} x_{,k'}^j = \delta_{k'}^{i'}$$

可得

$$\alpha_j^{i'} = \beta_j^{i'}$$

因此，有

$$\boldsymbol{g}^{i'} = \beta_j^{i'} \boldsymbol{g}^j \tag{2.14}$$

式（2.14）的这种坐标变换关系为**逆变规则**，$\beta_j^{i'} = \dfrac{\partial x^{i'}}{\partial x^j}$ 称为**逆变转换系数**。因此，共轭基 $\boldsymbol{g}^i$ 也称为**逆变基**（contraveriant base vector）。为区分起见，通常约定以下标代表协变性，上标代表逆变性。

接下来考虑向量的坐标变换。任意一个客观向量 $\boldsymbol{u}$ 都可以在不同坐标系中对基向量分解，表示成基向量的线性组合，但其组合并不随坐标系而改变，即

$$\boldsymbol{u} = u^i \boldsymbol{g}_i = u^{i'} \boldsymbol{g}_{i'} = u_i \boldsymbol{g}^i = u_{i'} \boldsymbol{g}^{i'} \tag{2.15}$$

式（2.15）称为**向量的坐标变换不变性（张量性）**。

将基向量的转换关系代入式（2.15），可得向量分量的坐标变换关系

$$\begin{cases} u_j = \beta_j^{i'} u_{i'}, \quad u_{i'} = \beta_{i'}^j u_j \\ u^j = \beta_{i'}^j u^{i'}, \quad u^{i'} = \beta_j^{i'} u^j \end{cases} \tag{2.16}$$

也就是说，要保证向量的张量性，其分量必须满足式（2.16）的坐标转换关系。根据它们的转换系数不同，称 u_i 与 $u_{i'}$ 为协变分量，下标表示其对该指标的协变性；称 u^i 与 $u^{i'}$ 为逆变分量，上标表示其逆变性。

2.4 张量的定义

三维空间曲线坐标系的协变基向量 $\{\boldsymbol{g}_i\}$ 和逆变基向量 $\{\boldsymbol{g}^i\}$，由向量并积定

义，可任选两个组成二重并积 $\boldsymbol{g}_i\otimes\boldsymbol{g}_j$， $\boldsymbol{g}^i\otimes\boldsymbol{g}^j$， $\boldsymbol{g}_i\otimes\boldsymbol{g}^j$， $\boldsymbol{g}^i\otimes\boldsymbol{g}_j$ 。每组并积都包含 $3^2=9$ 个元素。对于某点处的一个物理量 $\boldsymbol{A}$ ，如果在任意曲线坐标系中都可表示为以下的不变形式

$$\boldsymbol{A}=A^{ij}\boldsymbol{g}_i\otimes\boldsymbol{g}_j=A^{i'j'}\boldsymbol{g}_{i'}\otimes\boldsymbol{g}_{j'}\tag{2.17}$$

则称 $\boldsymbol{A}$ 是一个**二阶绝对张量**，其中，A^{ij} 称为该张量的逆变分量。根据基向量坐标变换关系，有

$$\boldsymbol{A}=A^{ij}\boldsymbol{g}_i\otimes\boldsymbol{g}_j=\beta_i^{i'}\beta_j^{j'}A^{ij}\boldsymbol{g}_{i'}\otimes\boldsymbol{g}_{j'}$$

对比式（2.17）可以得到其分量 A^{ij} 的坐标变换关系

$$A^{i'j'}=\beta_i^{i'}\beta_j^{j'}A^{ij}\tag{2.18}$$

式（2.17）也可以采用不同的并矢基表示为

$$\boldsymbol{A}=A_{ij}\boldsymbol{g}^i\otimes\boldsymbol{g}^j=A^{i}_{\cdot j}\boldsymbol{g}_i\otimes\boldsymbol{g}^j=A_i^{\cdot j}\boldsymbol{g}^i\otimes\boldsymbol{g}_j\tag{2.19}$$

式中，A_{ij} 称为协变分量，$A^{i}_{\cdot j}$ 和 $A_i^{\cdot j}$ 称为混合分量。根据其在新坐标系中具有的不变形式，可以得到张量 $\boldsymbol{A}$ 的各种分量满足以下的坐标变换关系

$$A_{i'j'}=\beta_{i'}^{i}\beta_{j'}^{j}A_{ij},\quad A^{i'}_{\cdot j'}=\beta_i^{i'}\beta_{j'}^{j}A^{i}_{\cdot j},\quad A_{i'}^{\cdot j'}=\beta_{i'}^{i}\beta_j^{j'}A_i^{\cdot j}\tag{2.20}$$

对于更一般的情形，考虑 $(s+p)$ 个有序向量的并积，如 s 个协变基向量和 p 个逆变基向量组成的并积为 $\boldsymbol{g}_{m_1}\cdots\boldsymbol{g}_{m_s}\boldsymbol{g}^{n_1}\cdots\boldsymbol{g}^{n_p}$ ，共有 $3^{(s+p)}$ 个元素。如果某个物理量 $\boldsymbol{\varphi}$ 在任意坐标系中都可以表示为以下的不变形式

$$\boldsymbol{\varphi}=\varphi^{m_1m_2\cdots m_s}{}_{n_1n_2\cdots n_p}\left(\sqrt{g}\right)^{-w}\boldsymbol{g}_{m_1}\boldsymbol{g}_{m_2}\cdots\boldsymbol{g}_{m_s}\boldsymbol{g}^{n_1}\boldsymbol{g}^{n_2}\cdots\boldsymbol{g}^{n_p}\tag{2.21}$$

则称其为 $(s+p)$ 阶张量，其中，w 为张量的**权**，$\varphi^{m_1\cdots m_s}{}_{n_1\cdots n_p}$ 为该张量的 s 阶逆变、p 阶协变混合**分量**，$\boldsymbol{g}_{m_1}\boldsymbol{g}_{m_2}\cdots\boldsymbol{g}_{m_s}\boldsymbol{g}^{n_1}\boldsymbol{g}^{n_2}\cdots\boldsymbol{g}^{n_p}$ 称为张量的**基底**。根据其坐标变换不变性与基向量的变换关系，可以得到新旧坐标系中张量分量的变换式

$$\varphi^{m'_1\cdots m'_s}{}_{n'_1\cdots n'_p}=\left(\det[\beta_{j'}^{i}]\right)^{w}\beta_{m_1}^{m'_1}\cdots\beta_{m_s}^{m'_s}\beta_{n'_1}^{n_1}\cdots\beta_{n'_p}^{n_p}\varphi^{m_1\cdots m_s}{}_{n_1\cdots n_p}\tag{2.22}$$

对于 $w=0$ 的张量称为**绝对张量**，否则称为**相对张量**。本书以后主要讨论绝对张量，并简称为张量。当遇到相对张量时，会给予必要说明。

张量可以直接采用符号 φ 表示，称为**抽象记法**；采用形如式（2.21）分量加基

底的完整并矢形式，称为**并矢记法**；还可仅用其分量表示，比如 φ_{ij} ，称为**分量记法**。采用分量记法时，其上下标的顺序一般不可以随意交换；同一上下标的位置完全由其所选取的基向量类型决定，可通过度量张量进行指标升降转换，所以并无本质不同。上下标的次序非常重要，张量分量的每一列只能出现一个上标或下标，比如不能记作 φ_{rst}^{kij} 。为明确起见，在容易出现误解的列，采用圆点占用该列，表示该列已有一个上标或下标，如 $\varphi^{r\cdot st}_{\cdot m\cdot\cdot n}$ 。

对一个物理量，判断其是否为张量，可以在给定坐标系中将其写成分量形式，根据其坐标变换关系，可以判定该量是否为张量。

①首先讨论标量，它是张量的特殊情形。标量是零阶张量，具有 $3^0=1$ 个分量。它是坐标变换下的不变量，在空间同一点上，有 $\bar{\varphi}=\varphi$ 。

②考虑协变基混合积 $\sqrt{g}=[\boldsymbol{g}_1,\boldsymbol{g}_2,\boldsymbol{g}_3]$ 的张量性。新坐标系下的协变基混合积 $[\boldsymbol{g}_1,\boldsymbol{g}_2,\boldsymbol{g}_3]$ 表达式为

$$
\begin{aligned}
[\boldsymbol{g}_{1'},\boldsymbol{g}_{2'},\boldsymbol{g}_{3'}] &= \beta_{1'}^{i}\beta_{2'}^{j}\beta_{3'}^{k}[\boldsymbol{g}_i,\boldsymbol{g}_j,\boldsymbol{g}_k] \\
&= e_{ijk}\beta_{1'}^{i}\beta_{2'}^{j}\beta_{3'}^{k}[\boldsymbol{g}_1,\boldsymbol{g}_2,\boldsymbol{g}_3] = \det[\beta_{j'}^{i}][g_1,g_2,g_3]
\end{aligned}
$$

即 $\sqrt{g\,'}=\det[\beta_{j'}^{i}]\sqrt{g}$ 。可知它的值与坐标系的选取相关，是权为 1 的零阶相对张量。

③分析置换符号 e_{ijk} 。以 $A^{i}_{\cdot j}$ 为元素的三阶行列式可表示为 $\det[A^{i}_{\cdot j}]=e_{ijk}A^{i}_{\cdot 1}A^{j}_{\cdot 2}A^{k}_{\cdot 3}$，根据行列式的角标与置换符号具有相同的角标轮换规则，可以进一步等价为

$$
\det[A^{i}_{\cdot j}]e_{pqr}=A^{i}_{\cdot p}A^{j}_{\cdot q}A^{k}_{\cdot r}e_{ijk}
$$

如果我们将 $A^{i}_{\cdot j}=\beta_{j'}^{i}$ 作为新旧坐标系间的坐标变换系数时，代入上式便可得到

$$
e_{p'q'r'}=(\det[\beta_{j'}^{i}])^{-1}\beta_{p'}^{i}\beta_{q'}^{j}\beta_{r'}^{k}e_{ijk}
$$

说明 e_{ijk} 是权为 -1 的相对张量。

2.5 度量张量

由内积定义，线元 PQ 的长度即 P 与 Q 点间的距离 $\mathrm{d}s$ ，可由下面的二次微分型给出

$$
(\mathrm{d}s)^2=\mathrm{d}\boldsymbol{r}\cdot\mathrm{d}\boldsymbol{r}=\boldsymbol{g}_i\mathrm{d}x^i\cdot\boldsymbol{g}_j\mathrm{d}x^j=g_{ij}\mathrm{d}x^i\mathrm{d}x^j \tag{2.23}
$$

式中

$$g_{ij} = \boldsymbol{g}_i \cdot \boldsymbol{g}_j = g_{ji} \tag{2.24}$$

类似地，可定义

$$g^{ij} = \boldsymbol{g}^i \cdot \boldsymbol{g}^j = g^{ji} \tag{2.25}$$

显然，g_{ij} 是求线元长度的核心。g_{ij} 与 g^{ij} 分别称为**度量张量**（metric tensor）的协变分量和逆变分量。当 $\mathrm{d}x^i$ 不全为0时，有 $(\mathrm{d}s)^2 > 0$，说明式（2.23）是一个正定二次型，所以 g_{ij} 的行列式大于零

$$\det[g_{ij}] = \det[\boldsymbol{g}_i \cdot \boldsymbol{g}_j] = [\boldsymbol{g}_1,\ \boldsymbol{g}_2,\ \boldsymbol{g}_3]^2 = g \tag{2.26}$$

借助 g_{ij} 与 g^{ij}，$\boldsymbol{g}^i$ 与 $\boldsymbol{g}_j$ 可互相表示为

$$\boldsymbol{g}^i = g^{ij}\boldsymbol{g}_j,\quad \boldsymbol{g}_k = g_{ki}\boldsymbol{g}^i \tag{2.27}$$

观察两式中的指标变换规律，起到升降指标作用的是度量张量的逆变分量 g^{ij} 与协变分量 g_{ij}，这个规律称为**指标升降规则**。因此，在实际应用中可以采用度量张量对张量指标进行指标升降处理，如 $g^{ir} g_{rj} = \delta^i_j$。

任意向量 $\boldsymbol{u}$ 或 $\boldsymbol{v}$ 均可表示为

$$\boldsymbol{u} = u^i \boldsymbol{g}_i = u_i \boldsymbol{g}^i,\quad \boldsymbol{v} = v^i \boldsymbol{g}_i = v_i \boldsymbol{g}^i$$

由点积的定义及指标升降规则，有

$$\begin{aligned}\boldsymbol{u} \cdot \boldsymbol{v} &= \boldsymbol{g}_i \cdot \boldsymbol{g}_j u^i v^j = g_{ij} u^i v^j = u_j v^j \\ &= \boldsymbol{g}^i \cdot \boldsymbol{g}^j u_i v_j = g^{ij} u_i v_j = u^j v_j\end{aligned} \tag{2.28}$$

若 $\boldsymbol{u} = \boldsymbol{v}$，则得到 $\boldsymbol{u}$ 的长度的平方。可以看出，g_{ij} 与 g^{ij} 是点积，为所求长度的核心，因此称为**度量张量**。

度量张量采用并矢记法，可表示为

$$\boldsymbol{I} = g_{ij} \boldsymbol{g}^i \otimes \boldsymbol{g}^j = g^{ij} \boldsymbol{g}_i \otimes \boldsymbol{g}_j$$

由角标升降关系，上式可写作 $\boldsymbol{I} = \boldsymbol{g}^i \otimes \boldsymbol{g}_i = \boldsymbol{g}^i \otimes \boldsymbol{g}_i = \delta^i_j \boldsymbol{g}_i \otimes \boldsymbol{g}^j$。读者可自行证明 δ^i_j 的上下标与次序无关，即 $\delta_j^{\cdot i} = \delta^i_{\cdot j}$。

将式（2.27）代入逆变基定义式（2.4），有

$$\boldsymbol{g}^i \cdot \boldsymbol{g}_j = g^{ir} \boldsymbol{g}_r \cdot \boldsymbol{g}_j = g^{ir} g_{rj} = \delta^i_j$$

根据 $g=\det[g_{ij}]\neq 0$，作为满秩矩阵 $[g_{ij}]$ 的逆矩阵 $[g^{ij}]$ 必存在且唯一。利用克拉默（Cramer）公式，可得以下关系式

$$g^{ij}=\frac{1}{g}\frac{\partial g}{\partial g_{ji}} \tag{2.29}$$

代入 $\boldsymbol{g}^i=g^{ij}\boldsymbol{g}_j$ 即可求得逆变基 $\boldsymbol{g}^i$。这也提供了求逆变基的一种计算方法。

2.6 正交曲线坐标系与拉梅（Lamé）常数

x^1，x^2，x^3 三条坐标线处处正交的坐标系称为**正交曲线坐标系**，简称正交系。在正交系中，度量张量 g_{ij} 与 g^{ij} 构成的矩阵为对角阵，$\boldsymbol{g}_i$ 与 $\boldsymbol{g}^i$ 共线，有如下性质

①当 $i\neq j$ 时，$g_{ij}=0$，$g^{ij}=0$；

②当 $i=j$ 时，$g_{11}=\dfrac{1}{g^{11}}$，$g_{22}=\dfrac{1}{g^{22}}$，$g_{33}=\dfrac{1}{g^{33}}$。

此时，线元 $\mathrm{d}\boldsymbol{r}$ 的长度平方式（2.23）具有如下简化形式

$$\begin{aligned}(\mathrm{d}s)^2&=g_{11}(\mathrm{d}x^1)^2+g_{22}(\mathrm{d}x^2)^2+g_{33}(\mathrm{d}x^3)^2\\&=(A_1\mathrm{d}x^1)^2+(A_2\mathrm{d}x^2)^2+(A_3\mathrm{d}x^3)^2\end{aligned} \tag{2.30}$$

式中

$$A_1=\sqrt{g_{11}},\quad A_2=\sqrt{g_{22}},\quad A_3=\sqrt{g_{33}} \tag{2.31}$$

$A_i=\sqrt{\boldsymbol{g}_{\underline{i}}\cdot\boldsymbol{g}_{\underline{i}}}=\sqrt{g_{\underline{ii}}}$ 称为**拉梅（Lamé）常数**，其物理意义是坐标有单位增量时弧长的增量。注意，这里的下标加下画线表示不对该下标求和。

式（2.30）也可以作为求正交系中度量张量的一种方法：由几何方法给出矢径的微分与坐标的微分之间的关系式，从而确定 A_i；再由 A_i 确定度量张量的协变分量。如由极坐标系中的几何关系 $\mathrm{d}\boldsymbol{r}=\mathrm{d}\theta\,\boldsymbol{g}_\theta+\mathrm{d}r\,\boldsymbol{g}_r=r\mathrm{d}\theta\,\boldsymbol{e}_\theta+\mathrm{d}r\,\boldsymbol{e}_r$ 可得

$$(\mathrm{d}s)^2=(\mathrm{d}r)^2+r^2(\mathrm{d}\theta)^2=(A_1\mathrm{d}r)^2+(A_2\mathrm{d}\theta)^2$$

2.7 置换张量与广义克罗内克符号

向量的叉积可写为

$$\boldsymbol{u}\times\boldsymbol{v}=u^iv^j\boldsymbol{g}_i\times\boldsymbol{g}_j=u_iv_j\boldsymbol{g}^i\times\boldsymbol{g}^j$$

应用式（2.6）~式（2.9），上式可写为

$$
\begin{aligned}
\boldsymbol{u}\times\boldsymbol{v} &= [\boldsymbol{g}_i,\ \boldsymbol{g}_j,\ \boldsymbol{g}_k]\, u^i v^j \boldsymbol{g}^k = \sqrt{g}\, e_{ijk}\, u^i v^j \boldsymbol{g}^k \\
&= [\boldsymbol{g}^i,\ \boldsymbol{g}^j,\ \boldsymbol{g}^k]\, u_i v_j \boldsymbol{g}_k = \frac{1}{\sqrt{g}} e^{ijk} u_i v_j \boldsymbol{g}_k
\end{aligned}
\tag{2.32}
$$

引进**爱丁顿**（Eddington）**张量**（**置换张量**）

$$
\begin{cases}
\varepsilon_{ijk} \triangleq [\boldsymbol{g}_i,\ \boldsymbol{g}_j,\ \boldsymbol{g}_k] = \sqrt{g}\, e_{ijk} \\
\varepsilon^{ijk} \triangleq [\boldsymbol{g}^i,\ \boldsymbol{g}^j,\ \boldsymbol{g}^k] = 1/\sqrt{g}\, e^{ijk}
\end{cases}
\tag{2.33}
$$

代入式（2.33），有 $\boldsymbol{u}\times\boldsymbol{v} = \varepsilon_{ijk} u^i v^j \boldsymbol{g}^k = \varepsilon^{ijk} u_i v_j \boldsymbol{g}_k$。这样，叉积的协变与逆变分量可由式（2.34）计算

$$
\begin{cases}
\boldsymbol{u}\times\boldsymbol{v}\cdot\boldsymbol{g}_i = [\boldsymbol{g}_i,\ \boldsymbol{g}_j,\ \boldsymbol{g}_k]\, u^j v^k = \varepsilon_{ijk} u^j v^k \\
\boldsymbol{u}\times\boldsymbol{v}\cdot\boldsymbol{g}^i = [\boldsymbol{g}^i,\ \boldsymbol{g}^j,\ \boldsymbol{g}^k]\, u_j v_k = \varepsilon^{ijk} u_j v_k
\end{cases}
\tag{2.34}
$$

与式（2.28）对比可以发现：爱丁顿张量 $\boldsymbol{\varepsilon}$ 在叉积中的作用与度量张量在点积中相类似。

爱丁顿张量的坐标变换关系为

$$
\varepsilon_{i'j'k'} = [\boldsymbol{g}_{i'},\ \boldsymbol{g}_{j'},\ \boldsymbol{g}_{k'}] = \beta^i_{i'}\beta^j_{j'}\beta^k_{k'}[\boldsymbol{g}_i,\ \boldsymbol{g}_j,\ \boldsymbol{g}_k] = \beta^i_{i'}\beta^j_{j'}\beta^k_{k'}\varepsilon_{ijk}
$$

可知它是一个绝对张量，因此可写成并矢式 $\boldsymbol{\varepsilon} = \varepsilon_{ijk}\boldsymbol{g}^i\otimes\boldsymbol{g}^j\otimes\boldsymbol{g}^k$。

利用爱丁顿张量，三个向量 $\boldsymbol{u}$，$\boldsymbol{v}$，$\boldsymbol{w}$ 的混合积可表示为

$$
\begin{aligned}
[\boldsymbol{u},\ \boldsymbol{v},\ \boldsymbol{w}] = \boldsymbol{u}\times\boldsymbol{v}\cdot\boldsymbol{w} &= [\boldsymbol{g}_i,\ \boldsymbol{g}_j,\ \boldsymbol{g}_k]\, u^i v^j w^k = \varepsilon_{ijk} u^i v^j w^k \\
&= [\boldsymbol{g}^i,\ \boldsymbol{g}^j,\ \boldsymbol{g}^k]\, u_i v_j w_k = \varepsilon^{ijk} u_i v_j w_k
\end{aligned}
\tag{2.35}
$$

下面给出置换张量 $\boldsymbol{\varepsilon}$ 与 δ 符号间的关系式。考虑元素为 $A^i_{\cdot j} = \delta^i_j$ 的行列式，根据行列式的性质

$$
\begin{vmatrix}
\delta^i_r & \delta^i_s & \delta^i_t \\
\delta^j_r & \delta^j_s & \delta^j_t \\
\delta^k_r & \delta^k_s & \delta^k_t
\end{vmatrix}
= e^{ijk} e_{rst} \det[\delta^n_m] = \varepsilon^{ijk}\varepsilon_{rst}
\tag{2.36}
$$

引入如下的广义克罗内克符号 δ^{ijk}_{rst}

$$\delta^{ijk}_{rst} = \varepsilon^{ijk}\varepsilon_{rst} = \begin{cases} +1, & (i,\ j,\ k)\text{ 与}(r,\ s,\ t)\text{ 均正(逆)序排列} \\ -1, & (i,\ j,\ k)\text{ 与}(r,\ s,\ t)\text{ 一正一逆序排列} \\ 0, & (i,\ j,\ k)\text{ 与}(r,\ s,\ t)\text{ 非序排列} \end{cases} \tag{2.37}$$

根据关系式（2.36）可得如下结论

$$\begin{cases} \delta^{ijk}_{ist} = \varepsilon^{ijk}\varepsilon_{ist} = \delta^j_s\delta^k_t - \delta^j_t\delta^k_s \\ \delta^{ijk}_{ijt} = 2\delta^k_t = 2!\delta^k_t \\ \delta^{ijk}_{ijk} = 6 = 3! \end{cases} \tag{2.38}$$

根据

$$\varepsilon_{ijk}\varepsilon^{pqr}A^i_{\cdot p}A^j_{\cdot q}A^k_{\cdot r} = e_{ijk}e^{pqr}(e_{pqr}A^i_{\cdot 1}A^j_{\cdot 2}A^k_{\cdot 3}) = e_{pqr}e^{pqr}(e_{ijk}A^i_{\cdot 1}A^j_{\cdot 2}A^k_{\cdot 3})$$

由式（2.38）的最后一个式子可得

$$\det[A^i_{\cdot j}] = A^i_{\cdot 1}A^j_{\cdot 2}A^k_{\cdot 3}e_{ijk} = \frac{1}{3!}\varepsilon_{ijk}\varepsilon^{rst}A^i_{\cdot r}A^j_{\cdot s}A^k_{\cdot t} = \frac{1}{6}\delta^{rst}_{ijk}A^i_{\cdot r}A^j_{\cdot s}A^k_{\cdot t} \tag{2.39}$$

于是，行列式 $\det[A^i_{\cdot j}]$ 的元素 $A^p_{\cdot q}$ 的代数余子式可以表示为

$$\begin{aligned} \frac{\partial\det[A^i_{\cdot j}]}{\partial A^p_{\cdot q}} &= \frac{1}{3!}\delta^{rst}_{ijk}(\delta^i_p\delta^q_r A^j_{\cdot s}A^k_{\cdot t} + A^i_{\cdot r}\delta^j_p\delta^q_s A^k_{\cdot t} + A^i_{\cdot r}A^j_{\cdot s}\delta^k_p\delta^q_t) \\ &= \frac{1}{3!}(\delta^{qst}_{pjk}A^j_{\cdot s}A^k_{\cdot t} + \delta^{rqt}_{ipk}A^i_{\cdot r}A^k_{\cdot t} + \delta^{rsq}_{ijp}A^i_{\cdot r}A^j_{\cdot s}) = \frac{1}{2!}\delta^{qst}_{pjk}A^j_{\cdot s}A^k_{\cdot t} \end{aligned} \tag{2.40}$$

行列式 $\det[A_{ij}]$ 的元素 A_{pq} 的代数余子式也可以表示为

$$\frac{\partial\det[A_{ij}]}{\partial A_{pq}} = \frac{1}{2!}e^{pjk}e^{qst}A_{js}A_{kt} \tag{2.41}$$

2.8 克里斯托费尔（Christoffel）符号

向径 $\boldsymbol{r}$ 的微分 $\mathrm{d}\boldsymbol{r} = \dfrac{\partial\boldsymbol{r}}{\partial x^i}\mathrm{d}x^i = \boldsymbol{g}_i\mathrm{d}x^i$ 也是一个向量，它显然符合张量函数的微分式。其中的协变基 $\boldsymbol{g}_i = \boldsymbol{r}_{,i}$ 仍然是坐标或向径的函数，因此可对其进一步求导

$$\boldsymbol{g}_{i,j} = \frac{\partial\boldsymbol{g}_i}{\partial x^j} = \frac{\partial^2\boldsymbol{r}}{\partial x^i\partial x^j} = \boldsymbol{g}_{j,i} \tag{2.42}$$

它们作为新向量，仍然可用局部基向量 $\boldsymbol{g}_i$ 或 $\boldsymbol{g}^i$ 表示，不妨设其分解形式为

$$\boldsymbol{g}_{i,j} = \Gamma_{ij}^{k} \boldsymbol{g}_{k} = \Gamma_{ijk} \boldsymbol{g}^{k} \tag{2.43}$$

式中，系数 Γ_{ijk} 和 Γ_{ij}^{k} 分别称为**第一类和第二类克里斯托费尔**（Christoffel）**符号**。由式（2.42）可知它们关于指标（i，j）对称。由式（2.43）可得

$$\Gamma_{ijk} = \boldsymbol{g}_{i,j} \cdot \boldsymbol{g}_{k}, \quad \Gamma_{ij}^{k} = \boldsymbol{g}_{i,j} \cdot \boldsymbol{g}^{k} = g^{kl} \Gamma_{ijl} \tag{2.44}$$

由 $\boldsymbol{g}_{j} \cdot \boldsymbol{g}^{k} = \delta_{j}^{k}$ 求导可得

$$\partial_{i}(\boldsymbol{g}_{j} \cdot \boldsymbol{g}^{k}) = \boldsymbol{g}_{j,i} \cdot \boldsymbol{g}^{k} + \boldsymbol{g}_{j} \cdot \boldsymbol{g}_{,i}^{k} = \partial_{i} \delta_{j}^{k} = 0$$

根据式（2.44）有

$$\Gamma_{ij}^{k} = -\boldsymbol{g}_{j} \cdot \boldsymbol{g}_{,i}^{k}$$

由此可得

$$\boldsymbol{g}_{,i}^{k} = \frac{\partial \boldsymbol{g}^{k}}{\partial x^{i}} = -\Gamma_{ij}^{k} \boldsymbol{g}^{j} \tag{2.45}$$

Γ_{ijk} 和 Γ_{ij}^{k} 可以由度量张量的偏导数表示，由

$$\partial_{k}(\boldsymbol{g}_{i} \cdot \boldsymbol{g}_{j}) = \boldsymbol{g}_{i,k} \cdot \boldsymbol{g}_{j} + \boldsymbol{g}_{i} \cdot \boldsymbol{g}_{j,k} = g_{ij,k}$$

可得

$$g_{ij,k} = \Gamma_{kij} + \Gamma_{kji}$$

经过指标轮换可得另外两式

$$g_{jk,i} = \Gamma_{ijk} + \Gamma_{ikj}$$

$$g_{ki,j} = \Gamma_{jki} + \Gamma_{jik}$$

后两式相加再减去第一式可得

$$\Gamma_{ijk} = \frac{1}{2}(g_{jk,i} + g_{ki,j} - g_{ij,k}) \tag{2.46}$$

再由式（2.44）可得

$$\Gamma_{ij}^{k} = \frac{1}{2} g^{kl}(g_{jl,i} + g_{li,j} - g_{ij,l}) \tag{2.47}$$

如果将式（2.47）中取 $j = k$，并对 k 求和，由 g^{kl} 关于指标（i，j）对称，则有

$$\Gamma_{ik}^{k} = \frac{1}{2} g^{kl} g_{kl,i}$$

将 $g^{ij} = \frac{1}{g}\frac{\partial g}{\partial g_{ji}}$ 代入可得

$$\Gamma_{ik}^{k} = \frac{1}{2g}\frac{\partial g}{\partial g_{kl}}\frac{\partial g_{kl}}{\partial x^{i}} = \frac{1}{2g}\frac{\partial g}{\partial x^{i}} = \frac{1}{\sqrt{g}}\frac{\partial \sqrt{g}}{\partial x^{i}} \tag{2.48}$$

在正交曲线坐标系中，利用 $g_{ij} = 0(i \neq j)$，$g^{\underline{ii}} = 1/g_{\underline{ii}}$，以及式（2.46）与式（2.47），可得以下结论：

①三个指标均不相等时：$\Gamma_{ijk} = \Gamma_{ij}^{k} = 0$；

②只有前两个指标相同时：$\Gamma_{\underline{ii}k} = -g_{\underline{ii},k}/2$，$\Gamma_{\underline{ii}}^{k} = -g_{\underline{ii},k}/(2g_{\underline{kk}})$，$i \neq k$；

③第一个或第二个指标与第三个指标相同：

$$\Gamma_{\underline{i}k\underline{i}} = \Gamma_{k\underline{ii}} = \frac{g_{\underline{ii},k}}{2},\quad \Gamma_{\underline{i}k}^{\underline{i}} = \Gamma_{k\underline{i}}^{\underline{i}} = g_{\underline{ii},k}/(2g_{\underline{ii}}) = (\ln\sqrt{g_{\underline{ii}}})_{,k}$$

以上对各式中的相同上下标加下画线如 $\underline{ii}$，表示对该上下标不再进行求和运算。

由式（2.42）有 $\Gamma_{ij}^{k} = \boldsymbol{g}_{i,j}\cdot\boldsymbol{g}^{k} = g^{kl}\Gamma_{ijl}$，克里斯托费尔符号在形式上满足上标升降规则，但是它并不是三阶张量的分量。我们考察其在新旧坐标系中的变换规律

$$\begin{aligned}\Gamma_{i'j'}^{k'} &= \boldsymbol{g}_{i',j'}\cdot\boldsymbol{g}^{k'} = \beta_{j'}^{j}\partial_{j}(\beta_{i'}^{i}g_{i})\cdot\beta_{k}^{k'}\boldsymbol{g}^{k}\\ &= \beta_{j'}^{j}\beta_{i'}^{i}\beta_{k}^{k'}\partial_{j}\boldsymbol{g}_{i}\cdot\boldsymbol{g}^{k} + (\partial_{j'}\beta_{i'}^{i})\beta_{k}^{k'}\boldsymbol{g}_{i}\cdot\boldsymbol{g}^{k}\\ &= \beta_{j'}^{j}\beta_{i'}^{i}\beta_{k}^{k'}\Gamma_{ij}^{k} + (\partial_{j'}\beta_{i'}^{i})\beta_{i}^{k'}\end{aligned}$$

可见其不符合张量变换规律，因此不是张量。

例 2.3 求如图 2.2 所示的平面极坐标系 $\{r, \theta\}$ 矢基 $\boldsymbol{g}_r$ 与 $\boldsymbol{g}_\theta$ 的全部非零克里斯托费尔符号 Γ_{ijk} 和 Γ_{ij}^{k}。

解： 由例 2.1 可得 $g_{11} = 1$，$g_{22} = r^2$，$g_{12} = g_{21} = 0$，从而有

$$\begin{cases}\Gamma_{112} = -g_{11,2}/2 = 0,\quad \Gamma_{221} = -g_{22,1}/2 = -r\\ \Gamma_{11}^{2} = -g_{11,2}/(2g_{22}) = 0,\quad \Gamma_{22}^{1} = -g_{22,1}/(2g_{11}) = -r\end{cases}$$

$$\begin{cases}\Gamma_{121} = \Gamma_{211} = g_{11,2}/2 = 0,\quad \Gamma_{212} = \Gamma_{122} = g_{22,1}/2 = r\\ \Gamma_{12}^{1} = \Gamma_{21}^{1} = g_{11,2}/(2g_{11}) = 0,\quad \Gamma_{12}^{2} = \Gamma_{21}^{2} = g_{22,1}/(2g_{22}) = 1/r\end{cases}$$

其余均为零。

2.9 标准正交基的坐标变换

对于一般曲线坐标系 $\{x^1,\ x^2,\ x^3\}$，按其定义式（2.2）得到的自然基 $\boldsymbol{g}_i$ 不一定为单位正交基。可以由基向量 $\boldsymbol{g}_i$ 直接构造出一组标准正交基 $\boldsymbol{e}_i$，如采用式（2.49）

$$\begin{cases} \boldsymbol{e}_1 = \dfrac{\boldsymbol{g}_1}{|\boldsymbol{g}_1|} \\ \boldsymbol{e}_2 = \dfrac{(\boldsymbol{g}_2 - \alpha\boldsymbol{g}_1)}{|\boldsymbol{g}_2 - \alpha\boldsymbol{g}_1|} \\ \boldsymbol{e}_3 = \dfrac{(\boldsymbol{g}_3 - \beta\boldsymbol{g}_2 - \gamma\boldsymbol{g}_1)}{|\boldsymbol{g}_3 - \beta\boldsymbol{g}_2 - \gamma\boldsymbol{g}_1|} \end{cases} \tag{2.49}$$

式中，系数 α，β，γ 可由它们之间的正交关系来确定

$$\begin{cases} \boldsymbol{g}_1 \cdot (\boldsymbol{g}_2 - \alpha\boldsymbol{g}_1) = 0 \\ \boldsymbol{g}_1 \cdot (\boldsymbol{g}_3 - \beta\boldsymbol{g}_2 - \gamma\boldsymbol{g}_1) = 0 \\ (\boldsymbol{g}_2 - \alpha\boldsymbol{g}_1) \cdot (\boldsymbol{g}_3 - \beta\boldsymbol{g}_2) = 0 \end{cases}$$

对于三维空间中一组正交直线坐标系 $\{x^1,\ x^2,\ x^3\}$ 下的标准正交系 $\boldsymbol{e}_{i'}(i = 1,\ 2,\ 3)$，基变换后的标准正交系为 $\boldsymbol{e}_{i'}$，则基变换可表示为

$$\boldsymbol{e}_{i'} = \beta_{i'}^{j}\boldsymbol{e}_j = T_{i'j}\boldsymbol{e}_j,\quad \boldsymbol{e}_i = \beta_i^{j'}\boldsymbol{e}_{j'} = R_{ij'}\boldsymbol{e}_{j'} \tag{2.50}$$

式（2.50）两边点乘 $\boldsymbol{e}_i$ 可得

$$\beta_{i'}^{j} = T_{i'j} = \frac{\partial x^j}{\partial x^{i'}} = \boldsymbol{e}_{i'} \cdot \boldsymbol{e}_j,\quad \beta_i^{j'} = R_{ij'} = \frac{\partial x^{j'}}{\partial x^i} = \boldsymbol{e}_i \cdot \boldsymbol{e}_{j'} \tag{2.51}$$

在直角坐标系中，逆变基与协变基重合，张量的指标记法可以不区分上下标。因此，式（2.51）可写为

$$\begin{cases} \beta_{i'}^{j} = \beta_{i'j} = \beta_{ji'} = \boldsymbol{e}_{i'} \cdot \boldsymbol{e}_j = \delta_{i'j} \\ \beta_i^{j'} = \beta_{ij'} = \beta_{j'i} = \boldsymbol{e}_i \cdot \boldsymbol{e}_{j'} = \delta_{ij'} \end{cases} \tag{2.52}$$

利用基向量的变换式（2.51），向量分量在这两个直角坐标系中的坐标变换可以写为

$$\begin{cases} u_{i'} = \beta_{i'}^{j} u_j = \beta_{i'j} u_j = (\boldsymbol{e}_{i'} \cdot \boldsymbol{e}_j) u_j = \cos(\boldsymbol{e}_{i'}, \boldsymbol{e}_j) u_j \\ u_i = \beta_i^{j'} u_{j'} = \beta_{ij'} u_{j'} = (\boldsymbol{e}_i \cdot \boldsymbol{e}_{j'}) u_{j'} = \cos(\boldsymbol{e}_i, \boldsymbol{e}_{j'}) u_{j'} \end{cases} \tag{2.53}$$

式（2.50）可写成矩阵形式

$$\begin{Bmatrix} \boldsymbol{e}_{i'} \\ \boldsymbol{e}_{2'} \\ \boldsymbol{e}_{3'} \end{Bmatrix} = \boldsymbol{T} \begin{Bmatrix} \boldsymbol{e}_1 \\ \boldsymbol{e}_2 \\ \boldsymbol{e}_3 \end{Bmatrix}, \quad \begin{Bmatrix} \boldsymbol{e}_1 \\ \boldsymbol{e}_2 \\ \boldsymbol{e}_3 \end{Bmatrix} = \boldsymbol{R} \begin{Bmatrix} \boldsymbol{e}_{i'} \\ \boldsymbol{e}_{2'} \\ \boldsymbol{e}_{3'} \end{Bmatrix} \tag{2.54}$$

式中

$$\boldsymbol{T} = \begin{bmatrix} \boldsymbol{e}_{1'} \cdot \boldsymbol{e}_1 & \boldsymbol{e}_{1'} \cdot \boldsymbol{e}_2 & \boldsymbol{e}_{1'} \cdot \boldsymbol{e}_3 \\ \boldsymbol{e}_{2'} \cdot \boldsymbol{e}_1 & \boldsymbol{e}_{2'} \cdot \boldsymbol{e}_2 & \boldsymbol{e}_{2'} \cdot \boldsymbol{e}_3 \\ \boldsymbol{e}_{3'} \cdot \boldsymbol{e}_1 & \boldsymbol{e}_{3'} \cdot \boldsymbol{e}_2 & \boldsymbol{e}_{3'} \cdot \boldsymbol{e}_3 \end{bmatrix}, \quad \boldsymbol{R} = \begin{bmatrix} \boldsymbol{e}_1 \cdot \boldsymbol{e}_{1'} & \boldsymbol{e}_1 \cdot \boldsymbol{e}_{2'} & \boldsymbol{e}_1 \cdot \boldsymbol{e}_{3'} \\ \boldsymbol{e}_2 \cdot \boldsymbol{e}_{1'} & \boldsymbol{e}_2 \cdot \boldsymbol{e}_{2'} & \boldsymbol{e}_2 \cdot \boldsymbol{e}_{3'} \\ \boldsymbol{e}_3 \cdot \boldsymbol{e}_{1'} & \boldsymbol{e}_3 \cdot \boldsymbol{e}_{2'} & \boldsymbol{e}_3 \cdot \boldsymbol{e}_{3'} \end{bmatrix} \tag{2.55}$$

坐标变换张量 $\boldsymbol{T}$ 与 $\boldsymbol{R}$ 不是对称张量（矩阵），而是正交张量，且互为逆阵

$$\boldsymbol{T}^{\mathrm{T}} = \boldsymbol{T}^{-1} = \boldsymbol{R}, \quad \boldsymbol{R}^{\mathrm{T}} = \boldsymbol{R}^{-1} = \boldsymbol{T} \tag{2.56}$$

利用坐标变换系数，二阶张量分量在这两个直角坐标系中的坐标变换可以写为

$$A_{i'j'} = \beta_{i'i} \beta_{j'j} A_{ij} = (\boldsymbol{e}_{i'} \cdot \boldsymbol{e}_i)(\boldsymbol{e}_{j'} \cdot \boldsymbol{e}_j) A_{ij} \tag{2.57}$$

式（2.57）可写成如下的矩阵形式

$$[A_{i'j'}] = \begin{bmatrix} A_{1'1'} & A_{1'2'} & A_{1'3'} \\ A_{2'1'} & A_{2'2'} & A_{2'3'} \\ A_{3'1'} & A_{3'2'} & A_{3'3'} \end{bmatrix} = [\beta_{i'i}][A_{ij}][\beta_{j'j}]^{\mathrm{T}}$$

$$= \begin{bmatrix} \beta_{1'1} & \beta_{1'2} & \beta_{1'3} \\ \beta_{2'1} & \beta_{2'2} & \beta_{2'3} \\ \beta_{3'1} & \beta_{3'2} & \beta_{3'3} \end{bmatrix} \begin{bmatrix} A_{11} & A_{12} & A_{13} \\ A_{21} & A_{22} & A_{23} \\ A_{31} & A_{32} & A_{33} \end{bmatrix} \begin{bmatrix} \beta_{1'1} & \beta_{2'1} & \beta_{3'1} \\ \beta_{1'2} & \beta_{2'2} & \beta_{3'2} \\ \beta_{1'3} & \beta_{2'3} & \beta_{3'3} \end{bmatrix}$$

注意下标求和对应的矩阵乘积运算：前矩阵的列对应后矩阵的行。比如 $A_{ij}\beta_{j'j}$ 写成矩阵形式为 $[A_{ij}][\beta_{j'j}]^{\mathrm{T}}$。

2.10 习题

2.1 如图 2.5 所示，$\mathbb{E}^3$ 中的柱坐标定义为

$\boldsymbol{r} = \boldsymbol{r}(r, \varphi, z) = (r\cos\varphi)\boldsymbol{e}_1 + (r\sin\varphi)\boldsymbol{e}_2 + z\boldsymbol{e}_3$，其中 $\boldsymbol{e}_i (i = 1, 2, 3)$ 为单位正交基。

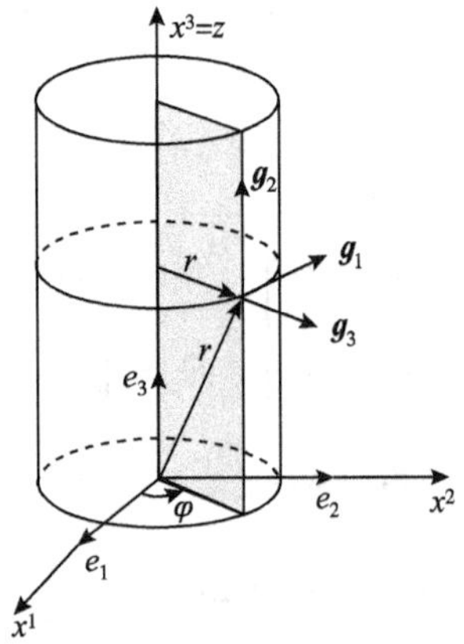

图 2.5 习题 2.1

（1）求坐标系的自然矢基；

（2）求全部非零克里斯托费尔符号 Γ_{ijk} 和 Γ_{ij}^k。

2.2 证明式 $\boldsymbol{g}^k_{,i} = -\Gamma^k_{ij}\boldsymbol{g}^j$。

2.3 度量张量采用并矢记法，可表示为 $\boldsymbol{I} = g_{ij}\boldsymbol{g}^i \otimes \boldsymbol{g}^j = g^{ij}\boldsymbol{g}_i \otimes \boldsymbol{g}_j$。请根据坐标变换关系，判定其是否为张量。

2.4 考虑协变基混合积 $\sqrt{g} = [\boldsymbol{g}_1, \boldsymbol{g}_2, \boldsymbol{g}_3]$ 的张量性。

2.5 分析置换符号 e_{ijk} 的张量性。

2.6 分析 $\varepsilon_{ijk} = [\boldsymbol{g}_i, \boldsymbol{g}_j, \boldsymbol{g}_k]$ 的张量性。

2.7 给出克里斯托费尔符号的坐标变换规则。

2.8 证明下式

$$\frac{\partial \det[A_{ij}]}{\partial A_{pq}} = \frac{1}{2!} e^{pjk} e^{qst} A_{js} A_{kt}$$

第3章

张量的代数运算

3.1 张量的代数运算

1. 加法

只有同型（权与阶均相同）的张量才可以进行加减，其结果仍为同型张量。在进行张量分量的加减时，其对应的指标类型也须相同。例如

$$C_i = A_i + B_i,\quad C^{i}_{\cdot jk} = A^{i}_{\cdot jk} + B^{i}_{\cdot jk} \tag{3.1}$$

张量的加法满足交换律、结合律，以及关于数乘的分配律和结合律

$$\begin{cases} \boldsymbol{A} + \boldsymbol{B} = \boldsymbol{B} + \boldsymbol{A},\ (\boldsymbol{A} + \boldsymbol{B}) + \boldsymbol{C} = \boldsymbol{A} + (\boldsymbol{B} + \boldsymbol{C}) \\ (\alpha + \beta)\boldsymbol{A} = \alpha\boldsymbol{A} + \beta\boldsymbol{A},\ (\alpha\beta)\boldsymbol{A} = \alpha(\beta\boldsymbol{A}) \end{cases} \tag{3.2}$$

2. 并积

两个张量的并积也称为张量积，是两个向量并积的推广，它将形成一个更高阶的张量，其阶数为并积的各张量阶数之和。例如 $\boldsymbol{A} = A^{ij}\boldsymbol{g}_i \otimes \boldsymbol{g}_j$ 与 $\boldsymbol{B} = B_{ij}\boldsymbol{g}^i \otimes \boldsymbol{g}^j$ 的并积可写为

$$\begin{aligned} \boldsymbol{C} &= \boldsymbol{A} \otimes \boldsymbol{B} \\ &= A^{ij} B_{mn}\boldsymbol{g}_i \otimes \boldsymbol{g}_j \otimes \boldsymbol{g}^m \otimes \boldsymbol{g}^n \\ &= C^{ij}_{\cdot\cdot mn}\boldsymbol{g}_i \otimes \boldsymbol{g}_j \otimes \boldsymbol{g}^m \otimes \boldsymbol{g}^n \end{aligned} \tag{3.3}$$

张量的并积与矢量并积具有相同的线性性质。

3. 缩并

在张量的并矢记法中，如对其中某两个基向量进行点积，则原来的张量将降低两阶，这个过程称为张量的缩并。例如对六阶张量 $\boldsymbol{\varphi} = \varphi^{ijk}_{\cdot\cdot\cdot rst}\boldsymbol{g}_i \otimes \boldsymbol{g}_j \otimes \boldsymbol{g}_k \otimes \boldsymbol{g}^r \otimes \boldsymbol{g}^s \otimes \boldsymbol{g}^t$

的 j 与 r 指标进行缩并

$$
\begin{aligned}
\dot{\boldsymbol{\varphi}} &= \varphi^{ijk}_{\cdots rst}\,\boldsymbol{g}_i \otimes \overbrace{\boldsymbol{g}_j \otimes \boldsymbol{g}_k \otimes \boldsymbol{g}^r} \otimes \boldsymbol{g}^s \otimes \boldsymbol{g}^t \\
&= \varphi^{ijk}_{\cdots rst}\,\delta^r_j\,\boldsymbol{g}_i \otimes \boldsymbol{g}_k \otimes \boldsymbol{g}^s \otimes \boldsymbol{g}^t \\
&= \varphi^{irk}_{\cdots rst}\,\boldsymbol{g}_i \otimes \boldsymbol{g}_k \otimes \boldsymbol{g}^s \otimes \boldsymbol{g}^t \\
&\triangleq \psi^{ik}_{\cdot\cdot st}\,\boldsymbol{g}_i \otimes \boldsymbol{g}_k \otimes \boldsymbol{g}^s \otimes \boldsymbol{g}^t = \boldsymbol{\psi}
\end{aligned}
\tag{3.4}
$$

式中，$\boldsymbol{\psi}$ 的张量性可根据定义进行证明。当然也可以对 $\boldsymbol{\varphi}$ 的其他任意一对指标进行点积缩并运算。

4. **点积**

两个张量的点积运算，可以看成是两个张量先进行并积，然后进行缩并得到的新张量。例如对 $\boldsymbol{A} = A^{ij}\boldsymbol{g}_i \otimes \boldsymbol{g}_j$ 与 $\boldsymbol{B} = B^{\cdot\cdot t}_{rs}\boldsymbol{g}^r \otimes \boldsymbol{g}^s \otimes \boldsymbol{g}_t$，进行一次点积的规定是：对 $\boldsymbol{A}$ 与 $\boldsymbol{B}$ 作并积后，将 $\boldsymbol{A}$ 的最后一个基向量与 $\boldsymbol{B}$ 的第一个基向量进行缩并求得

$$
\boldsymbol{A}\cdot\boldsymbol{B} = A^{ij}B^{\cdot\cdot t}_{rs}(\boldsymbol{g}_j\cdot\boldsymbol{g}^r)\,\boldsymbol{g}_i\otimes\boldsymbol{g}^s\otimes\boldsymbol{g}_t = A^{ir}B^{\cdot\cdot t}_{rs}\,\boldsymbol{g}_i\otimes\boldsymbol{g}^s\otimes\boldsymbol{g}_t \tag{3.5}
$$

对于两个向量点积，有 $\boldsymbol{a}\cdot\boldsymbol{b} = \boldsymbol{b}\cdot\boldsymbol{a}$；而高阶张量的点积，一般情况下不具有交换性 $\boldsymbol{A}\cdot\boldsymbol{B} \neq \boldsymbol{B}\cdot\boldsymbol{A}$。若 $\boldsymbol{A}$ 与 $\boldsymbol{B}$ 进行两次点积，有并联与串联两种方式

并联：顺序缩并

$$
\boldsymbol{A}:\boldsymbol{B} = A^{ij}B^{\cdot\cdot t}_{rs}(\boldsymbol{g}_i\cdot\boldsymbol{g}^r)(\boldsymbol{g}_j\cdot\boldsymbol{g}^s)\,\boldsymbol{g}_t = A^{ij}B^{\cdot\cdot t}_{ij}\,\boldsymbol{g}_t \tag{3.6}
$$

串联：邻近优先缩并

$$
\boldsymbol{A}\cdot\cdot\boldsymbol{B} = A^{ij}B^{\cdot\cdot t}_{rs}(\boldsymbol{g}_j\cdot\boldsymbol{g}^r)(\boldsymbol{g}_i\cdot\boldsymbol{g}^s)\,\boldsymbol{g}_t = A^{ij}B^{\cdot\cdot t}_{ji}\,\boldsymbol{g}_t \tag{3.7}
$$

利用爱丁顿张量，三个向量 $\boldsymbol{u}$，$\boldsymbol{v}$，$\boldsymbol{w}$ 的混合积可表示为两个三阶张量的三点积形式

$$
[\boldsymbol{u},\ \boldsymbol{v},\ \boldsymbol{w}] = (\boldsymbol{u}\otimes\boldsymbol{v}\otimes\boldsymbol{w}) \,\vdots\, \boldsymbol{\varepsilon} \tag{3.8}
$$

当两个 p 阶张量进行 p 次点积，将得到一个标量 $\boldsymbol{T}\overset{p}{\cdot}\boldsymbol{S} = T_{i_1 i_2\cdots i_p}S_{i_1 i_2\cdots i_p}$，可简记为 $\boldsymbol{T}\circ\boldsymbol{S}$，后面均以“$\circ$”表示两个张量的全点积。

5. **叉积**

两个张量的叉积是两个向量叉积的推广。考虑两个向量 $\boldsymbol{u} = u^i\boldsymbol{g}_i$，$\boldsymbol{v} = v^i\boldsymbol{g}_i$，则

其叉积可通过爱丁顿张量 ε_{ijk} 表示为

$$\boldsymbol{u}\times\boldsymbol{v}=u^i v^j \boldsymbol{g}_i\times\boldsymbol{g}_j=u^i v^j \varepsilon_{ijk}\boldsymbol{g}^k$$

根据 ε_{ijk} 对指标轮换的性质，可得 $u^i v^j \varepsilon_{ijk}\boldsymbol{g}^k=-u^i\varepsilon_{ikj}v^j\boldsymbol{g}^k=v^j\varepsilon_{jki}u^i\boldsymbol{g}^k$，由张量的点积定义，可以将其写成张量形式

$$\begin{aligned}\boldsymbol{u}\times\boldsymbol{v}&=(\boldsymbol{u}\otimes\boldsymbol{v}):\boldsymbol{\varepsilon}=\boldsymbol{\varepsilon}:(\boldsymbol{u}\otimes\boldsymbol{v})\\&=-\boldsymbol{u}\cdot\boldsymbol{\varepsilon}\cdot\boldsymbol{v}=\boldsymbol{v}\cdot\boldsymbol{\varepsilon}\cdot\boldsymbol{u}\end{aligned}\tag{3.9}$$

对于高阶张量，例如 $\boldsymbol{A}=A^{ij}\boldsymbol{g}_i\otimes\boldsymbol{g}_j$ 与 $\boldsymbol{B}=B^{r\cdot t}_{\cdot s\cdot}\boldsymbol{g}_r\otimes\boldsymbol{g}^s\otimes\boldsymbol{g}_t$，其一次叉积可写为

$$\begin{aligned}\boldsymbol{A}\times\boldsymbol{B}&=A^{ij}B^{r\cdot t}_{\cdot s\cdot}\boldsymbol{g}_i\otimes(\boldsymbol{g}_j\times\boldsymbol{g}_r)\otimes\boldsymbol{g}^s\otimes\boldsymbol{g}_t\\&=A^{ij}B^{r\cdot t}_{\cdot s\cdot}\varepsilon_{jrl}\boldsymbol{g}_i\otimes\boldsymbol{g}^l\otimes\boldsymbol{g}^s\otimes\boldsymbol{g}_t=-\boldsymbol{A}\cdot\boldsymbol{\varepsilon}\cdot\boldsymbol{B}\end{aligned}\tag{3.10}$$

3.2 商法则

由张量的点积运算可知：若 $a^{ij}_{\cdot\cdot k}$ 和 b^i 为张量，则 $a^{ij}_{\cdot\cdot k}b^k=c^{ij}$ 也是一个张量。现在考虑这个反问题：若在坐标系中按某规律给出 3^3 个数 $a(ijk)$，且有关系 $a(ijk)b^k=c^{ij}$（对 k 求和），其中，b^i 为与 $a(ijk)$ 无关的任意向量，c^{ij} 也是张量。接下来，我们分析$a(ijk)$ 在新旧坐标系中的变换规律。在新坐标系中，有 $a(i'j'k')b^{k'}=c^{i'j'}$。考虑张量分量 b^i 与 c^{ij} 的坐标变换关系

$$c^{i'j'}=\beta^{i'}_i\beta^{j'}_j c^{ij}=\beta^{i'}_i\beta^{j'}_j a(ijk)b^k=\beta^{i'}_i\beta^{j'}_j\beta^k_{k'}a(ijk)b^{k'}$$

两式相减得 $[a(i'j'k')-\beta^{i'}_i\beta^{j'}_j\beta^k_{k'}a(ijk)]b^{k'}=0$，由 b^i 的任意性可得

$$a(i'j'k')=\beta^{i'}_i\beta^{j'}_j\beta^k_{k'}a(ijk)$$

说明 $a(ijk)$ 符合张量分量 $a^{ij}_{\cdot\cdot k}$ 的变换规律，也就说明 $a(ijk)$ 必然是张量。这就是**商法则**（quotient rule），它是判别一组函数是否是张量分量的一个有用准则，所以也称为**张量识别定理**，它有如下几种等价表述方式：

①如果一个具有 n 个指标的指标量与任意一个矢量进行点积，得到一个 $n-1$ 阶张量，则该指标量是一个 n 阶张量。

②张量的商法则的第一种叙述形式：如果一个具有 n 个指标的指标符号所代表

的量连续与 n 个任意矢量点积，可以得到一个标量，则该量是一个 n 阶张量。

在这种叙述形式下，商法则还可看成是由标量及矢量来定义张量的张量第二定义。

③商法则更为一般的表述：对于任意的 m 阶张量 $\boldsymbol{A}$，如果 $\boldsymbol{B}$ 和 $\boldsymbol{A}$ 点乘 m 次的结果是一个 n 阶张量 $\boldsymbol{C}$，即 $\boldsymbol{B} \overset{m}{\cdot} \boldsymbol{A} = \boldsymbol{C}$，则 $\boldsymbol{B}$ 是 $m+n$ 阶张量。

例 3.1　刚体的转动惯量张量。

解：如图 3.1 所示，设刚体绕固定点 O 转动，它的瞬时角速度是 $\boldsymbol{\omega}$。根据动量矩定义，刚体对 O 点的动量矩向量为

$$\boldsymbol{L} = \int \boldsymbol{r} \times \boldsymbol{v} \mathrm{d}m$$

式中，$\boldsymbol{r}$ 为质量微元 $\mathrm{d}m$ 对固定点 O 的向径，它是固结在刚体上的；$\boldsymbol{v}$ 是质量微元的速度，它与刚体瞬时角速度存在以下关系

$$\boldsymbol{v} = \boldsymbol{\omega} \times \boldsymbol{r}$$

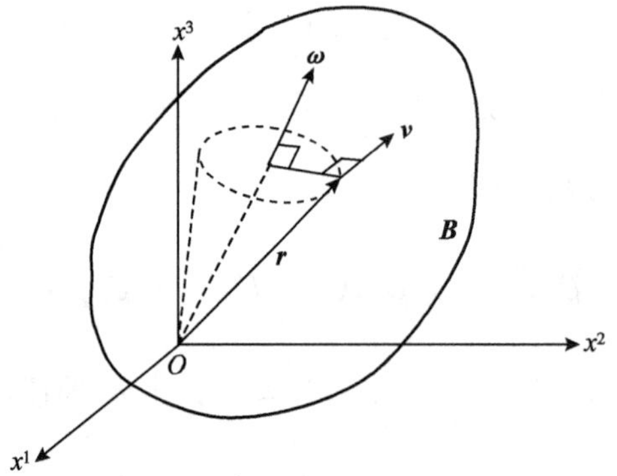

图 3.1　刚体定点转动

代入上式可得

$$\begin{aligned}
\boldsymbol{L} &= \int \boldsymbol{r} \times (\boldsymbol{\omega} \times \boldsymbol{r}) \mathrm{d}m = \int [\boldsymbol{\omega}(\boldsymbol{r} \cdot \boldsymbol{r}) - \boldsymbol{r}(\boldsymbol{r} \cdot \boldsymbol{\omega})] \mathrm{d}m \\
&= \int [(\boldsymbol{r} \cdot \boldsymbol{r})\boldsymbol{\omega} - (\boldsymbol{r} \otimes \boldsymbol{r}) \cdot \boldsymbol{\omega}] \mathrm{d}m \\
&= \int [(\boldsymbol{r} \cdot \boldsymbol{r})\boldsymbol{I} - (\boldsymbol{r} \otimes \boldsymbol{r})] \mathrm{d}m \cdot \boldsymbol{\omega}
\end{aligned}$$

记

$$\boldsymbol{J}_O \triangleq \left(\int \boldsymbol{r}\cdot\boldsymbol{r}\mathrm{d}m\right)\boldsymbol{I} - \int(\boldsymbol{r}\otimes\boldsymbol{r})\mathrm{d}m$$

则有 $\boldsymbol{L} = \boldsymbol{J}_O \cdot \boldsymbol{\omega}$。由商法则可知，$\boldsymbol{J}_O$ 是一个二阶张量，通常称为刚体绕固定点 O 的**转动惯量**。刚体对某个与单位向量 n 方向一致的特定轴的转动惯量可按下式计算

$$J_N = \boldsymbol{J}_O : (\boldsymbol{n}\otimes\boldsymbol{n}) = \boldsymbol{n}\cdot\boldsymbol{J}_O\cdot\boldsymbol{n}$$

例 3.2 柯西（Cauchy）应力张量。如图 3.2 所示，考虑某变形体在 t 时刻的构形 B。为定义物体内部某点 P 处的应力，我们想象过 P 点用一个光滑面将 B 分成两个部分。

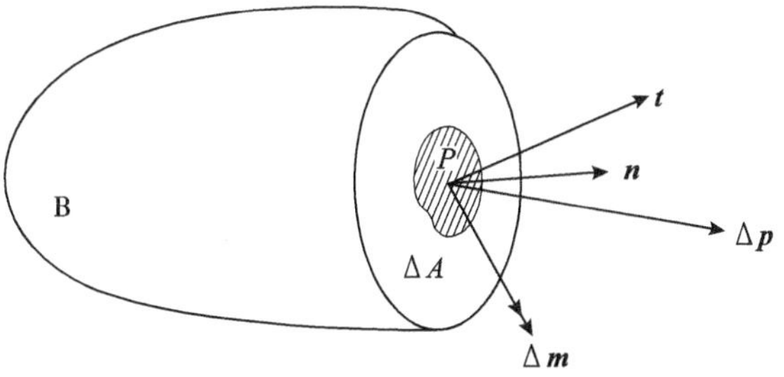

图 3.2 柯西应力向量

这样，在截面（可以是光滑曲面）上作用有另一部分对其表面作用力系（仅考虑接触面力）。分析 P 点所在邻域面积微元 ΔA 上的分布力系，可向 P 点进一步简化为一个主矢 $\Delta\boldsymbol{p}$ 和一个主矩 $\Delta\boldsymbol{m}$。当将微元面积 ΔA 向 P 点不断缩小、趋近于零时，假定下面这个极限存在

$$\boldsymbol{t} = \lim_{\Delta A\to 0}\frac{\Delta\boldsymbol{p}}{\Delta A}$$

按此定义的向量 $\boldsymbol{t}$ 即为连续介质力学的柯西应力向量。柯西基本假设认为：P 点的面力向量 $\boldsymbol{t}$ 是由该表面 ΔA 的单位外法向 $\boldsymbol{n}$ 所决定。换句话说，在所有通过 P 点的光滑截面上，只要 P 点处的截面外法向相同，则这些截面上的柯西应力向量都相等。因此，如果应力向量 $\boldsymbol{t}$ 是 P 的位置矢量 $\boldsymbol{r}$ 的连续函数时，柯西理论给出了一个从外法向 $\boldsymbol{n}$ 到应力向量 $\boldsymbol{t}$ 的线性映射关系

$$\boldsymbol{t} = \boldsymbol{\sigma}\cdot\boldsymbol{n}$$

根据张量识别定理，$\boldsymbol{\sigma}$ 为一个二阶张量，称为柯西应力张量。

例 3.3 弹性体的应变张量。

在连续介质力学中，变形体的应力与应变是最基本的概念之一。在外力作用下，变形体除了刚性位移外，还将产生变形。变形的最基本特征是变形后两点间距离发生改变。如图 3.3 所示，为了研究变形，我们在物体变形前在点 $\boldsymbol{X} = X_i\boldsymbol{e}_i$ 处取有向微线元 $\mathrm{d}\boldsymbol{X} = \mathrm{d}X_i\boldsymbol{e}_i$，$\boldsymbol{x}$ 为 $\boldsymbol{X}$ 点变形后的位矢，线元 $\mathrm{d}\boldsymbol{X}$ 变形后变为 $\mathrm{d}\boldsymbol{x} = \mathrm{d}x_i\boldsymbol{e}_i$。假定变形体没有出现裂纹或褶皱，即变形前后的质点坐标 $\{X_i\}$ 与 $\{x_i\}$ 存在一一对应的函数关系 $x_i = x_i(X_j)$，则微元 $\mathrm{d}X$ 的变形可由长度的平方差来描述

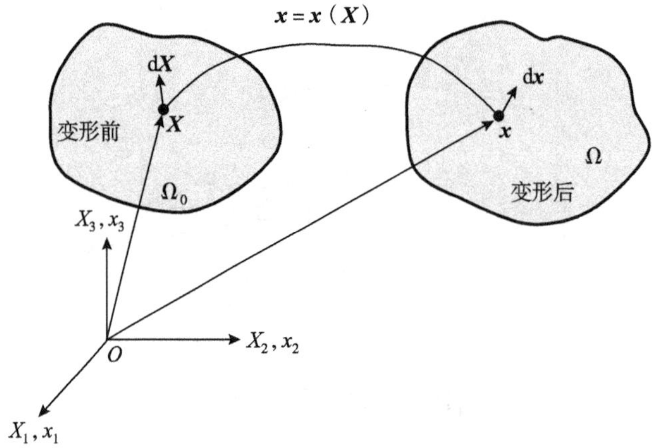

图 3.3 变形前后的线元变化

$$\Delta(\mathrm{d}\boldsymbol{X}^2) = |\mathrm{d}\boldsymbol{x}|^2 - |\mathrm{d}\boldsymbol{X}|^2 = \mathrm{d}x_i\mathrm{d}x_i - \mathrm{d}X_i\mathrm{d}X_i = \frac{\partial x_i}{\partial X_k}\mathrm{d}X_k\frac{\partial x_i}{\partial X_j}\mathrm{d}X_j - \delta_{kj}\mathrm{d}X_k\mathrm{d}X_j$$

$$= \left(\frac{\partial x_i}{\partial X_k}\frac{\partial x_i}{\partial X_j} - \delta_{kj}\right)\mathrm{d}X_k\mathrm{d}X_j = 2\,\varepsilon_{kj}\mathrm{d}X_k\mathrm{d}X_j$$

式中，$\varepsilon_{kj} = \frac{1}{2}\left(\frac{\partial x_i}{\partial X_k}\frac{\partial x_i}{\partial X_j} - \delta_{kj}\right)$，则上式可改写为

$$\Delta(\mathrm{d}\boldsymbol{X}^2) = 2(\varepsilon_{kj}\,e_k\,e_j):[(e_m\mathrm{d}X_m)\otimes(e_i\mathrm{d}X_i)]$$

$$= 2\boldsymbol{\varepsilon}:(\mathrm{d}\boldsymbol{X}\otimes\mathrm{d}\boldsymbol{X}) = 2\mathrm{d}\boldsymbol{X}\cdot\boldsymbol{\varepsilon}\cdot\mathrm{d}\boldsymbol{X}$$

由张量识别定理可知，因为 $\Delta(\mathrm{d}\boldsymbol{X}^2)$ 是零阶张量，$\mathrm{d}\boldsymbol{X}$ 为向量，可得 $\boldsymbol{\varepsilon} = \varepsilon_{kj}\boldsymbol{e}_k\boldsymbol{e}_j$ 为二阶张量，称为应变张量，它决定了一个点的应变状态。任意方向的变形量可由 $\Delta(\mathrm{d}\boldsymbol{X}^2) = 2\mathrm{d}\boldsymbol{X}\cdot\boldsymbol{\varepsilon}\cdot\mathrm{d}\boldsymbol{X}$ 计算。

3.3 张量的合成与拆分

考虑 $\mathbb{E}^3$ 中某一客观对象，需要由 3 个张量 $\boldsymbol{T}_1$，$\boldsymbol{T}_2$，$\boldsymbol{T}_3$ 联合起来才能描述。当坐标变换时，如果它们满足以下的协变规则，则称它们为协变张量组 $\boldsymbol{T}_i$

$$\boldsymbol{T}_{j'} = \boldsymbol{T}_i \frac{\partial x^i}{\partial x^{j'}} = \beta_{j'}^{i} \boldsymbol{T}_i \tag{3.11}$$

同理，满足以下逆变规则的张量组，称为逆变张量组 $\boldsymbol{T}^i$

$$\boldsymbol{T}^{j'} = \boldsymbol{T}^i \frac{\partial x^{j'}}{\partial x^{i}} = \beta_{i}^{j'} \boldsymbol{T}^i \tag{3.12}$$

曲线坐标系中，某点处的协变基 $\boldsymbol{g}_i$ 就是典型的协变向量组例子。而向量 $\boldsymbol{a}$ 的分量 a^i 可以看作是逆变标量组。

一般来说，一个逆变张量组与一个协变张量组对应并置再求和，即张量积运算 $\otimes$，可得到一个绝对张量，称为**张量的合成**。例如 $\boldsymbol{a} = a^i \boldsymbol{g}_i$，单位张量 $\boldsymbol{I} = \boldsymbol{g}_i \otimes \boldsymbol{g}^i$。如张量的左梯度 $\nabla \boldsymbol{T} = \boldsymbol{g}^i \otimes \frac{\partial \boldsymbol{T}}{\partial x^i}$，也是由偏导数 $\frac{\partial \boldsymbol{T}}{\partial x^i}(i = 1, 2, 3)$ 构成的协变张量组，与逆变基 $\boldsymbol{g}^i$ 并置求和构成的绝对张量。

任意张量 $\boldsymbol{T}$ 与 $\boldsymbol{g}_i$（或 $\boldsymbol{g}^i$）点乘便可得到一个协变（或逆变）张量组 $\boldsymbol{T}_i$（或 $\boldsymbol{T}^i$）。因此，一个张量可以拆成低一阶的张量组，即

$$\boldsymbol{T} \cdot \boldsymbol{g}_i = \boldsymbol{T}_i, \quad \boldsymbol{T} \cdot \boldsymbol{g}^i = \boldsymbol{T}^i \tag{3.13}$$

这就是所谓的**张量的拆分**。反之

$$\boldsymbol{T} = \boldsymbol{T}_i \otimes \boldsymbol{g}^i = \boldsymbol{T}^i \otimes \boldsymbol{g}_i \tag{3.14}$$

称为**张量的合成**。

式（3.13）与式（3.14）为张量拆分与合成的一般法则。

3.4 张量的对称化与反称化

若对张量 $\boldsymbol{\varphi} = \varphi^{ijk}_{\cdots r} \boldsymbol{g}_i \otimes \boldsymbol{g}_j \otimes \boldsymbol{g}_k \otimes \boldsymbol{g}^r$ 的分量同类（上标或下标，当然也可以通过度量张量进行升降成同类）任意个指标交换次序，例如

$$\varphi^{kij}_{\cdots r}\,\boldsymbol{g}_i\otimes\boldsymbol{g}_j\otimes\boldsymbol{g}_k\otimes\boldsymbol{g}^r$$

其结果是同阶的新张量，注意保持并矢基次序不变，称为**指标置换**（permutation）。

若对已知张量的同类 n 个上下标进行置换，则共有 $n!$ 个不同的置换（包括其本身）。简单起见，考虑一个三阶张量 $\boldsymbol{T}=T_{ijk}\boldsymbol{g}^i\otimes\boldsymbol{g}^j\otimes\boldsymbol{g}^k$。若对其所有3个上下标（$i$，$j$，$k$）进行交换次序，则共有 $3!=6$ 个：包括0次置换 T_{ijk}，1次置换 T_{jik} 与 T_{ikj}，T_{kji}，2次置换 T_{jki} 与 T_{kij}。奇数次与偶数次置换都为3个。可以证明：对于 n 个上下标，奇偶置换数也均为 $n!/2$ 个。

特别地，对于二阶张量 $\boldsymbol{A}=A^{ij}\boldsymbol{g}_i\otimes\boldsymbol{g}_j$，记其上下标置换后的新张量为 $\boldsymbol{A}^{\mathrm{T}}=A^{ji}\boldsymbol{g}_i\otimes\boldsymbol{g}_j$，称 $\boldsymbol{A}^{\mathrm{T}}$ 为 $\boldsymbol{A}$ 的**转置**（transpose）。设 $\boldsymbol{u}$ 与 $\boldsymbol{v}$ 为任意向量，$\boldsymbol{A}$ 与 $\boldsymbol{B}$ 为二阶张量，可证明以下关系式

$$\begin{cases}\boldsymbol{A}^{\mathrm{T}}\cdot\boldsymbol{u}=\boldsymbol{u}\cdot\boldsymbol{A}\\(\boldsymbol{A}\cdot\boldsymbol{B})^{\mathrm{T}}=\boldsymbol{B}^{\mathrm{T}}\cdot\boldsymbol{A}^{\mathrm{T}}\\\boldsymbol{A}:(\boldsymbol{u}\otimes\boldsymbol{v})=\boldsymbol{u}\cdot\boldsymbol{A}\cdot\boldsymbol{v}=\boldsymbol{v}\cdot\boldsymbol{A}^{\mathrm{T}}\cdot\boldsymbol{u}\end{cases}\tag{3.15}$$

一般而言，一个张量不同的置换是不同的张量，然而应用上更多遇到的是具有一定置换不变性的张量。若张量某一组同类上下标的任意两个置换后，得到的张量与原张量相同，则称此张量关于这组上下标是**对称**的（symmetric），如 $A^{ij}=A^{ji}$，$A_{ij}=A_{ji}$。若交换次序后，其数值仅改变符号而不改变大小，则称此张量关于这组上下标是**反称**的（skew - symmetric），如 $A^{ij}=-A^{ji}$，$A_{ij}=-A_{ji}$。可以证明：张量的对称性不随坐标变换而改变。例如，对于二阶对称张量 $A^{ij}=A^{ji}$，有

$$A^{i'j'}=\beta^{i'}_i\beta^{j'}_jA^{ij}=\beta^{i'}_i\beta^{j'}_jA^{ji}=A^{j'i'}$$

对于一个高阶张量，如果对任意一对上下标都是对称（反称），则称该张量为**完全对称（反称）张量**。容易证明：度量张量是对称张量，置换张量是完全反称张量。

若对 p 阶张量中的 $n(n\leqslant p)$ 个同类上下标进行 $n!$ 个不同的置换，并对 $n!$ 个新张量进行算术平均，这个运算称为**对称化**。其结果张量关于参与置换的上下标对称，将它们放在圆括号 $(ij\cdots k)$ 内表示之。反称化过程则是将 $n!/2$ 个偶数次置换算

术平均，再减去 $n!/2$ 个奇数次置换的算术平均值。结果张量关于参与置换的上下标为反称，将这些上下标放在方括号 $[ij\cdots k]$ 内表示。当 $n=p$ 时，称为**完全对称化**与**完全反称化**。例如：

对于一个二阶张量 A_{ij}，总可以分解为对称张量和反称张量之和

$$A_{ij} = A_{(ij)} + A_{[ij]}$$

其中

$$A_{(ij)} = \frac{1}{2!}(A_{ij} + A_{ji}),\quad A_{[ij]} = \frac{1}{2!}(A_{ij} - A_{ji}) \tag{3.16}$$

对于一个三阶张量 a_{ijk}，可以采用以下方式对其完全对称化与完全反称化

$$\begin{cases} a_{(ijk)} = \dfrac{1}{3!}(a_{ijk} + a_{jki} + a_{kij} + a_{kji} + a_{ikj} + a_{jik}) \\ a_{[ijk]} = \dfrac{1}{3!}(a_{ijk} + a_{jki} + a_{kij} - a_{kji} - a_{ikj} - a_{jik}) \end{cases} \tag{3.17}$$

请读者思考：此时 $a_{ijk} = a_{(ijk)} + a_{[ijk]}$ 是否仍然成立？

为什么要对张量作对称化或反对称化处理呢？一方面，通过把一般张量分解成一些具有不同置换不变性、结构上更加简单的张量之和，达到更清晰地了解张量内在结构的目的；另一个重要原因是**哑指标可传递置换不变性**。例如

$$\boldsymbol{T}\circ\boldsymbol{S} = T_{i_1 i_2\cdots i_p} S_{i_1 i_2\cdots i_p} = T_{i_{\sigma_1} i_{\sigma_2}\cdots i_{\sigma_p}} S_{i_{\sigma_1} i_{\sigma_2}\cdots i_{\sigma_p}} \tag{3.18}$$

这是因为哑指标不在意采用哪个上下标符号。因此，当 $\boldsymbol{T}$ 完全对称时，由于对任何置换 σ，都有 $T_{i_{\sigma_1} i_{\sigma_2}\cdots i_{\sigma_p}} = T_{i_1 i_2\cdots i_p}$，则 $\boldsymbol{T}\circ\boldsymbol{S} = T_{i_1 i_2\cdots i_p} S_{i_{\sigma_1} i_{\sigma_2}\cdots i_{\sigma_p}}$，将之对所有 $p!$ 个置换相加除以 $p!$，由完全对称化定义可得

$$\boldsymbol{T}\circ\boldsymbol{S} = T_{i_1 i_2\cdots i_p}\frac{1}{p!}\Big(\sum_{\sigma} S_{i_{\sigma_1} i_{\sigma_2}\cdots i_{\sigma_p}}\Big) = T_{i_1 i_2\cdots i_p} S_{(i_1 i_2\cdots i_p)}$$

即只有 $\boldsymbol{S}$ 的完全对称部分对缩并 $\boldsymbol{T}\circ\boldsymbol{S}$ 有贡献。

类似地，如果 $\boldsymbol{T}$ 完全反称时，$T_{i_{\sigma_1} i_{\sigma_2}\cdots i_{\sigma_p}} = (-1)^{\sigma} T_{i_1 i_2\cdots i_p}$，代入式（3.18）并所有置换求算术平均，可得

$$\boldsymbol{T}\circ\boldsymbol{S} = (-1)^{\sigma} T_{i_1 i_2\cdots i_p} S_{i_{\sigma_1} i_{\sigma_2}\cdots i_{\sigma_p}} = T_{i_1 i_2\cdots i_p} S_{[i_1 i_2\cdots i_p]}$$

即只有 $\boldsymbol{S}$ 的完全反称部分对缩并 $\boldsymbol{T}\circ\boldsymbol{S}$ 有贡献。

由于上述哑指标的传递性，使得在有些情况下就没有必要考虑 $\boldsymbol{S}$ 的非对称或非反对称部分。例如，线弹性材料的应变能 W 为应变 $\boldsymbol{\varepsilon}$ 的二重线性实函数，故对应一个四阶张量 $\boldsymbol{E}$: $W = E_{ijkl}\,\varepsilon_{ij}\,\varepsilon_{kl}/2$ 。一般来说， E_{ijkl} 可以是任意的四阶张量。然而，由于哑指标的传递性与 $\varepsilon_{ij} = \varepsilon_{ji}$ ，可以得到 $W = E_{(ij)(kl)}\,\varepsilon_{ij}\,\varepsilon_{kl}/2$ ，即只有 E_{ijkl} 关于 (i, j) 和 (k, l) 对称化部分对应变能有效。进一步，由 $\varepsilon_{ij}\,\varepsilon_{kl} = \varepsilon_{kl}\,\varepsilon_{ij}$ 说明 $E_{(ij)(kl)}$ 中只有关于双下标 (i, j) 和 (k, l) 对称部分对应变能有效。因此，弹性张量 $\boldsymbol{E}$ 具有以下的置换不变性，也常称作沃伊特（Voigt）对称性

$$E_{ijkl} = E_{jikl} = E_{ijlk} = E_{klij}$$

即 E_{ijkl} 关于前一对下标 (i, j) 和后一对下标 (k, l) 分别对称；(i, j) 和 (k, l) 可以整体交换，或说具有双下标对的对称性。

进一步，对于任意 p 阶张量 $\boldsymbol{T}$ 、二阶张量 $\boldsymbol{B}$ 、任意置换 σ ，有

$$R_{i_1 i_2 \cdots i_p} = B_{i_1 j_1} \cdots B_{i_p j_p}\, T_{j_1 j_2 \cdots j_p} = B_{i_{\sigma_1} i_{\sigma_1}} \cdots B_{i_{\sigma_p} j_{\sigma_p}}\, T_{j_1 j_2 \cdots j_p}$$

如果 $\boldsymbol{T}$ 完全对称，则有

$$\begin{aligned} R_{i_1 i_2 \cdots i_p} &= B_{i_{\sigma_1} j_{\sigma_1}} \cdots B_{i_{\sigma_p} j_{\sigma_p}}\, T_{j_{\sigma_1} j_{\sigma_2} \cdots j_{\sigma_p}} \\ &= B_{i_{\sigma_1} j_1} \cdots B_{i_{\sigma_p} j_p}\, T_{j_1 j_2 \cdots j_p} = R_{j_{\sigma_1} j_{\sigma_2} \cdots j_{\sigma_p}} \end{aligned}$$

即 $\boldsymbol{R}$ 完全对称。

类似地，如果 $\boldsymbol{T}$ 完全反称，可以证明 $\boldsymbol{R}$ 完全反称，即

$$R_{i_1 i_2 \cdots i_p} = (-1)^{\sigma} R_{j_{\sigma_1} j_{\sigma_2} \cdots j_{\sigma_p}}$$

对于一个经典弹性理论中的弹性张量 $\boldsymbol{E}$ 这个四阶张量，只需考虑上述对称化部分。然而，在偶应力、微极、应变梯度等非经典弹性理论中，为了考虑局部高应变梯度效应，需考虑位移高阶梯度，应变不再是对称的，这时就需要考虑 $\boldsymbol{E}$ 的非对称化部分。

例 3.4 在广义弹性理论中，通常会考虑位移的二阶导数，称为应变梯度

$$\eta_{ijk} \triangleq \frac{\partial^2 u_k}{\partial x_i\, \partial x_j} = u_{k,ij}$$

显然， η_{ijk} 是关于 (i, j) 指标对称的三阶张量，它可以按以下方式分解成对称与反称两部分之和 $\eta_{ijk} = \eta^{s}_{ijk} + \eta^{a}_{ijk}$ ，其中

$$\eta_{ijk}^{s} = \frac{1}{3}(\eta_{ijk} + \eta_{jki} + \eta_{kij})$$

$$\eta_{ijk}^{a} = \eta_{ijk} - \eta_{ijk}^{s} = \frac{2}{3}\eta_{ijk} - \frac{1}{3}\eta_{jki} - \frac{1}{3}\eta_{kij} = \frac{2}{3}e_{ijp}\chi_{pk} + \frac{2}{3}e_{ikp}\chi_{pj}$$

式中，$\chi_{ij} = \omega_{i,j} = \frac{1}{2}e_{ilk}u_{k,lj}$ 为转动梯度张量。由 $\eta_{ijk}^{s} = \eta_{ikj}^{s} = \eta_{kji}^{s}$ 可知：$\eta_{ijk}^{s} = \eta_{(ijk)}$ 是完全对称张量，同时 $\eta_{ijk}^{a} + \eta_{ikj}^{a} + \eta_{kji}^{a} = 0$ 反映了其反称性。这所分解的两部分张量 $\boldsymbol{\eta}^{s}$ 与 $\boldsymbol{\eta}^{a}$ 是正交的，即有 $\boldsymbol{\eta}^{s} \circ \boldsymbol{\eta}^{a} = 0$。

在三维空间，一般二阶张量的独立分量有 $3^2 = 9$ 个，而对称（S_{ij}）和反称（A_{ij}）二阶张量的独立分量个数分别只有 6 个和 3 个，分别为

$$S_{11},\ S_{22},\ S_{33},\ S_{23}(=S_{32}),\ S_{31}(=S_{13}),\ S_{12}(=S_{21})$$

$$A_{23}(=-A_{32}),\ A_{31}(=-A_{13}),\ A_{12}(=-A_{21}),\ A_{11} = A_{22} = A_{33} \equiv 0$$

由排列组合可知，N 维向量空间 p 阶完全对称张量和完全反称张量的独立分量的个数分别为

$$S_{p}^{N} = C_{N+p-1}^{p} = \frac{(N+p-1)!}{(N-1)!p!},\quad A_{p}^{N} = C_{N}^{p} = \frac{N!}{(N-p)!p!} \tag{3.19}$$

例如，对于三维空间的三阶张量，将 $N = 3$ 与 $p = 3$ 代入式（3.19），得到完全对称和完全反称部分的独立分量个数分别为 10 和 1。

值得注意的是，p 阶完全对称（反称）张量之和或数乘，仍然分别是完全对称（反称）p 阶张量。利用该性质，可以计算高阶张量独立分量的个数。

例 3.5 试求出具有沃伊特对称性的三维空间弹性张量 E_{ijkl} 的独立分量个数。

解： 由于 E_{ijkl} 关于角标对 $I = (i,j)$ 和 $J = (k,l)$ 分别对称，故 I 和 J 各有 $S_{2}^{3} = 6$ 个独立分量

$$I,J = (11),(22),(33),(23),(31),(12)$$

又由于 E_{ijkl} 关于 (I,J) 对称，即弹性张量又可看作六维的二阶对称张量空间上的二阶对称张量，故其独立分量个数为 $S_{2}^{6} = 21$ 个。

例 3.6 试求出黎曼－克里斯托费尔（Riemann－Christoffel）曲率张量 R_{ijkl} 的独立分量个数。

解：由于 R_{ijkl} 关于指标对 $I=(i,\ j)$ 和 $J=(k,\ l)$ 分别反称，故 I 和 J 各有 $A_2^3=3$ 个独立分量

$$I,\ J=[23],\ [31],\ [12]$$

又由于 R_{ijkl} 关于 $(I,\ J)$ 对称，故曲率张量又可看作三维的二阶反称张量空间上的二阶对称张量，故其独立分量个数为 $S_2^6=21$ 个。

3.5 张量的求迹运算

张量的迹一般采用符号 tr 表示。它是将两个向量的并积 $\boldsymbol{u}\otimes\boldsymbol{v}$ 映射到一个实数的线性运算 $\mathrm{tr}(\boldsymbol{u}\otimes\boldsymbol{v})=\boldsymbol{u}\cdot\boldsymbol{v}$，本质上就是并矢的缩并。因此，二阶张量 $\boldsymbol{B}$ 的迹可写为

$$\mathrm{tr}(\boldsymbol{B})=\mathrm{tr}(B^{i}_{\cdot j}\boldsymbol{g}_i\otimes\boldsymbol{g}^j)=B^{i}_{\cdot j}\boldsymbol{g}_i\cdot\boldsymbol{g}^j=B^{i}_{\cdot i}=\boldsymbol{I}:\boldsymbol{B}=\boldsymbol{B}:\boldsymbol{I} \tag{3.20}$$

对于二阶张量 A，B，C，有下列性质

$$\boldsymbol{B}:\boldsymbol{C}=\mathrm{tr}(\boldsymbol{B}^{\mathrm{T}}\cdot\boldsymbol{C})=\mathrm{tr}(\boldsymbol{B}\cdot\boldsymbol{C}^{\mathrm{T}})=\boldsymbol{B}^{\mathrm{T}}:\boldsymbol{C}^{\mathrm{T}}=\boldsymbol{C}:\boldsymbol{B} \tag{3.21}$$

$$\mathrm{tr}(\boldsymbol{A}\cdot\boldsymbol{B}\cdot\boldsymbol{C})=\mathrm{tr}(\boldsymbol{B}\cdot\boldsymbol{C}\cdot\boldsymbol{A})=\mathrm{tr}(\boldsymbol{C}\cdot\boldsymbol{A}\cdot\boldsymbol{B}) \tag{3.22}$$

一般可将一个张量 $\boldsymbol{B}$ 分成与迹相关部分 B_{ij}^{o} 和余下的与迹无关部分 B_{ij}^{d}；前者称为**有迹张量或球形张量**（spherical part），后者称为**无迹张量或偏斜张量**（deviatoric part）。

考虑标准正交基上的二阶张量 $\boldsymbol{B}=B_{ij}\boldsymbol{e}_i\otimes\boldsymbol{e}_j$，其球分解式可表示为

$$\begin{cases}B_{ij}^{o}=\dfrac{1}{3}\delta_{ij}B_{mm}\\[2ex] B_{ij}^{d}=B_{ij}-B_{ij}^{o}\end{cases} \tag{3.23}$$

它们具有如下性质，也是进行张量和球分解时需要满足的条件：

①**偏斜张量对任何指标的缩并后的分量均为零**，即 $B_{mm}^{d}=B_{mm}-B_{mm}^{o}=0$；

②**有迹与无迹部分正交**，即 $B_{ij}^{o}B_{ij}^{d}=0$。

对于位移二阶梯度式中对称部分 η_{ijk}^{s}，可以给出如下的有迹与无迹分解方式

$$\begin{cases}\eta_{ijk}^{o}=\dfrac{1}{5}(\delta_{ij}\eta_{mmk}^{s}+\delta_{jk}\eta_{mmi}^{s}+\delta_{ki}\eta_{mmj}^{s})\\[2ex] \eta_{ijk}^{d}=\eta_{ijk}^{s}-\eta_{ijk}^{o}\end{cases}$$

式中，有迹与无迹部分具有如下缩并性质

$$\eta^{o}_{mmi}=\eta^{o}_{imm}=\eta^{s}_{mmi},\quad \eta^{d}_{mmi}=\eta^{d}_{imm}=0$$

需要说明的是，这种分解方式一般针对的是高阶张量中的对称指标进行。

如果三阶张量仅关于（i，j）指标对称，则可按下式分解

$$\begin{cases}\eta^{o}_{ijk}=\dfrac{1}{5}\delta_{ij}(2\eta_{mmk}-\eta_{kmm})+\dfrac{1}{10}\delta_{jk}(3\eta_{imm}-\eta_{mmi})+\dfrac{1}{10}\delta_{ki}(3\eta_{jmm}-\eta_{mmj})\\ \eta^{d}_{ijk}=\eta_{ijk}-\eta^{o}_{ijk}\end{cases}$$

可以验证，这种分解方式同样满足式（3.23），但 $\eta^{o}_{ijk}\neq\eta^{o}_{ikj}$。

进一步对转动梯度张量 χ_{ij} 进行对称分解，从而将应变梯度反称部分 η^{a}_{ijk} 分解为两部分

$$\eta^{as}_{ijk}=\frac{1}{3}e_{ijp}\chi^{s}_{pk}+\frac{1}{3}e_{ikp}\chi^{s}_{pj},\quad \eta^{aa}_{ijk}=\frac{1}{3}e_{ijp}\chi^{a}_{pk}+\frac{1}{3}e_{ikp}\chi^{a}_{pj}$$

这样，应变梯度张量最终分解为相互独立的四个部分

$$\eta_{ijk}=\eta^{o}_{ijk}+\eta^{d}_{ijk}+\eta^{as}_{ijk}+\eta^{aa}_{ijk}$$

可以证明，这四部分之间是两两正交的。对于高阶应力张量，可采用类似上式进行分解，与之对应部分形成功共轭。这是应变梯度理论中一种常见的分解方法。

3.6 习题

3.1　设 $\boldsymbol{u}$ 与 $\boldsymbol{v}$ 为任意向量，$\boldsymbol{A}$ 与 $\boldsymbol{B}$ 为二阶张量，可证明以下关系式：

(1) $\boldsymbol{u}\cdot\boldsymbol{v}=(\boldsymbol{u}\otimes\boldsymbol{v}):\boldsymbol{I}=\mathrm{tr}(\boldsymbol{u}\otimes\boldsymbol{v})$；

(2) $\boldsymbol{u}\times\boldsymbol{v}=(\boldsymbol{u}\otimes\boldsymbol{v}):\boldsymbol{\varepsilon}$；

(3) $\boldsymbol{A}:(\boldsymbol{u}\otimes\boldsymbol{v})=\boldsymbol{u}\cdot\boldsymbol{A}\cdot\boldsymbol{v}=\boldsymbol{v}\cdot\boldsymbol{A}^{\mathrm{T}}\cdot\boldsymbol{u}$。

3.2　对于二阶张量 $\boldsymbol{A}$，$\boldsymbol{B}$，$\boldsymbol{C}$，证明下列性质：

(1) $(\boldsymbol{A}\cdot\boldsymbol{B})^{\mathrm{T}}=\boldsymbol{B}^{\mathrm{T}}\cdot\boldsymbol{A}^{\mathrm{T}}$

(2) $\mathrm{tr}(\boldsymbol{A}\cdot\boldsymbol{B})=\mathrm{tr}(\boldsymbol{B}\cdot\boldsymbol{A})$

(3) $\mathrm{tr}(\boldsymbol{A}\cdot\boldsymbol{B}\cdot\boldsymbol{C})=\mathrm{tr}(\boldsymbol{B}\cdot\boldsymbol{C}\cdot\boldsymbol{A})=\mathrm{tr}(\boldsymbol{C}\cdot\boldsymbol{A}\cdot\boldsymbol{B})$。

3.3　对于二阶张量 $\boldsymbol{A}$，$\boldsymbol{B}$，$\boldsymbol{C}$，由顺序双点积（：）的定义，试证：

(1) $\boldsymbol{A}:\boldsymbol{B}=\mathrm{tr}(\boldsymbol{A}^{\mathrm{T}}\cdot\boldsymbol{B})=\mathrm{tr}(\boldsymbol{A}\cdot\boldsymbol{B}^{\mathrm{T}})=\mathrm{tr}(\boldsymbol{B}^{\mathrm{T}}\cdot\boldsymbol{A})=\boldsymbol{A}^{\mathrm{T}}:\boldsymbol{B}^{\mathrm{T}}=\boldsymbol{B}:\boldsymbol{A}$；

(2) $(\boldsymbol{B}\cdot\boldsymbol{C}):\boldsymbol{A}=(\boldsymbol{A}\cdot\boldsymbol{C}^{\mathrm{T}}):\boldsymbol{B}=\boldsymbol{A}:(\boldsymbol{B}\cdot\boldsymbol{C})$;

(3) $(\boldsymbol{C}\cdot\boldsymbol{A}):\boldsymbol{B}=(\boldsymbol{C}^{\mathrm{T}}\cdot\boldsymbol{B}):\boldsymbol{A}$。

规律：双点乘左右任意交换一对，另一个需要转置。

3.4 对于二阶张量 $\boldsymbol{A}$ 及二阶单位张量明 $\boldsymbol{I}$。试证明：$\mathrm{tr}\,\boldsymbol{A}^n=\boldsymbol{I}:\boldsymbol{A}^n=\boldsymbol{A}^n:\boldsymbol{I}$。

3.5 对于矢量 $\boldsymbol{u}$ 和 $\boldsymbol{v}$，试证明：

(1) $\boldsymbol{u}\cdot\boldsymbol{v}=\mathrm{tr}(\boldsymbol{u}\otimes\boldsymbol{v})$;

(2) $\boldsymbol{u}\times\boldsymbol{v}=(\boldsymbol{u}\otimes\boldsymbol{v}):\boldsymbol{\varepsilon}=\boldsymbol{\varepsilon}:(\boldsymbol{u}\otimes\boldsymbol{v})=-\boldsymbol{u}\cdot\boldsymbol{\varepsilon}\cdot\boldsymbol{v}=\boldsymbol{v}\cdot\boldsymbol{\varepsilon}\cdot\boldsymbol{u}$。

3.6 试证明对于高阶张量 $\boldsymbol{A}=A^{ij}\boldsymbol{g}_i\otimes\boldsymbol{g}_j$ 与 $\boldsymbol{B}=B^{r\cdot t}_{\cdot s}\boldsymbol{g}_r\otimes\boldsymbol{g}^s\otimes\boldsymbol{g}_t$，其一次叉积可写为

$$\boldsymbol{A}\times\boldsymbol{B}=-\boldsymbol{A}\cdot\boldsymbol{\varepsilon}\cdot\boldsymbol{B}$$

第4章

二 阶 张 量

二阶张量是连续介质力学中最常遇到的一类张量。例如应力张量、应变张量、变形梯度张量、正交张量等。本章主要介绍二阶张量的正则与退化性质、特征值与特征向量，凯莱 - 哈密顿（Cayley - Hamilton）定理，以及一些特殊的二阶张量（对称、反称、正交）的相关性质。

4.1 正则与退化

二阶张量也称为**仿射量**，本书用大写字母表示 $\boldsymbol{B} = B^{i}_{\cdot j}\boldsymbol{g}_i \otimes \boldsymbol{g}^j$。将之与向量 $\boldsymbol{v} = v^i\boldsymbol{g}_i$ 点乘，可得到另一个向量 $\boldsymbol{u}$

$$\boldsymbol{B} \cdot \boldsymbol{v} = B^{i}_{\cdot j} v^k \boldsymbol{g}_i \otimes \boldsymbol{g}^j \cdot \boldsymbol{g}_k = B^{i}_{\cdot j} v^j \boldsymbol{g}_i = u^i \boldsymbol{g}_i = \boldsymbol{u} \tag{4.1}$$

因此，可以将仿射量 $\boldsymbol{B}$ 看成一个**线性映射**，它将任一向量 $\boldsymbol{v}$ 映射为某个向量 $\boldsymbol{u}$，也称**映象**。

由张量的加法与点积定义，两个或两个以上的仿射量之和或点积仍然是一个仿射量，并记 $\boldsymbol{B}$ 的自点积 $n-1$ 次为

$$\boldsymbol{B}^n = \underbrace{\boldsymbol{B}\cdots\boldsymbol{B}}_{n} = \boldsymbol{B} \overset{n-1}{\cdot} \boldsymbol{B} \tag{4.2}$$

对于仿射量 $\boldsymbol{B}$，若某三个非共面向量 $\boldsymbol{a}$，$\boldsymbol{b}$，$\boldsymbol{c}$ 的映象 $\boldsymbol{B}\cdot\boldsymbol{a}$，$\boldsymbol{B}\cdot\boldsymbol{b}$，$\boldsymbol{B}\cdot\boldsymbol{c}$ 也是非共面，则称 $\boldsymbol{B}$ 为**正则**，否则为**退化**。因此，$\boldsymbol{B}$ 是否正则，取决于

$$I_3(\boldsymbol{B}) = \frac{[\boldsymbol{B}\cdot\boldsymbol{a},\ \boldsymbol{B}\cdot\boldsymbol{b},\ \boldsymbol{B}\cdot\boldsymbol{c}]}{[\boldsymbol{a},\ \boldsymbol{b},\ \boldsymbol{c}]} \tag{4.3}$$

是否为零。可以证明 $I_3(\boldsymbol{B})$ 只由 $\boldsymbol{B}$ 本身决定，而与 $\boldsymbol{a}$，$\boldsymbol{b}$，$\boldsymbol{c}$ 的选择无关，称为 $\boldsymbol{B}$ 的

第三主不变量。

关于**退化仿射量**还有另一个**等价判据**：对于退化的仿射量 $\boldsymbol{B}$，至少存在一个这样的方向 v，沿该方向的映射均为零：$\boldsymbol{B}\cdot\boldsymbol{v}=0$。

设此方向存在，则 $\boldsymbol{v}$ 可表示为 $\boldsymbol{v}=\alpha\boldsymbol{a}+\beta\boldsymbol{b}+\gamma\boldsymbol{c}$。根据 $\boldsymbol{B}$ 的线性性质有 $\boldsymbol{B}\cdot\boldsymbol{v}=\alpha\boldsymbol{B}\cdot\boldsymbol{a}+\beta\boldsymbol{B}\cdot\boldsymbol{b}+\gamma\boldsymbol{B}\cdot\boldsymbol{c}=\boldsymbol{0}$，这就是说 $\boldsymbol{a}$，$\boldsymbol{b}$，$\boldsymbol{c}$ 的映像是共面的，从而 $\boldsymbol{B}$ 退化。若 $\boldsymbol{B}$ 退化，则 $\boldsymbol{B}\cdot\boldsymbol{a}$，$\boldsymbol{B}\cdot\boldsymbol{b}$，$\boldsymbol{B}\cdot\boldsymbol{c}$ 共面，即存在不全为零的 α，β，γ，使得 $\alpha\boldsymbol{B}\cdot\boldsymbol{a}+\beta\boldsymbol{B}\cdot\boldsymbol{b}+\gamma\boldsymbol{B}\cdot\boldsymbol{c}=\boldsymbol{B}\cdot(\alpha\boldsymbol{a}+\beta\boldsymbol{b}+\gamma\boldsymbol{c})=\boldsymbol{0}$。就是说，对于退化的 $\boldsymbol{B}$，必然存在这样的方向 $\boldsymbol{v}=\alpha\boldsymbol{a}+\beta\boldsymbol{b}+\gamma\boldsymbol{c}$，称为该退化仿射量的零向。

具有一个零向的退化仿射量，使空间全部向量映射到一个平面上；或者说，它使空间变形为平面。若具有两个零向，则它们所定平面上每个方向都是零向，这时的所有映象共线。如果有三个非共面零向，则空间每个方向都是零向，这时的映象均为零，即有所谓的零仿射量。只有正则仿射量才使空间变形后仍为三维空间。

正则仿射量是一个可逆算子，它使空间内向量与其映象有一一对应的关系。因此，必存在逆仿射量 $\boldsymbol{B}^{-1}\cdot\boldsymbol{B}=\boldsymbol{B}\cdot\boldsymbol{B}^{-1}=\boldsymbol{I}$，其中 $\boldsymbol{I}$ 是**单位仿射量**，即**度量张量**。

从定义式（4.3）出发，特别的取三个向量为基向量 $\boldsymbol{g}_i$，并将 $\boldsymbol{B}=B^{i}_{\cdot j}\boldsymbol{g}_i\otimes\boldsymbol{g}^j$ 代入可得

$$
\begin{aligned}
I_3(\boldsymbol{B}) &= \frac{[\boldsymbol{B}\cdot\boldsymbol{g}_1,\ \boldsymbol{B}\cdot\boldsymbol{g}_2,\ \boldsymbol{B}\cdot\boldsymbol{g}_3]}{[\boldsymbol{g}_1,\ \boldsymbol{g}_2,\ \boldsymbol{g}_3]}\\
&= \frac{[B^{i}_{\cdot j}\boldsymbol{g}_i\otimes\boldsymbol{g}^j\cdot\boldsymbol{g}_1,\ B^{p}_{\cdot q}\boldsymbol{g}_p\otimes\boldsymbol{g}^q\cdot\boldsymbol{g}_2,\ B^{r}_{\cdot s}\boldsymbol{g}_r\otimes\boldsymbol{g}^s\cdot\boldsymbol{g}_3]}{\sqrt{g}}\\
&= \frac{B^{i}_{\cdot 1}B^{p}_{\cdot 2}B^{r}_{\cdot 3}[\boldsymbol{g}_i,\ \boldsymbol{g}_p,\ \boldsymbol{g}_r]}{\sqrt{g}} = e_{ipr}B^{i}_{\cdot 1}B^{p}_{\cdot 2}B^{r}_{\cdot 3} = \det[B^{i}_{\cdot j}]
\end{aligned}
$$

从而得到正则仿射量 $I_3(\boldsymbol{B})=\det[B^{i}_{\cdot j}]$。一般来说，**称 $\boldsymbol{B}$ 的第三主不变量为它的行列式**，即 $\det\boldsymbol{B}=I_3(\boldsymbol{B})=\det[B^{i}_{\cdot j}]$。注意 $\det[B_{ij}]=g\det[B_{i}^{\cdot j}]=g\det[B^{i}_{\cdot j}]=g^2\det[B^{ij}]$。

由式（4.3）还可以得到一个非常有用的**南森**（Nanson）**公式**：对于三维欧氏空间 $\mathbb{E}^3$ 中的任一正则仿射量和任意的向量 $\boldsymbol{a}$，$\boldsymbol{b}$，有

$$
(\boldsymbol{B}\cdot\boldsymbol{a})\times(\boldsymbol{B}\cdot\boldsymbol{b})=(\det\boldsymbol{B})\,\boldsymbol{B}^{-\mathrm{T}}\cdot(\boldsymbol{a}\times\boldsymbol{b}) \tag{4.4}
$$

4.2 特征值与特征向量

若向量 $\boldsymbol{r}$ 及其映象 $\boldsymbol{B}\cdot\boldsymbol{r}$ 具有相同的方向，即

$$\boldsymbol{B}\cdot\boldsymbol{r}=\lambda\boldsymbol{r},\quad \lambda\in\mathbb{R} \tag{4.5}$$

则称 λ 是 $\boldsymbol{B}$ 的**特征值**，$\boldsymbol{r}$ 为 $\boldsymbol{B}$ 的**右特征向量**。类似地，若 $\boldsymbol{l}\cdot\boldsymbol{B}=\lambda\boldsymbol{l}$，则称 $\boldsymbol{l}$ 是 $\boldsymbol{B}$ 的左特征向量。常把 $\boldsymbol{B}$ 的特征向量取为单位向量，称为**特征方向**。通常称与特征值 λ 相对应的左（或右）特征向量所张成的空间为相应的**左（或右）特征空间**。

由式（4.5）可得

$$(\boldsymbol{B}-\lambda\boldsymbol{I})\cdot\boldsymbol{r}=\boldsymbol{0} \tag{4.6}$$

说明 $\boldsymbol{r}$ 为仿射量 $\boldsymbol{B}-\lambda\boldsymbol{I}$ 的零向，即 $B-\lambda I$ 是一个退化仿射量，则有

$$\det(\boldsymbol{B}-\lambda\boldsymbol{I})=0 \tag{4.7}$$

展开后得 $\boldsymbol{B}$ 的特征方程

$$\lambda^3-I_1\lambda^2+I_2\lambda-I_3=0 \tag{4.8}$$

其中

$$I_1(\boldsymbol{B})=\frac{(\boldsymbol{B}\cdot\boldsymbol{a})\times\boldsymbol{b}\cdot\boldsymbol{c}+(\boldsymbol{B}\cdot\boldsymbol{b})\times\boldsymbol{c}\cdot\boldsymbol{a}+(\boldsymbol{B}\cdot\boldsymbol{c})\times\boldsymbol{a}\cdot\boldsymbol{b}}{[a,\ b,\ c]} \tag{4.9}$$

$$I_2(\boldsymbol{B})=\frac{(\boldsymbol{B}\cdot\boldsymbol{a})\times(\boldsymbol{B}\cdot\boldsymbol{b})\cdot\boldsymbol{c}+(\boldsymbol{B}\cdot\boldsymbol{b})\times(\boldsymbol{B}\cdot\boldsymbol{c})\cdot\boldsymbol{a}+(\boldsymbol{B}\cdot\boldsymbol{c})\times(\boldsymbol{B}\cdot\boldsymbol{a})\cdot\boldsymbol{b}}{[\boldsymbol{a},\ \boldsymbol{b},\ \boldsymbol{c}]} \tag{4.10}$$

可以证明，$I_1(\boldsymbol{B})$ 与 $I_2(\boldsymbol{B})$ 也与 $\boldsymbol{a}$，$\boldsymbol{b}$，$\boldsymbol{c}$ 的选择无关，而由 $\boldsymbol{B}$ 本身决定，称为 $\boldsymbol{B}$ 的第一与第二主不变量。同样，如果取 $\boldsymbol{a}$，$\boldsymbol{b}$，$\boldsymbol{c}$ 为基向量 $\boldsymbol{g}_i$，代入式（4.3）、式（4.9）、式（4.10），整理可得

$$I_1(\boldsymbol{B})=\frac{1}{1!}\delta_i^r B^i_{\cdot r}=B^i_{\cdot i}=B_i^{\cdot i}=g_{ij}B^{ij}=g^{ij}B_{ij}=\operatorname{tr}\boldsymbol{B} \tag{4.11}$$

$$I_2(\boldsymbol{B})=\frac{1}{2!}\delta_{ij}^{rs}B^i_{\cdot r}B^j_{\cdot s}=\frac{1}{2}(B^i_{\cdot i}B^j_{\cdot j}-B^i_{\cdot j}B^j_{\cdot i})=\frac{1}{2}[(\operatorname{tr}\boldsymbol{B})^2-\operatorname{tr}(\boldsymbol{B}^2)] \tag{4.12}$$

$$I_3(\boldsymbol{B}) = \frac{1}{3!}\delta_{ijk}^{rst} B^{i}_{\cdot r} B^{j}_{\cdot s} B^{k}_{\cdot t} = e_{ijk} B^{i}_{\cdot 1} B^{j}_{\cdot 2} B^{k}_{\cdot 3} = \det \boldsymbol{B}$$
$$= \frac{1}{6}[(\mathrm{tr}\,\boldsymbol{B})^3 - 3\mathrm{tr}(\boldsymbol{B})\mathrm{tr}(\boldsymbol{B}^2) + 2\mathrm{tr}(\boldsymbol{B}^3)] \tag{4.13}$$

特征方程式（4.8）为实系数三次方程，则必有一个实根，故任何仿射量至少有一个特征方向。

仿射量 $\boldsymbol{B}$ 除了上面的三个主不变量，还有一类比较重要的不变量 I_k^*

$$I_k^* = \mathrm{tr}\,\boldsymbol{B}^k,\quad k = 1,2,\cdots \tag{4.14}$$

称为 B 的 k 阶矩。它们与三个主不变量之间存在以下关系

$$I_1^* = I_1,\quad I_2^* = (I_1)^2 - 2I_2,\quad I_3^* = (I_1)^3 - 3I_1I_2 + 3I_3$$

例 4.1 若 λ 和 $\boldsymbol{r}$ 是 $\boldsymbol{B}$ 的（右）特征方向，则 λ^n 和 $\boldsymbol{r}$ 也是 $\boldsymbol{B}^n$ 的特征值与（右）特征方向，即 $\boldsymbol{B}^n \cdot \boldsymbol{r} = \lambda^n \boldsymbol{r}$，$n$ 为整数。

例 4.2 试证：对于任一仿射量 $\boldsymbol{B}$，对于 $\mathbb{E}^3$ 中的任意三个向量 $\boldsymbol{a}, \boldsymbol{b}, \boldsymbol{c}$，有以下线性变换关系

$$\begin{cases}[\boldsymbol{B}\cdot\boldsymbol{a},\ \boldsymbol{b},\ \boldsymbol{c}] + [\boldsymbol{a},\ \boldsymbol{B}\cdot\boldsymbol{b},\ \boldsymbol{c}] + [\boldsymbol{a},\ \boldsymbol{b},\ \boldsymbol{B}\cdot\boldsymbol{c}] = I_1(\boldsymbol{B})[\boldsymbol{a},\ \boldsymbol{b},\ \boldsymbol{c}] \\ [\boldsymbol{B}\cdot\boldsymbol{a},\ \boldsymbol{B}\cdot\boldsymbol{b},\ \boldsymbol{c}] + [\boldsymbol{a},\ \boldsymbol{B}\cdot\boldsymbol{b},\ \boldsymbol{B}\cdot\boldsymbol{c}] + [\boldsymbol{B}\cdot\boldsymbol{a},\ \boldsymbol{b},\ \boldsymbol{B}\cdot\boldsymbol{c}] = I_2(\boldsymbol{B})[\boldsymbol{a},\ \boldsymbol{b},\ \boldsymbol{c}] \\ [\boldsymbol{B}\cdot\boldsymbol{a},\ \boldsymbol{B}\cdot\boldsymbol{b},\ \boldsymbol{B}\cdot\boldsymbol{c}] = I_3(\boldsymbol{B})[\boldsymbol{a},\ \boldsymbol{b},\ \boldsymbol{c}]\end{cases} \tag{4.15}$$

对于非对称仿射量 $\boldsymbol{B}$，若三个向量 $\boldsymbol{a}, \boldsymbol{b}, \boldsymbol{c}$ 相互垂直，并且 $\boldsymbol{B}\cdot\boldsymbol{a}, \boldsymbol{B}\cdot\boldsymbol{b}, \boldsymbol{B}\cdot\boldsymbol{c}$ 也相互垂直，则称 $\boldsymbol{a}, \boldsymbol{b}, \boldsymbol{c}$ 为张量 $\boldsymbol{B}$ 的主方向。

4.3 凯莱 – 哈密顿（Cayley – Hamilton）定理

如果二阶张量 $\boldsymbol{B}$ 的特征值方程为 $f(\lambda) = \det(\boldsymbol{B} - \lambda\boldsymbol{I}) = \lambda^3 - I_1\lambda^2 + I_2\lambda - I_3 = 0$，则 $\boldsymbol{B}$ 必然满足

$$f(\boldsymbol{B}) = \boldsymbol{B}^3 - I_1\boldsymbol{B}^2 + I_2\boldsymbol{B} - I_3\boldsymbol{I} = 0 \tag{4.16}$$

这就是著名的**凯莱 – 哈密顿**（Cayley – Hamilton）**定理**。该定理可用于多项式与级数的降阶。它表明二阶张量 $\boldsymbol{B}$ 的最小多项式最多为二阶。该定理的证明过程如下：

在式（4.9）和式（4.10）中分别以 $\boldsymbol{B}^2\cdot\boldsymbol{c}$ 和 $-\boldsymbol{B}\cdot\boldsymbol{c}$ 代替 $\boldsymbol{c}$，则有

$$I_1[\boldsymbol{a},\ \boldsymbol{b},\ (\boldsymbol{B}^2\cdot\boldsymbol{c})]=(\boldsymbol{B}\cdot\boldsymbol{a})\times\boldsymbol{b}\cdot(\boldsymbol{B}^2\cdot\boldsymbol{c})+(\boldsymbol{B}\cdot\boldsymbol{b})\times(\boldsymbol{B}^2\cdot\boldsymbol{c})\cdot\boldsymbol{a}+(\boldsymbol{B}^3\cdot\boldsymbol{c})\times\boldsymbol{a}\cdot\boldsymbol{b}$$

$$-I_2[\boldsymbol{a},\ \boldsymbol{b},\ (\boldsymbol{B}\cdot\boldsymbol{c})]=-(\boldsymbol{B}\cdot\boldsymbol{a})\times(\boldsymbol{B}\cdot\boldsymbol{b})\cdot(\boldsymbol{B}\cdot\boldsymbol{c})-(\boldsymbol{B}\cdot\boldsymbol{b})\times(\boldsymbol{B}^2\cdot\boldsymbol{c})\cdot\boldsymbol{a}-(\boldsymbol{B}^2\cdot\boldsymbol{c})\times(\boldsymbol{B}\cdot\boldsymbol{a})\cdot\boldsymbol{b}$$

将以上两式与 $I_3[\boldsymbol{a},\ \boldsymbol{b},\ \boldsymbol{c}]=[\boldsymbol{B}\cdot\boldsymbol{a},\ \boldsymbol{B}\cdot\boldsymbol{b},\ \boldsymbol{B}\cdot\boldsymbol{c}]$ 相加，可得

$$\boldsymbol{a}\times\boldsymbol{b}\cdot[(I_1\boldsymbol{B}^2-I_2\boldsymbol{B}+I_3\boldsymbol{I})\cdot\boldsymbol{c}]=\boldsymbol{a}\times\boldsymbol{b}\cdot(\boldsymbol{B}^3\cdot\boldsymbol{c})$$

由 $\boldsymbol{a}$，$\boldsymbol{b}$，$\boldsymbol{c}$ 的任意性，可得式（4.16）。

4.4 对称仿射量

对于二阶张量 $\boldsymbol{B}=B^{ij}\boldsymbol{g}_i\otimes\boldsymbol{g}_j=B_{ij}\boldsymbol{g}^i\otimes\boldsymbol{g}^j$，记其同类角标置换后的新张量为 $\boldsymbol{B}^{\mathrm{T}}=B^{ji}\boldsymbol{g}_i\otimes\boldsymbol{g}_j=B_{ji}\boldsymbol{g}^i\otimes\boldsymbol{g}^j$，称 $\boldsymbol{B}^{\mathrm{T}}$ 为 $\boldsymbol{B}$ 的**转置**。通过哑指标变换，显然有 $\boldsymbol{B}^{\mathrm{T}}=B^{ij}\boldsymbol{g}_j\otimes\boldsymbol{g}_i=B_{ij}\boldsymbol{g}^j\otimes\boldsymbol{g}^i$。在这种记法情况下，交换上下标与交换基底次序结果相同。

如果仿射量 $\boldsymbol{B}=\boldsymbol{B}^{\mathrm{T}}$，则 $\boldsymbol{B}$ 为**对称仿射量**。

若二阶张量 $\boldsymbol{B}$ 表示成混合形式 $\boldsymbol{B}=B^{i}_{\cdot j}\boldsymbol{g}_i\otimes\boldsymbol{g}^j$，可记交换基底次序为其转置形式为

$$\boldsymbol{B}^{\mathrm{T}}=B^{i}_{\cdot j}\boldsymbol{g}^j\otimes\boldsymbol{g}_i=B^{j}_{\cdot i}\boldsymbol{g}^i\otimes\boldsymbol{g}_j$$

对其进行上下标升降可以发现：它与交换上下标的结果 $\boldsymbol{B}_{j}^{\cdot i}\boldsymbol{g}_i\otimes\boldsymbol{g}^j$ 相同。需要注意的是：对于混合形式转置后的分量，即便有 $B^{i}_{\cdot j}=B^{j}_{\cdot i}$，由于基底 $\boldsymbol{g}_i\otimes\boldsymbol{g}^j$ 与 $\boldsymbol{g}^i\otimes\boldsymbol{g}_j$ 并不相同，并不意味着 $\boldsymbol{B}=\boldsymbol{B}^{\mathrm{T}}$。因此，考虑张量是否对称，需要对同类型指标置换后进行比较。

可以证明：对称仿射量 $\boldsymbol{B}$ 有 3 个实特征值，存在 3 个相互垂直的特征方向。对称仿射量的特征值又称为主值，3 个相互垂直的特征方向又称为主方向。可记这 3 个实特征值为 λ_1，λ_2，λ_3，则其特征方程可写为 $(\lambda-\lambda_1)(\lambda-\lambda_2)(\lambda-\lambda_3)=0$，相应的三个主不变量为

$$\begin{cases}I_1=\lambda_1+\lambda_2+\lambda_3\\I_2=\lambda_1\lambda_2+\lambda_2\lambda_3+\lambda_3\lambda_1\\I_3=\lambda_1\lambda_2\lambda_3\end{cases}\tag{4.17}$$

如果$\boldsymbol{B}$有两个不相等的特征值λ_α和λ_β，则与之相对应的特征方向为$\boldsymbol{e}_\alpha$和$\boldsymbol{e}_\beta$相正交。实际上，我们由$\boldsymbol{B}\cdot\boldsymbol{e}_\alpha=\lambda_\alpha\boldsymbol{e}_\alpha$与$\boldsymbol{B}\cdot\boldsymbol{e}_\beta=\lambda_\beta\boldsymbol{e}_\beta$（不求和），分别用$\boldsymbol{e}_\beta$和$\boldsymbol{e}_\alpha$左点积两式并相减可得

$$(\lambda_\alpha-\lambda_\beta)\boldsymbol{e}_\alpha\cdot\boldsymbol{e}_\beta=\boldsymbol{e}_\beta\cdot\boldsymbol{B}\cdot\boldsymbol{e}_\alpha-\boldsymbol{e}_\alpha\cdot\boldsymbol{B}\cdot\boldsymbol{e}_\beta=0\ (\text{不求和})$$

由于$\lambda_\alpha\neq\lambda_\beta$，有$\boldsymbol{e}_\alpha\cdot\boldsymbol{e}_\beta=0$。

对称仿射量$\boldsymbol{B}$一定存在由特征向量构成的一组单位正交基$\boldsymbol{e}_\alpha(\alpha=1,2,3)$，其相应的特征值$\lambda_\alpha$构成$\boldsymbol{B}$的谱，且有

$$\boldsymbol{B}=\sum_{\alpha=1}^{3}\lambda_\alpha\boldsymbol{e}_\alpha\otimes\boldsymbol{e}_\alpha \tag{4.18}$$

这就是对称仿射量的**谱表示方法**，具有重要的应用。反之，若$\boldsymbol{B}$具有式（4.18）的形式，且$\boldsymbol{e}_1$，$\boldsymbol{e}_2$，$\boldsymbol{e}_3$相互正交，则λ_α和$\boldsymbol{e}_\alpha$为$\boldsymbol{B}$的第$\alpha(\alpha=1,2,3)$个特征值和相应的特征向量。令

$$\boldsymbol{\Lambda}=\mathrm{Diag}(\lambda)=\begin{bmatrix}\lambda_1&0&0\\0&\lambda_2&0\\0&0&\lambda_3\end{bmatrix},\quad \boldsymbol{Q}=[\boldsymbol{e}_1,\boldsymbol{e}_2,\boldsymbol{e}_3]$$

则式（4.18）可表示为

$$\boldsymbol{B}=\sum_{\alpha=1}^{3}\lambda_\alpha\boldsymbol{e}_\alpha\otimes\boldsymbol{e}_\alpha=\boldsymbol{Q}\cdot\boldsymbol{\Lambda}\cdot\boldsymbol{Q}^{\mathrm{T}} \tag{4.19}$$

式（4.18）或式（4.19）称为张量$\boldsymbol{B}$的**谱分解**（spectrum decomposition）。注意到$\boldsymbol{Q}$为一个正交张量，满足$\boldsymbol{Q}^{\mathrm{T}}\cdot\boldsymbol{Q}=\boldsymbol{I}$，它等价于以下**对称矩阵谱分解定理**：

任意对称矩阵$\boldsymbol{B}$能分解为正交矩阵$\boldsymbol{Q}$和对角阵$\boldsymbol{\Lambda}$，且满足$\boldsymbol{B}=\boldsymbol{Q}\cdot\boldsymbol{\Lambda}\cdot\boldsymbol{Q}^{\mathrm{T}}$。

谱定理是定义计算以$\boldsymbol{B}$为自变量的张量函数的基础。利用谱定理，多项式张量函数$f(\boldsymbol{B})$可以表示为

$$f(\boldsymbol{B})=\sum_{\alpha=1}^{3}f(\lambda_\alpha)\boldsymbol{e}_\alpha\otimes\boldsymbol{e}_\alpha$$

对于任意的非零向量$\boldsymbol{u}$，满足条件$\boldsymbol{u}\cdot\boldsymbol{C}\cdot\boldsymbol{u}>0$的仿射量$\boldsymbol{C}$称为**正定仿射量**。而满足$\boldsymbol{u}\cdot\boldsymbol{C}\cdot\boldsymbol{u}\geqslant0$的仿射量称为**半正定仿射量**。容易证明：当$\boldsymbol{C}$是对称正定仿射量时，$\boldsymbol{C}$的三个特征值$\eta_\alpha$都大于零，可设为$\eta_\alpha=\lambda_\alpha^2$，($\lambda_\alpha>0$，$\alpha=1,2,3$)，而

相应的谱表示为

$$\boldsymbol{C} = \sum_{\alpha=1}^{3} \lambda_{\alpha}^{2} \boldsymbol{L}_{\alpha} \otimes \boldsymbol{L}_{\alpha} \tag{4.20}$$

式中，$\boldsymbol{L}_{\alpha}$ 为 $\boldsymbol{C}$ 的特征方向，而且这时存在唯一的对称正定仿射量 $\boldsymbol{U}$，其谱表示为

$$U = \sum_{\alpha=1}^{3} \lambda_{\alpha} \boldsymbol{L}_{\alpha} \otimes \boldsymbol{L}_{\alpha} \tag{4.21}$$

满足 $\boldsymbol{U}^2 = \boldsymbol{C}$，$\boldsymbol{U}$ 可记为 $\boldsymbol{C}^{1/2}$。此外，由于其行列式大于零，故存在其逆 $\boldsymbol{U}^{-1}$，它也是对称正定的，可表示为

$$\boldsymbol{U}^{-1} = \sum_{\alpha=1}^{3} \lambda_{\alpha}^{-1} \boldsymbol{L}_{\alpha} \otimes \boldsymbol{L}_{\alpha} \tag{4.22}$$

4.5 反称仿射量

满足 $\boldsymbol{A} = -\boldsymbol{A}^{\mathrm{T}}$ 条件的仿射量 $\boldsymbol{A}$ 称为**反称仿射量**。

对于任意两个向量 $\boldsymbol{u}$ 和 $\boldsymbol{v}$，有 $\boldsymbol{u}\cdot\boldsymbol{A}\cdot\boldsymbol{v} = -\boldsymbol{v}\cdot\boldsymbol{A}\cdot\boldsymbol{u}$；特别是当 $\boldsymbol{u} = \boldsymbol{v}$ 时，有 $\boldsymbol{u}\cdot\boldsymbol{A}\cdot\boldsymbol{u} = 0$，即 $\boldsymbol{u}\cdot\boldsymbol{A} \perp \boldsymbol{u}$，$\boldsymbol{A}$ 的任意法分量为零。

性质 1：反称仿射量 $\boldsymbol{A}$ 的实特征值为零。

证明：因为任何仿射量至少有一个实特征值，设 $\boldsymbol{A}$ 至少有一个实特征值为 λ。假定 $\boldsymbol{e}_3$ 是与 λ 对应的单位特征向量，则有 $\boldsymbol{A}\cdot\boldsymbol{e}_3 = \lambda\boldsymbol{e}_3$，两端与 $\boldsymbol{e}_3$ 点乘可得 $\lambda = \boldsymbol{e}_3\cdot\boldsymbol{A}\cdot\boldsymbol{e}_3 = 0$。说明 $\boldsymbol{A}$ 有一个零特征值和相应的单位特征向量 $\boldsymbol{A}\cdot\boldsymbol{e}_3 = 0$，即 $\boldsymbol{A}$ 是退化的，$\boldsymbol{e}_3$ 是其零向。

性质 2：对于反称仿射量 $\boldsymbol{A}$ 的，存在一个对应的向量 $\boldsymbol{\omega}$，使得对任意的向量 $\boldsymbol{u}$，都有

$$\boldsymbol{A}\cdot\boldsymbol{u} = \boldsymbol{\omega}\times\boldsymbol{u} \tag{4.23}$$

式（4.23）中的向量 $\boldsymbol{\omega}$ 称为 $\boldsymbol{A}$ 的**轴向量**（或**对偶向量**）。

证明：设 $\boldsymbol{e}_1$ 和 $\boldsymbol{e}_2$ 是一对正交单位向量，与 $\boldsymbol{A}$ 的零向 $\boldsymbol{e}_3$ 一起构成右手系的单位正交基 $\{\boldsymbol{e}_1,\boldsymbol{e}_2,\boldsymbol{e}_3\}$。$\boldsymbol{A}$ 在该基上的分解式可写为

$$\boldsymbol{A} = \sum_{\alpha,\beta=1}^{3} A_{\alpha\beta}\, \boldsymbol{e}_{\alpha} \otimes \boldsymbol{e}_{\beta}$$

式中，$A_{\alpha\beta}=\boldsymbol{e}_\alpha\cdot\boldsymbol{A}\cdot\boldsymbol{e}_\beta$。由 $\boldsymbol{A}$ 的反称性与 $\boldsymbol{e}_3$ 为零向的性质，可将上式展开为

$$\boldsymbol{A}=\omega(\boldsymbol{e}_1\otimes\boldsymbol{e}_2-\boldsymbol{e}_2\otimes\boldsymbol{e}_1)$$

式中，$\omega=A_{12}$。令 $\boldsymbol{\omega}=\omega\boldsymbol{e}_3$，对任意向量 $\boldsymbol{u}=u_\alpha\boldsymbol{e}_\alpha$ 有

$$\begin{aligned}\boldsymbol{A}\cdot\boldsymbol{u}-\boldsymbol{\omega}\times\boldsymbol{u}&=\omega(\boldsymbol{e}_1\otimes\boldsymbol{e}_2-\boldsymbol{e}_2\otimes\boldsymbol{e}_1)\cdot(u_\alpha\boldsymbol{e}_\alpha)-\omega\boldsymbol{e}_3\times(u_\alpha\boldsymbol{e}_\alpha)\\&=\omega(u_2\boldsymbol{e}_1-u_1\boldsymbol{e}_2)-\omega e_{3\alpha\beta}u_\alpha\boldsymbol{e}_\beta=\boldsymbol{0}\end{aligned}$$

从而，$\boldsymbol{A}$ 的轴向量 $\boldsymbol{\omega}$ 可写为

$$\boldsymbol{\omega}=-\frac{1}{2}\boldsymbol{\varepsilon}:\boldsymbol{A}\tag{4.24}$$

式中，$\boldsymbol{\varepsilon}$ 为置换张量。实际上，由反称仿射量的定义 $A_{ij}=-A_{ji}$，可得其一般形式为 $\boldsymbol{A}=\dfrac{A_{ij}-A_{ji}}{2}\boldsymbol{e}_i\otimes\boldsymbol{e}_j$，代入也可证明性质 2。证讫。

由式 (4.23) 可知：反称仿射量 $\boldsymbol{A}$ 对任何向量 $\boldsymbol{u}$ 的映象 $\boldsymbol{A}\cdot\boldsymbol{u}$ 均与其轴向量 $\boldsymbol{\omega}$ 正交，如取 $\boldsymbol{u}//\boldsymbol{\omega}$，则 $\boldsymbol{A}\cdot\boldsymbol{u}=0$，因此 $\boldsymbol{\omega}$ 必是其零向。

若以 $-\boldsymbol{\varepsilon}$ 点乘式 (4.24) 两端，可得

$$\boldsymbol{A}=-\boldsymbol{\varepsilon}\cdot\boldsymbol{\omega}\tag{4.25}$$

可见，反称仿射量 $\boldsymbol{A}$ 与其轴向量 $\boldsymbol{\omega}$ 是一一对应的，考察 $\boldsymbol{\omega}$ 与考察 $\boldsymbol{A}$ 是等价的。我们称 $\boldsymbol{A}$ 与 $\boldsymbol{\omega}$ 互成反偶；而 $\boldsymbol{A}$ 与 $-\boldsymbol{\omega}$ 则互成对偶，对偶和反偶只差一个符号。

任意反称仿射量 $\boldsymbol{A}$ 的三个主不变量为

$$\begin{cases}I_1(\boldsymbol{A})=\mathrm{tr}\,\boldsymbol{A}=0\\I_2(\boldsymbol{A})=\omega^2\\I_3(\boldsymbol{A})=\det\boldsymbol{A}=0\end{cases}\tag{4.26}$$

式中，$\omega^2=\boldsymbol{\omega}\cdot\boldsymbol{\omega}$，$\boldsymbol{\omega}$ 为 $\boldsymbol{A}$ 的轴向量，并可证明 $\boldsymbol{A}$ 只有一个等于零的实特征值。

证明：按性质 2 中的讨论类似建立右手系 $\{\boldsymbol{e}_1,\boldsymbol{e}_2,\boldsymbol{e}_3\}$，其中 $\boldsymbol{e}_3$ 为零向。代换 $\boldsymbol{a}$，$\boldsymbol{b}$，$\boldsymbol{c}$ 有

$$\begin{cases}I_1(\boldsymbol{A})=[\boldsymbol{A}\cdot\boldsymbol{e}_1,\ \boldsymbol{e}_2,\ \boldsymbol{e}_3]+[\boldsymbol{e}_1,\ \boldsymbol{A}\cdot\boldsymbol{e}_2,\ \boldsymbol{e}_3]\\I_2(\boldsymbol{A})=[\boldsymbol{A}\cdot\boldsymbol{e}_1,\ \boldsymbol{A}\cdot\boldsymbol{e}_2,\ \boldsymbol{e}_3]\\I_3(\boldsymbol{A})=[\boldsymbol{A}\cdot\boldsymbol{e}_1,\ \boldsymbol{A}\cdot\boldsymbol{e}_2,\ \boldsymbol{A}\cdot\boldsymbol{e}_3]=0\end{cases}$$

由式（4.23），有

$$\boldsymbol{A}\cdot\boldsymbol{e}_1=\boldsymbol{\omega}\times\boldsymbol{e}_1=\omega\,\boldsymbol{e}_3\times\boldsymbol{e}_1=\omega\,\boldsymbol{e}_2,\quad \boldsymbol{A}\cdot\boldsymbol{e}_2=\boldsymbol{\omega}\times\boldsymbol{e}_2=\omega\,\boldsymbol{e}_3\times\boldsymbol{e}_2=-\omega\boldsymbol{e}_1$$

代入上式即可得到式（4.26）。因此，$\boldsymbol{A}$ 的特征方程为 $\lambda^3+\omega^2\lambda=0$，此方程只有一个零实根。

现在来考察仿射量 $\boldsymbol{I}+\boldsymbol{A}$，看任意向量 $\boldsymbol{v}$ 的映象 $(\boldsymbol{I}+\boldsymbol{A})\cdot\boldsymbol{v}$ 的长度（若 $\boldsymbol{v}$ 与其映象同量纲，则 $\boldsymbol{\omega}$ 是无量纲向量）

$$\begin{aligned}[(\boldsymbol{I}+\boldsymbol{A})\cdot\boldsymbol{v}]^2&=(\boldsymbol{v}+\boldsymbol{\omega}\times\boldsymbol{v})^2=\boldsymbol{v}^2+[\boldsymbol{v},\ \omega,\ \boldsymbol{v}]+[\omega,\ \boldsymbol{v},\ \boldsymbol{v}]+(\boldsymbol{\omega}\times\boldsymbol{v})^2\\&=\boldsymbol{v}^2+\boldsymbol{\omega}^2\boldsymbol{v}^2-(\boldsymbol{\omega}\cdot\boldsymbol{v})^2=\boldsymbol{v}^2[1+\boldsymbol{\omega}^2-(\boldsymbol{\omega}\cdot\boldsymbol{n})^2]\end{aligned}$$

式中，$\boldsymbol{n}=\boldsymbol{v}/|\boldsymbol{v}|$ 为无量纲单位向量，$|\boldsymbol{\omega}\cdot\boldsymbol{n}|\leqslant|\boldsymbol{\omega}|$。若 $|\boldsymbol{\omega}|\ll 1$，则后两项可被忽略，则有 $[(\boldsymbol{I}+\boldsymbol{A})\cdot\boldsymbol{v}]^2\doteq\boldsymbol{v}^2$，即 $\boldsymbol{v}$ 的映象长度不变，因此可以称 $\boldsymbol{I}+\boldsymbol{A}$ 为**小转动仿射量**。需要强调的是：小转动的意义只有在 $|\boldsymbol{\omega}|\ll\mathbf{1}$ 时才成立。这时，转轴与 $\boldsymbol{\omega}$ 同向，转角为 $|\boldsymbol{\omega}|$，故 $\boldsymbol{\omega}$ 又叫小转动向量，见图 4.1。下一节将讨论转动为有限量的情形。

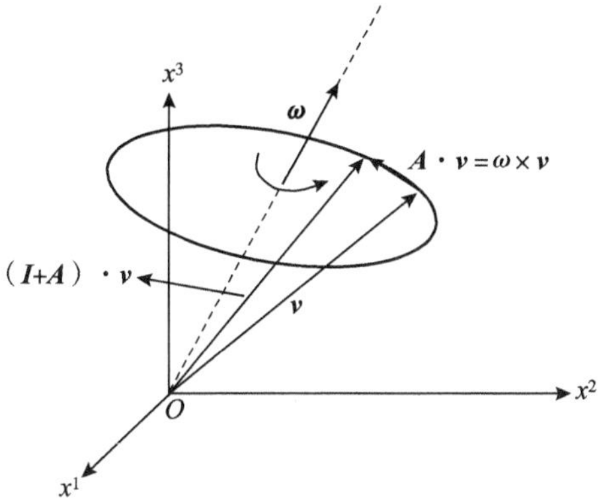

图 4.1 反称仿射量与小转动向量

4.6 正交仿射量

下面讨论**正交仿射量** $\boldsymbol{Q}$，它满足

$$\boldsymbol{Q}\cdot\boldsymbol{Q}^{\mathrm{T}}=\boldsymbol{Q}^{\mathrm{T}}\cdot\boldsymbol{Q}=\boldsymbol{I}\tag{4.27}$$

显然有 $\boldsymbol{Q}^{\mathrm{T}}=\boldsymbol{Q}^{-1}$。

首先由 $(\boldsymbol{Q}\cdot\boldsymbol{u})^2=(\boldsymbol{u}\cdot\boldsymbol{Q}^{\mathrm{T}})\cdot(\boldsymbol{Q}\cdot\boldsymbol{v})=\boldsymbol{u}\cdot\boldsymbol{u}$，说明正交仿射量保证向量的映象长度不变。再考察 $\boldsymbol{Q}$ 对于任意的两个向量 $\boldsymbol{u}$ 和 $\boldsymbol{v}$ 的作用，有

$$(\boldsymbol{Q}\cdot\boldsymbol{u})\cdot(\boldsymbol{Q}\cdot\boldsymbol{v})=(\boldsymbol{u}\cdot\boldsymbol{Q}^{\mathrm{T}})\cdot(\boldsymbol{Q}\cdot\boldsymbol{v})=\boldsymbol{u}\cdot\boldsymbol{v} \tag{4.28}$$

这说明正交仿射量不改变向量的内积，即不改变向量间的夹角。

进一步考察 $\boldsymbol{Q}$ 对于任意的三个向量 $\boldsymbol{u}$，$\boldsymbol{v}$，$\boldsymbol{w}$ 的作用，由式（4.28）易证明

$$[\boldsymbol{Q}\cdot\boldsymbol{u},\ \boldsymbol{Q}\cdot\boldsymbol{v},\ \boldsymbol{Q}\cdot\boldsymbol{w}]^2=[\boldsymbol{u},\ \boldsymbol{v},\ \boldsymbol{w}]^2 \tag{4.29}$$

故正交仿射量保持体积大小不变，其第三主不变量 $I_3(\boldsymbol{Q})=\det\boldsymbol{Q}=\pm1$。实际上，直接对式（4.27）取行列式即可得 $\det\boldsymbol{Q}=\pm1$。行列式为 +1 的称为正常正交仿射量，相当于一个**刚体旋转**，也称为**旋转张量**；行列式为 −1 的称为非正常正交仿射量，相当于一个**刚体旋转和镜面反射**的联合作用。考虑 $\mathbb{E}^3$，在一个旋转张量前加一个负号，便得到一个非正常正交张量；反之，在一个非正常正交张量前加一个负号，即得到一个旋转张量。

所有正交仿射量的全体构成一个群，称为正交群；在三维欧氏空间 $\mathbb{E}^3$ 中记为 $\mathbb{O}_3$；所有正常正交仿射量的全体也构成一个群，是正交群的子群，在 $\mathbb{E}^3$ 中记为 $\mathbb{O}_3^+$。

性质1：对应于正交仿射量 $\boldsymbol{Q}$ 的同一个特征值 λ 的左右特征空间相同。

证明：假定 λ 和 $\boldsymbol{r}$ 分别为 $\boldsymbol{Q}$ 的特征值与右特征向量，则有 $\boldsymbol{Q}\cdot\boldsymbol{r}=\lambda\boldsymbol{r}$，此式也可以写为 $\boldsymbol{r}\cdot\boldsymbol{Q}^{\mathrm{T}}=\lambda\boldsymbol{r}$，即 $\boldsymbol{r}$ 也是 $\boldsymbol{Q}^{\mathrm{T}}$ 的左特征向量。进一步考虑 $\boldsymbol{r}\cdot\boldsymbol{r}=(\boldsymbol{r}\cdot\boldsymbol{Q}^{\mathrm{T}})\cdot(\boldsymbol{Q}\cdot\boldsymbol{r})=\lambda^2r^2$，因此 $\lambda^2=1$。现将 $\lambda\boldsymbol{Q}^{\mathrm{T}}$ 进行点乘得 $\lambda\boldsymbol{Q}^{\mathrm{T}}\cdot(\boldsymbol{Q}\cdot\boldsymbol{r})=\lambda^2\boldsymbol{Q}^{\mathrm{T}}\cdot\boldsymbol{r}$，可得 $\boldsymbol{Q}^{\mathrm{T}}\cdot\boldsymbol{r}=\lambda\boldsymbol{r}$，即说明 r 也是 Q 的左特征向量。从以上的推导过程可以发现：正交仿射量 $\boldsymbol{Q}$ 的特征值只可能取 ±1；$\boldsymbol{Q}$ 与 $\boldsymbol{Q}^{\mathrm{T}}$ 具有相同的特征值与特征空间。

性质2：$\mathbb{E}^3$ 中任一个向量 $\boldsymbol{a}$ 绕单位向量 $\boldsymbol{r}$ 旋转 φ 角，得到另一个向量 $\boldsymbol{b}$，可视该旋转是一个从 $\boldsymbol{a}\mapsto\boldsymbol{b}$ 的线性映射，记为 $\boldsymbol{b}=\boldsymbol{Q}^{(r)}(\varphi)\cdot\boldsymbol{a}$。可证明 $\boldsymbol{Q}^{(r)}(\varphi)$ 是一个正常正交仿射量或旋转张量，其表达式可写为

$$\boldsymbol{Q}^{(r)}(\varphi)=(\cos\varphi)\boldsymbol{I}+(1-\cos\varphi)\boldsymbol{r}\otimes\boldsymbol{r}-(\sin\varphi)\boldsymbol{\varepsilon}\cdot\boldsymbol{r} \tag{4.30}$$

式中，$\boldsymbol{\varepsilon}$ 为置换张量。

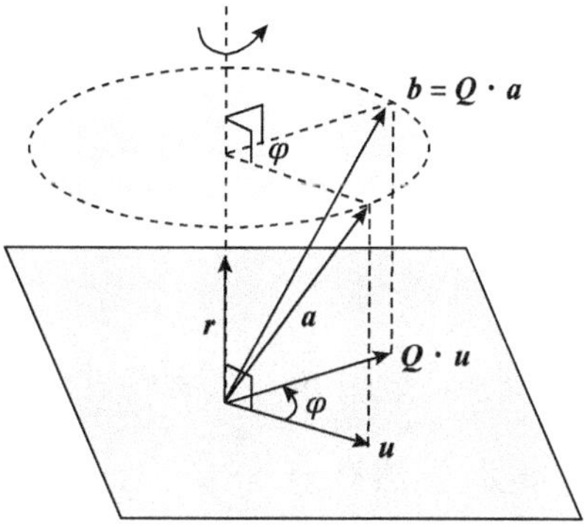

图 4.2　向量定轴旋转的正交张量表示

证明：假定 $\boldsymbol{u}$ 是任意与 $\boldsymbol{r}$ 相垂直的向量，则 $\boldsymbol{r}$，$\boldsymbol{u}/|\boldsymbol{u}|$，$\boldsymbol{r}\times\boldsymbol{u}/|\boldsymbol{u}|$ 构成单位正交基。$\boldsymbol{u}$ 绕 $\boldsymbol{r}$ 旋转 φ 角后变为向量 $\boldsymbol{Q}^{(r)}(\varphi)\cdot\boldsymbol{u}$，它在三个基上的投影分别为 0，$\cos\varphi|\boldsymbol{u}|$，$\sin\varphi|\boldsymbol{u}|$。因此可表示为

$$\boldsymbol{Q}^{(r)}(\varphi)\cdot\boldsymbol{u} = (\cos\varphi)\boldsymbol{u} + (\sin\varphi)\boldsymbol{r}\times\boldsymbol{u}$$

现将任意向量 $\boldsymbol{a}$ 分解为平行于 $\boldsymbol{r}$ 的部分 $(\boldsymbol{a}\cdot\boldsymbol{r})\boldsymbol{r}$ 和垂直于 $\boldsymbol{r}$ 的部分 $\boldsymbol{a}-(\boldsymbol{a}\cdot\boldsymbol{r})\boldsymbol{r}$。这时，$\boldsymbol{a}$ 绕 $\boldsymbol{r}$ 旋转 φ 角后得到的向量可写为

$$\begin{aligned}\boldsymbol{b} &= \boldsymbol{Q}^{(r)}(\varphi)\cdot\boldsymbol{a} = (\boldsymbol{a}\cdot\boldsymbol{r})\boldsymbol{r} + \cos\varphi[\boldsymbol{a}-(\boldsymbol{a}\cdot\boldsymbol{r})\boldsymbol{r}] + (\sin\varphi)\boldsymbol{r}\times[\boldsymbol{a}-(\boldsymbol{a}\cdot\boldsymbol{r})\boldsymbol{r}]\\ &= (\cos\varphi)\boldsymbol{a} + (1-\cos\varphi)(\boldsymbol{a}\cdot\boldsymbol{r})\boldsymbol{r} + (\sin\varphi)\boldsymbol{r}\times\boldsymbol{a}\\ &= (\cos\varphi)\boldsymbol{a} + (1-\cos\varphi)(\boldsymbol{r}\otimes\boldsymbol{r})\cdot\boldsymbol{a} + \sin\varphi(-\boldsymbol{r}\cdot\boldsymbol{\varepsilon}\cdot\boldsymbol{a})\\ &= [(\cos\varphi)\boldsymbol{I} + (1-\cos\varphi)\boldsymbol{r}\otimes\boldsymbol{r} - \sin\varphi(\boldsymbol{r}\cdot\boldsymbol{\varepsilon})]\cdot\boldsymbol{a}\end{aligned}$$

由 $\boldsymbol{a}$ 的任意性，得证式（4.30）。显然该式与 $\boldsymbol{a}$ 无关，只由转轴方向 $\boldsymbol{r}$ 与转角 φ 决定。证明 $\boldsymbol{Q}^{(r)}(\varphi)$ 是一个正常正交仿射量，可直接根据定义来进行，也可由任意非共面向量 $\boldsymbol{a}$，$\boldsymbol{b}$，$\boldsymbol{c}$ 在 $\boldsymbol{Q}^{(r)}(\varphi)$ 的映射下的体积保持不变，有

$$\det\boldsymbol{Q} = \frac{[\boldsymbol{Q}\cdot\boldsymbol{a},\ \boldsymbol{Q}\cdot\boldsymbol{b},\ \boldsymbol{Q}\cdot\boldsymbol{c}]}{[\boldsymbol{a},\ \boldsymbol{b},\ \boldsymbol{c}]} = 1$$

证讫。

性质 3：任何三维正交张量 $\boldsymbol{Q}$ 对一个向量 $\boldsymbol{u}$ 的作用 $\boldsymbol{Q}\cdot\boldsymbol{u}$，均可以表示为

$$\begin{aligned}\boldsymbol{Q}\cdot\boldsymbol{u} &= \boldsymbol{u}\cdot(\boldsymbol{r}\otimes\boldsymbol{Q})\cdot\boldsymbol{r} + \boldsymbol{Q}\cdot(\boldsymbol{u}-\boldsymbol{u}\cdot\boldsymbol{r}\otimes\boldsymbol{r})\\ &= [\cos\varphi + (I_3-\cos\varphi)\boldsymbol{r}\otimes\boldsymbol{r}\cdot + (\sin\varphi)\boldsymbol{r}\times]\boldsymbol{u}\end{aligned}$$

式中，转轴 $\boldsymbol{r}$ 为 $\boldsymbol{Q}$ 的单位特征方向，由 $\boldsymbol{Q}\cdot\boldsymbol{r}-I_3\boldsymbol{r}=\boldsymbol{0}$ 确定；φ 由 $\cos\varphi=(I_1-I_3)/2$ 确定。因此，正交张量 $\boldsymbol{Q}$ 可一般性地表示为

$$\boldsymbol{Q}=(\cos\varphi)\boldsymbol{I}+(I_3-\cos\varphi)\boldsymbol{r}\otimes\boldsymbol{r}-\sin\varphi(\boldsymbol{r}\cdot\boldsymbol{\varepsilon}) \tag{4.31}$$

当 $\varphi=0,\ \pi$ 时，$\boldsymbol{Q}$ 退化为对称仿射量。

正交张量 $\boldsymbol{Q}$ 使整个空间绕 $\boldsymbol{r}$ 转过 φ 角，或者转过 φ 角加上对于垂直 $\boldsymbol{r}$ 的平面的反射。$I_3=1$ 代表纯转动，此时显然有 $\boldsymbol{Q}=\boldsymbol{Q}^{(r)}(\varphi)$；$I_3=-1$ 代表转动加反射。下面给出几种特殊情形

①$I_3=1,\ \varphi=0$：$\boldsymbol{Q}=\boldsymbol{I}$；

②$I_3=1,\ \varphi=\pi$：$\boldsymbol{Q}=-\boldsymbol{I}+2\boldsymbol{r}\otimes\boldsymbol{r}$，这时的 $\boldsymbol{u}$ 和 $\boldsymbol{Q}\cdot\boldsymbol{u}$ 以 $\boldsymbol{r}$ 轴对称，即整个空间绕 $\boldsymbol{r}$ 转过 π；

③$I_3=-1,\ \varphi=0$：$\boldsymbol{Q}=\boldsymbol{I}-2\boldsymbol{r}\otimes\boldsymbol{r}=\boldsymbol{R}^{(r)}$，$\boldsymbol{R}^{(r)}\cdot\boldsymbol{u}$ 是对垂直于 $\boldsymbol{r}$ 的平面的镜面反射。

下面给出以下五种正交群 $\mathbb{O}_3$ 的子群

$$\begin{pmatrix}\text{I. }\boldsymbol{Q}^{(r)}(\varphi);\quad \text{II. }\boldsymbol{Q}^{(r)}(\varphi),\ \boldsymbol{R}^{(a)};\quad \text{III. }\boldsymbol{Q}^{(r)}(\varphi),\ \boldsymbol{R}^{(a)};\\ \text{IV. }\boldsymbol{Q}^{(r)}(\varphi),\ \boldsymbol{Q}^{(r)}(\pi);\quad \text{V. }\boldsymbol{Q}^{(r)}(\varphi),\ \boldsymbol{Q}^{(r)}(\pi),\ \boldsymbol{R}^{(r)},\ \boldsymbol{R}^{(a)}\end{pmatrix}$$

式中，$\boldsymbol{a}$ 是垂直于 $\boldsymbol{r}$ 的单位向量，$0\leqslant\varphi<2\pi$。

由于群论经常应用于物理领域。如用群论来研究晶格对称性，这些对称性能够反映出在某种变化下某些变化量的性质。这里补充一点数学上关于群的定义：若集合 $G\neq\varnothing$，在 G 上的二元运算 $*$：$G\times G\mapsto G$ 构成代数结构 $(G,*)$，满足

①封闭性：$\forall a,\ b\in G,\ a*b\in G$；

②结合律：$\forall a,\ b,\ c\in G,\ (a*b)*c=a*(b*c)$；

③单位元：$\exists e\in G$，使 $\forall a\in G$，有 $e*a=a*e=a$；

④逆元：$\forall a\in G,\ \exists b\in G$，使得 $a*b=b*a=e$，b 称为 a 的逆元，记为 a^{-1}。

则 $(G,*)$ 称为一个群。通常称 G 上的二元运算“$*$”为“乘法”，称 $a*b$ 为 a 与 b 的积。若群 G 中元素个数是有限的，则 G 称为有限群；否则称为无限群。有限群的元素个数称为有限群的阶。

4.7 仿射量的分解

1. 和分解

对于任一个仿射量 $\boldsymbol{B}$，总可以唯一地分解为对称部分 $\boldsymbol{B}^s$ 和反称部分 $\boldsymbol{B}^a$ 之和

$$\boldsymbol{B}=\boldsymbol{B}^s+\boldsymbol{B}^a,\ \boldsymbol{B}^s=\frac{1}{2}(\boldsymbol{B}+\boldsymbol{B}^{\mathrm{T}}),\ \boldsymbol{B}^a=\frac{1}{2}(\boldsymbol{B}-\boldsymbol{B}^{\mathrm{T}}) \tag{4.32}$$

2. 球分解

对于任一个仿射量，总可以唯一地分解为球张量和偏张量之和

$$\boldsymbol{A}=\boldsymbol{A}^o+\boldsymbol{A}^d,\ \boldsymbol{A}^o=\frac{1}{3}(\mathrm{tr}\,\boldsymbol{A})\boldsymbol{I} \tag{4.33}$$

式中，$A_{ij}^o=\dfrac{1}{3}A_{kk}\delta_{ij}$，$A_{ij}^d=A_{ij}-\dfrac{1}{3}A_{kk}\delta_{ij}$。必有 $\mathrm{tr}\,\boldsymbol{A}^o=\mathrm{tr}\,\boldsymbol{A}$，$\mathrm{tr}\,\boldsymbol{A}^d=0$。

方程 $\boldsymbol{r}\cdot\boldsymbol{A}^o\cdot\boldsymbol{r}=1$，展开式为 $x_1^2+x_2^2+x_3^2=3/A_{kk}$ 表示一个球面，因此称 $\boldsymbol{A}^o$ 为**球张量**，$\boldsymbol{A}^d$ 为**偏张量**。如应变张量里面的体积应变张量，即为其球张量；类似的，应力张量也可以分解为球应力张量和偏应力张量。

对于任意的仿射量 $\boldsymbol{B}$ 与 $\boldsymbol{C}$，易证 $\boldsymbol{B}^o:\boldsymbol{C}^d=0$，$\boldsymbol{B}^s:\boldsymbol{C}^a=0$。说明这些分解可对张量进行有效解耦。我们来看体积应变：变形体在变形时，常伴随体积的改变，称为体积变形。材料的力学性质不仅与变形的大小有关，还常与变形的种类有关。例如绝大部分的金属材料的塑形变形特性与体积变形无关，只与形状的改变有关。因此有必要将体积变形从应变张量中分离出来。为此，我们令

$$\boldsymbol{\varepsilon}=\boldsymbol{\varepsilon}^o+\boldsymbol{\varepsilon}^d,\ \boldsymbol{\varepsilon}^o=\frac{1}{3}(\mathrm{tr}\,\boldsymbol{\varepsilon})\boldsymbol{I},\ \varepsilon_{ij}^o=\frac{1}{3}\varepsilon_{kk}\delta_{ij}$$

下面来说明 $\boldsymbol{\varepsilon}^o$ 只与体积变形有关。考察变形体在参考构形中以 $\boldsymbol{X}$ 点为中心的圆球面

$$\mathrm{d}r_0^2=\mathrm{d}\boldsymbol{X}\cdot\mathrm{d}\boldsymbol{X}=\mathrm{d}X_i\mathrm{d}X_i$$

由应变张量公式可知，变形后（仅考虑 $\boldsymbol{\varepsilon}^o$ 作用）该圆球面变为

$$\mathrm{d}r^2-\mathrm{d}r_0^2=\mathrm{d}x\cdot\mathrm{d}x-\mathrm{d}X\cdot\mathrm{d}X=2\mathrm{d}X\cdot\boldsymbol{\varepsilon}^o\cdot\mathrm{d}X$$

$$=2\varepsilon_{ij}^o\mathrm{d}X_i\mathrm{d}X_j=\frac{2}{3}\varepsilon_{kk}\mathrm{d}X_i\mathrm{d}X_i=\frac{2}{3}\varepsilon_{kk}\mathrm{d}r_0^2$$

这说明各方向的变形量相同，变形后仍为球面。即只有体积改变，没有形状的变化。由上式可得 $\frac{\mathrm{d}r}{\mathrm{d}r_0}=\sqrt{1+\frac{2}{3}\varepsilon_{kk}}$ 。体积的相对变化（体积应变）为

$$\varepsilon_V=\frac{V-V_0}{V_0}=\frac{\frac{4\pi}{3}\mathrm{d}r^3-\frac{4\pi}{3}\mathrm{d}r_0^3}{\frac{4\pi}{3}\mathrm{d}r_0^3}=\frac{\mathrm{d}r^3}{\mathrm{d}r_0^3}-1=\left(1+\frac{2}{3}\varepsilon_{kk}\right)^{\frac{3}{2}}-1$$

对其进行泰勒展开，可得

$$\left(1+\frac{2}{3}\varepsilon_{kk}\right)^{\frac{3}{2}}=1+\frac{3}{2}\left(\frac{2}{3}\varepsilon_{kk}\right)+\frac{1}{2}\frac{3}{2}\left(\frac{3}{2}-1\right)\left(\frac{2}{3}\varepsilon_{kk}\right)^2+\cdots$$

在小变形假设下，略去二阶以上的微量得 $\varepsilon_{kk}=\varepsilon_V$ ，这表明应变张量的迹等于体积应变。因而 $\boldsymbol{\varepsilon}^o$ 称为体积应变张量， $\boldsymbol{\varepsilon}^d$ 称为偏应变张量，表示形状的改变。

3. 极分解

对于任意的正则仿射量 $\boldsymbol{F}$ ，总可唯一的作如下乘法分解

$$\boldsymbol{F}=\boldsymbol{R}\cdot\boldsymbol{U}=\boldsymbol{V}\cdot\boldsymbol{R} \tag{4.34}$$

式中， $\boldsymbol{U}$ 和 $\boldsymbol{V}$ 为**对称正定仿射量**， $\boldsymbol{R}$ 为**正交仿射量**。

证明：因为 $\boldsymbol{F}$ 和 $\boldsymbol{F}^{\mathrm{T}}$ 都是正则的，所以对任意非零向量 $\boldsymbol{u}$ 有

$$(\boldsymbol{F}\cdot\boldsymbol{u})\cdot(\boldsymbol{F}\cdot\boldsymbol{u})=\boldsymbol{u}\cdot(\boldsymbol{F}^{\mathrm{T}}\cdot\boldsymbol{F})\cdot\boldsymbol{u}>0$$

说明 $\boldsymbol{C}=\boldsymbol{F}^{\mathrm{T}}\cdot\boldsymbol{F}$ 是一个对称正定仿射量。它的三个特征值都大于零，可设为 $\eta_\alpha=\lambda_\alpha^2$，（$\lambda_\alpha>0$，$\alpha=1, 2, 3$），$\boldsymbol{L}_\alpha$ 为相应的特征向量，则其谱表示为 $\boldsymbol{C}=\sum_{\alpha=1}^{3}\lambda_\alpha^2\boldsymbol{L}_\alpha\otimes\boldsymbol{L}_\alpha$ 。因此，存在对称正定仿射量 $\boldsymbol{U}=\sqrt{\boldsymbol{F}^{\mathrm{T}}\cdot\boldsymbol{F}}$ 。现定义 $\boldsymbol{R}=\boldsymbol{F}\cdot\boldsymbol{U}^{-1}$，显然有

$$\boldsymbol{R}^{\mathrm{T}}\cdot\boldsymbol{R}=(\boldsymbol{U}^{-1}\cdot\boldsymbol{F}^{\mathrm{T}})\cdot(\boldsymbol{F}\cdot\boldsymbol{U}^{-1})=\boldsymbol{U}^{-1}\cdot\boldsymbol{C}\cdot\boldsymbol{U}^{-1}=\boldsymbol{I}$$

说明 $\boldsymbol{R}$ 是一个正交仿射量，式（4.34）的第一部分得证。

现假定 $\boldsymbol{F}$ 还可分解为 $\boldsymbol{F}=\boldsymbol{R}_1\cdot\boldsymbol{U}_1$ ，这时由 $\boldsymbol{R}\cdot\boldsymbol{U}=R_1\cdot\boldsymbol{U}_1$ 有 $\boldsymbol{U}=\boldsymbol{R}^{\mathrm{T}}\cdot\boldsymbol{R}_1\cdot\boldsymbol{U}_1$ ，则

$$\boldsymbol{U}^2=\boldsymbol{U}^{\mathrm{T}}\cdot\boldsymbol{U}=(\boldsymbol{R}^{\mathrm{T}}\cdot\boldsymbol{R}_1\cdot\boldsymbol{U}_1)^{\mathrm{T}}\cdot(\boldsymbol{R}^{\mathrm{T}}\cdot\boldsymbol{R}_1\cdot\boldsymbol{U}_1)=\boldsymbol{U}_1^2$$

再由 $\boldsymbol{U}$，$\boldsymbol{U}_1$ 的正定性可得 $\boldsymbol{U}=\boldsymbol{U}_1$ ，从而 $\boldsymbol{R}=\boldsymbol{R}_1$，因此第一个分解是唯一的。

类似地，利用 $(\boldsymbol{F}^{\mathrm{T}}\cdot\boldsymbol{u})\cdot(\boldsymbol{F}^{\mathrm{T}}\cdot\boldsymbol{u})=\boldsymbol{u}\cdot(\boldsymbol{F}\cdot\boldsymbol{F}^{\mathrm{T}})\cdot\boldsymbol{u}>0$ 可得对称正定仿射量 $\boldsymbol{V}=\sqrt{\boldsymbol{F}\cdot\boldsymbol{F}^{\mathrm{T}}}$ ，并可证明分解式的存在性与唯一性： $\boldsymbol{F}=\boldsymbol{V}\cdot\tilde{\boldsymbol{R}}$ ，其中 $\tilde{\boldsymbol{R}}$ 为第二分解式

中的正交仿射量。将上式改写为 $\boldsymbol{F} = \tilde{\boldsymbol{R}} \cdot \tilde{\boldsymbol{R}}^{\mathrm{T}} \cdot \boldsymbol{V} \cdot \tilde{\boldsymbol{R}}$，并注意到 $\tilde{\boldsymbol{R}}^{\mathrm{T}} \cdot \boldsymbol{V} \cdot \tilde{\boldsymbol{R}}$ 为对称正定的，以及分解式 $\boldsymbol{F} = \boldsymbol{R} \cdot \boldsymbol{U}$ 的唯一性，可得 $\boldsymbol{R} = \tilde{\boldsymbol{R}}$ 和 $\tilde{\boldsymbol{R}}^{\mathrm{T}} \cdot \boldsymbol{V} \cdot \tilde{\boldsymbol{R}} = \boldsymbol{R}^{\mathrm{T}} \cdot \boldsymbol{V} \cdot \boldsymbol{R} = \boldsymbol{U}$，说明以上两个分解式中的正交仿射量是相同的。证讫。

下面来分析分解式中各仿射量的谱表示

$$\boldsymbol{U} \cdot \boldsymbol{L}_\alpha = (\boldsymbol{R}^{\mathrm{T}} \cdot \boldsymbol{V} \cdot \boldsymbol{R}) \cdot \boldsymbol{L}_\alpha = \lambda_\alpha \boldsymbol{L}_\alpha (\text{不求和})$$

对上式两端左乘 $\boldsymbol{R}$，得 $\boldsymbol{V} \cdot (\boldsymbol{R} \cdot \boldsymbol{L}_\alpha) = \lambda_\alpha \boldsymbol{R} \cdot \boldsymbol{L}_\alpha$，说明 $\boldsymbol{V}$ 的特征值和特征向量分别为 λ_α 和 $\boldsymbol{l}_\alpha = \boldsymbol{R} \cdot \boldsymbol{L}_\alpha$，则其谱表示为

$$\boldsymbol{V} = \sum_{\alpha=1}^{3} \lambda_\alpha \boldsymbol{l}_\alpha \otimes \boldsymbol{l}_\alpha \tag{4.35}$$

正交仿射量 $\boldsymbol{R}$ 可以写为

$$\boldsymbol{R} = \boldsymbol{R} \cdot \sum_{\alpha=1}^{3} \boldsymbol{L}_\alpha \otimes \boldsymbol{L}_\alpha = \sum_{\alpha=1}^{3} (\boldsymbol{R} \cdot \boldsymbol{L}_\alpha) \otimes \boldsymbol{L}_\alpha = \sum_{\alpha=1}^{3} \boldsymbol{l}_\alpha \otimes \boldsymbol{L}_\alpha \tag{4.36}$$

正则仿射量 $\boldsymbol{F}$ 及其逆 $\boldsymbol{F}^{-1}$ 可以表示为

$$\boldsymbol{F} = \boldsymbol{R} \cdot \boldsymbol{U} = \boldsymbol{R} \cdot \sum_{\alpha=1}^{3} \lambda_\alpha \boldsymbol{L}_\alpha \otimes \boldsymbol{L}_\alpha = \sum_{\alpha=1}^{3} \lambda_\alpha \boldsymbol{l}_\alpha \otimes \boldsymbol{L}_\alpha \tag{4.37}$$

$$\boldsymbol{F}^{-1} = \boldsymbol{U}^{-1} \cdot \boldsymbol{R}^{\mathrm{T}} = \left(\sum_{\alpha=1}^{3} \lambda_\alpha^{-1} \boldsymbol{L}_\alpha \otimes \boldsymbol{L}_\alpha\right) \cdot \boldsymbol{R}^{\mathrm{T}} = \sum_{\alpha=1}^{3} \lambda_\alpha^{-1} \boldsymbol{L}_\alpha \otimes \boldsymbol{l}_\alpha \tag{4.38}$$

4. 亥姆霍兹（Helmholtz）分解定理及其推广

对于 $\mathbb{E}^3$ 中的任意一个向量场 $\boldsymbol{a}$，总存在一个标量场 φ 和一个向量场 $\boldsymbol{b}$，使得

$$\boldsymbol{a}(r) = \nabla \varphi(r) + \nabla \times \boldsymbol{b}(r) \tag{4.39}$$

且 $\nabla \cdot \boldsymbol{b}(r) = 0$，其中，$\nabla = \boldsymbol{g}^i \dfrac{\partial}{\partial x^i}$，为哈密顿算子。

2001 年，达松（Dassions）与林德尔（Lindell）证明：任何一个二阶张量总可以分解成如下三个部分

$$\boldsymbol{B}(r) = \nabla\nabla \varphi(r) + \nabla\nabla \times \boldsymbol{b}(r) + \nabla \times \nabla \times \boldsymbol{G}(r) \tag{4.40}$$

式中，$\varphi(r)$，$\boldsymbol{b}(r)$，$\boldsymbol{G}(r)$ 分别为某个标量、向量、二阶张量。

4.8 习题

4.1 证明：对任意三非共面向量 $\boldsymbol{a}'$，$\boldsymbol{b}'$，$\boldsymbol{c}'$，恒有

$$\frac{[\boldsymbol{B}\cdot\boldsymbol{a}',\ \boldsymbol{B}\cdot\boldsymbol{b}',\ \boldsymbol{B}\cdot\boldsymbol{c}']}{[\boldsymbol{a}',\ \boldsymbol{b}',\ \boldsymbol{c}']}=\frac{[\boldsymbol{B}\cdot\boldsymbol{a},\ \boldsymbol{B}\cdot\boldsymbol{b},\ \boldsymbol{B}\cdot\boldsymbol{c}]}{[\boldsymbol{a},\ \boldsymbol{b},\ \boldsymbol{c}]}$$

4.2 对于正则仿射量 B，请证明：

(1) $I_3(\boldsymbol{B}) = \det[B^{i}_{\cdot j}]$；

(2) $\det[B_{ij}] = g\det[B_{i}^{\cdot j}] = g\det[B^{i}_{\cdot j}] = g^2\det[B^{ij}]$；

(3) $(\boldsymbol{B}^{-1})^{\mathrm{T}} = (\boldsymbol{B}^{\mathrm{T}})^{-1} = \boldsymbol{B}^{-\mathrm{T}}$。

4.3 证明性质 2：对于反称仿射量 $\boldsymbol{A}$ 的，存在一个对应的向量 $\boldsymbol{\omega}$，使得对任意的向量 $\boldsymbol{u}$，都有 $\boldsymbol{A}\cdot\boldsymbol{u}=\boldsymbol{\omega}\times\boldsymbol{u}$，向量 $\boldsymbol{\omega}$ 称为 $\boldsymbol{A}$ 的轴向量，且有 $\boldsymbol{\omega}=-\frac{1}{2}\boldsymbol{\varepsilon}:\boldsymbol{A}$。

4.4 证明反称仿射量 $\boldsymbol{A}$ 的三个主不变量 $I_1(\boldsymbol{A})=0$，$I_2(\boldsymbol{A})=\omega^2$，$I_3(\boldsymbol{A})=0$。

第5章

张量函数

对于同一个物质点定义的两个张量 $\boldsymbol{S}$ 和 $\boldsymbol{T}$，若存在关系 $\boldsymbol{T}=\boldsymbol{T}(\boldsymbol{S})$，这种自变量为张量的函数称为**张量函数**。张量函数的形式比较丰富，自变量可以为 0 到 n 阶张量，因变量也可为 0 到 n 阶张量。力学中常见的张量函数有：

质点绕轴的转动惯量：$I_N=f(\boldsymbol{n})=\boldsymbol{n}\cdot\boldsymbol{I}_o\cdot\boldsymbol{n}$；

二阶张量的迹：$I=f(\boldsymbol{A})=\mathrm{tr}\,\boldsymbol{A}$；

质点的运动轨迹：$\boldsymbol{r}=\boldsymbol{r}(t)$；

柯西应力公式：$\boldsymbol{p}^N=\boldsymbol{p}(\boldsymbol{n})=\boldsymbol{n}\cdot\boldsymbol{\sigma}$；

弹性体应力应变公式：$\boldsymbol{\sigma}=\boldsymbol{F}(\boldsymbol{\varepsilon})=\boldsymbol{C}:\boldsymbol{\varepsilon}$。

5.1 张量函数的微分与梯度

张量函数的函数值可以是标量，也可以是任意阶张量，可以记为

$$f=f(\boldsymbol{B}),\quad \boldsymbol{T}=\boldsymbol{T}(\boldsymbol{S}) \tag{5.1}$$

分别是自变量 $\boldsymbol{B}$ 的标量值函数和自变量 $\boldsymbol{S}$ 的张量值的张量函数。

在给定坐标系中，即给定向量空间的基 $\{\boldsymbol{g}_i\}$。如果自变量 $\boldsymbol{B}$ 是一个仿射量，则标量值函数 $f(\boldsymbol{B})$ 就是 $\boldsymbol{B}$ 的 9 个分量的函数 $f=f(B^i_{\cdot j})$。

设存在连续偏导，$\boldsymbol{B}$ 的增量 $\mathrm{d}\boldsymbol{B}$ 和 f 的微分 $\mathrm{d}f$ 仍然分别是仿射量和标量。在任何坐标系里均有

$$
\begin{aligned}
\mathrm{d}f &= \frac{\partial f}{\partial B^{i}_{\cdot j}}\mathrm{d}B^{i}_{\cdot j} = \frac{\partial f}{\partial B^{i}_{\cdot j}}\delta^{i}_{r}\,\delta^{s}_{j}\mathrm{d}B^{r}_{\cdot s} \\
&= \frac{\partial f}{\partial B^{i}_{\cdot j}}(\boldsymbol{g}^{i}\cdot\boldsymbol{g}_{r})(\boldsymbol{g}_{j}\cdot\boldsymbol{g}^{s})\mathrm{d}B^{r}_{\cdot s} \\
&= \left(\frac{\partial f}{\partial B^{i}_{\cdot j}}\boldsymbol{g}^{i}\otimes\boldsymbol{g}_{j}\right):(\mathrm{d}B^{r}_{\cdot s}\,\boldsymbol{g}_{r}\otimes\boldsymbol{g}^{s}) \triangleq \frac{\mathrm{d}f}{\mathrm{d}B}:\mathrm{d}B
\end{aligned} \tag{5.2}
$$

式中，双点积（:）为顺序缩并。根据商法则，$\frac{\mathrm{d}f}{\mathrm{d}\boldsymbol{B}}$必然也是仿射量，称为$f$的**梯度**或**导数**，易证明梯度的张量性。类似地，还可得到梯度的其他形式

$$
\begin{aligned}
\frac{\mathrm{d}f}{\mathrm{d}\boldsymbol{B}} &= \frac{\partial f}{\partial B_{ij}}\boldsymbol{g}_{i}\otimes\boldsymbol{g}_{j} = \frac{\partial f}{\partial B^{ij}}\boldsymbol{g}^{i}\otimes\boldsymbol{g}^{j} \\
&= \frac{\partial f}{\partial B_{i}^{\cdot j}}\boldsymbol{g}_{i}\otimes\boldsymbol{g}^{j} = \frac{\partial f}{\partial B^{i}_{\cdot j}}\boldsymbol{g}^{i}\otimes\boldsymbol{g}_{j}
\end{aligned} \tag{5.3}
$$

当$\boldsymbol{B}$是对称仿射量时，f是$\boldsymbol{B}$的 6 个独立分量的函数。在求梯度之前，需要在f里用$\frac{1}{2}(B_{ij}+B_{ji})$代替$B_{ij}$，扩充为 9 个分量的函数；求得 9 个偏导数后再回到$\boldsymbol{B}$的 6 个独立分量，此时的$\frac{\mathrm{d}f}{\mathrm{d}\boldsymbol{B}}$也是对称的。

对于张量值函数$\boldsymbol{T}=\boldsymbol{T}(\boldsymbol{S})$的导数也有类似式（5.3）的分量形式导数。不妨考虑自变量与函数值均为二阶张量，$\boldsymbol{T}=T^{ij}\boldsymbol{g}_{i}\otimes\boldsymbol{g}_{j}$，$\boldsymbol{S}=S^{ij}\boldsymbol{g}_{i}\otimes\boldsymbol{g}_{j}$。考虑基向量$\boldsymbol{g}_{i}$不变，则$\boldsymbol{T}=\boldsymbol{T}(S^{ij})$，其微分可写为

$$
\mathrm{d}\boldsymbol{T} = \frac{\partial\boldsymbol{T}}{\partial S^{ij}}\mathrm{d}S^{ij} = \frac{\mathrm{d}\boldsymbol{T}}{\mathrm{d}\boldsymbol{S}}:\mathrm{d}\boldsymbol{S} \tag{5.4}
$$

式中，$\frac{d\boldsymbol{T}}{\mathrm{d}\boldsymbol{S}}=\frac{\partial T^{kl}}{\partial S^{ij}}\boldsymbol{g}_{k}\otimes\boldsymbol{g}_{l}\otimes\boldsymbol{g}^{i}\otimes\boldsymbol{g}^{j}$。

以上是基于自变量分量定义的张量函数的微分与导数，与数学分析中完全一致。下面给出基于自变量抽象形式的张量值函数导数的一般性定义。

设张量函数$\boldsymbol{T}=\boldsymbol{T}(\boldsymbol{R})$，其中的函数$\boldsymbol{T}$和自变量$\boldsymbol{R}$分别为$t$阶和$r$阶张量。如果$\boldsymbol{T}(\boldsymbol{R})$的导数$\frac{\mathrm{d}\boldsymbol{T}}{\mathrm{d}\boldsymbol{R}}$存在，则它是唯一的，且对定义域中任意的$r$阶张量$\boldsymbol{S}$，有

$$\frac{\mathrm{d}\boldsymbol{T}}{\mathrm{d}\boldsymbol{R}}\overset{r}{\cdot}\boldsymbol{S}=\lim_{h\to 0}\frac{1}{h}[\boldsymbol{T}(\boldsymbol{R}+h\boldsymbol{S})-\boldsymbol{T}(\boldsymbol{R})]=\frac{\mathrm{d}}{\mathrm{d}h}\boldsymbol{T}(\boldsymbol{R}+h\boldsymbol{S})\bigg|_{h=0} \tag{5.5}$$

式中，$\lim\limits_{h\to 0}(\boldsymbol{R}+h\boldsymbol{S})$ 表示在 $\boldsymbol{T}(\boldsymbol{R})$ 的定义域中 $\boldsymbol{R}$ 处的任意邻域。由商法则可知：导数 $\frac{\mathrm{d}\boldsymbol{T}}{\mathrm{d}\boldsymbol{R}}$ 是 $(s+r)$ 阶张量。

对于张量函数的微分，同样也有类似数学分析中的乘积法则（莱布尼茨法则）和链式法则。设 $\boldsymbol{T}$ 是 k 阶张量，$\boldsymbol{S}$ 是 m 阶张量，$\boldsymbol{R}$ 是 n 阶张量，若存在关系 $\boldsymbol{T}=\boldsymbol{T}(\boldsymbol{S})$，$\boldsymbol{S}=\boldsymbol{S}(\boldsymbol{R})$，则称 $\boldsymbol{T}$ 是 $\boldsymbol{R}$ 的复合函数，由

$$\mathrm{d}\boldsymbol{T}=\frac{\mathrm{d}\boldsymbol{T}}{\mathrm{d}\boldsymbol{S}}\overset{m}{\cdot}\mathrm{d}\boldsymbol{S},\quad \mathrm{d}\boldsymbol{S}=\frac{\mathrm{d}\boldsymbol{S}}{\mathrm{d}\boldsymbol{R}}\overset{n}{\cdot}\mathrm{d}\boldsymbol{R}$$

可得**链式法则**

$$\frac{\mathrm{d}\boldsymbol{T}}{\mathrm{d}\boldsymbol{R}}=\frac{\mathrm{d}\boldsymbol{T}}{\mathrm{d}\boldsymbol{S}}\overset{m}{\cdot}\frac{\mathrm{d}\boldsymbol{S}}{\mathrm{d}\boldsymbol{R}} \tag{5.6}$$

例 5.1 计算仿射量 $\boldsymbol{B}$ 的 k 阶矩 $\bar{I}_k(\boldsymbol{B})=\mathrm{tr}\,\boldsymbol{B}^k$ 的梯度。

解： 由展开式 $(\boldsymbol{B}+h\boldsymbol{C})^k=\boldsymbol{B}^k+h(\boldsymbol{C}\cdot\boldsymbol{B}^{k-1}+\boldsymbol{B}\cdot\boldsymbol{C}\cdot\boldsymbol{B}^{k-2}+\cdots\boldsymbol{B}^{k-1}\cdot\boldsymbol{C})+h^2(\cdots)+\cdots$

应用迹恒等式 $\mathrm{tr}(\boldsymbol{A}^{\mathrm{T}}\cdot\boldsymbol{B})=\mathrm{tr}(\boldsymbol{A}\cdot\boldsymbol{B}^{\mathrm{T}})=\mathrm{tr}(\boldsymbol{B}^{\mathrm{T}}\cdot\boldsymbol{A})=\boldsymbol{A}^{\mathrm{T}}:\boldsymbol{B}^{\mathrm{T}}=\boldsymbol{B}:\boldsymbol{A}=\boldsymbol{A}:\boldsymbol{B}$，以及张量函数梯度定义可得

$$\mathrm{tr}\,(\boldsymbol{B}+h\boldsymbol{C})^k=\mathrm{tr}\,\boldsymbol{B}^k+hk\mathrm{tr}(\boldsymbol{B}^{k-1}\cdot\boldsymbol{C})+h^2(\cdots)+\cdots$$

$$\frac{\mathrm{d}(\mathrm{tr}\,\boldsymbol{B}^k)}{\mathrm{d}\boldsymbol{B}}:\boldsymbol{C}=k\mathrm{tr}(\boldsymbol{B}^{k-1}\cdot\boldsymbol{C})=k\,(\boldsymbol{B}^{k-1})^{\mathrm{T}}:\boldsymbol{C}$$

从而有

$$\frac{\mathrm{d}\bar{I}_k(\boldsymbol{B})}{\mathrm{d}\boldsymbol{B}}=k\,(\boldsymbol{B}^{k-1})^{\mathrm{T}}$$

例 5.2 $\boldsymbol{A}$，$\boldsymbol{B}$ 为仿射量，试计算

$$\frac{\mathrm{d}(\boldsymbol{A}^n:\boldsymbol{B})}{\mathrm{d}\boldsymbol{A}},\quad (n=1,2,3,\cdots)$$

解： 由张量函数微分的乘积法则可得

$$\begin{aligned}\mathrm{d}(\boldsymbol{A}^n:\boldsymbol{B}) &= \mathrm{d}\boldsymbol{A}^n:\boldsymbol{B} = (\mathrm{d}\boldsymbol{A}\cdot\boldsymbol{A}^{n-1}+\boldsymbol{A}\cdot\mathrm{d}\boldsymbol{A}^{n-1}):\boldsymbol{B}\\ &= (\mathrm{d}\boldsymbol{A}\cdot\boldsymbol{A}^{n-1}+\boldsymbol{A}\cdot\mathrm{d}\boldsymbol{A}\cdot\boldsymbol{A}^{n-2}+\boldsymbol{A}^2\cdot\mathrm{d}\boldsymbol{A}^{n-2}):\boldsymbol{B}\\ &= \sum_{m=0}^{n-1}(\boldsymbol{A}^m\cdot\mathrm{d}\boldsymbol{A}\cdot\boldsymbol{A}^{n-1-m}):\boldsymbol{B}\end{aligned}$$

对于二阶张量 $\boldsymbol{C}$，$\boldsymbol{D}$，$\boldsymbol{E}$，由顺序双点积（:）的定义，有 $(\boldsymbol{C}\cdot\boldsymbol{D}):\boldsymbol{E}^{\mathrm{T}}=(\boldsymbol{D}\cdot\boldsymbol{E}):\boldsymbol{C}^{\mathrm{T}}$，以及 $\boldsymbol{C}:\boldsymbol{D}=\boldsymbol{D}:\boldsymbol{C}=\boldsymbol{C}^{\mathrm{T}}:\boldsymbol{D}^{\mathrm{T}}$，因此有

$$\begin{aligned}(\boldsymbol{A}^m\cdot\mathrm{d}\boldsymbol{A}\cdot\boldsymbol{A}^{n-1-m}):(\boldsymbol{B}^{\mathrm{T}})^{\mathrm{T}} &= [\mathrm{d}\boldsymbol{A}\cdot\boldsymbol{A}^{n-1-m}\cdot\boldsymbol{B}^{\mathrm{T}}]:(\boldsymbol{A}^m)^{\mathrm{T}}\\ &= (\boldsymbol{A}^{n-1-m}\cdot\boldsymbol{B}^{\mathrm{T}}\cdot\boldsymbol{A}^m):(\mathrm{d}\boldsymbol{A})^{\mathrm{T}}\\ &= (\boldsymbol{A}^{n-1-m}\cdot\boldsymbol{B}^{\mathrm{T}}\cdot\boldsymbol{A}^m)^{\mathrm{T}}:\mathrm{d}\boldsymbol{A}\end{aligned}$$

代入上式，可得

$$\frac{\mathrm{d}(\boldsymbol{A}^n:\boldsymbol{B})}{\mathrm{d}\boldsymbol{A}}=\sum_{m=0}^{n-1}(\boldsymbol{A}^{n-1-m}\cdot\boldsymbol{B}^{\mathrm{T}}\cdot\boldsymbol{A}^m)^{\mathrm{T}}$$

特别地，当 $\boldsymbol{B}=\boldsymbol{I}$ 时，有

$$\frac{\mathrm{d}(\boldsymbol{A}^n:\boldsymbol{I})}{\mathrm{d}\boldsymbol{A}}=\sum_{m=0}^{n-1}(\boldsymbol{A}^{n-1-m}\cdot\boldsymbol{I}\cdot\boldsymbol{A}^m)^{\mathrm{T}}=n(\boldsymbol{A}^{n-1})^{\mathrm{T}}$$

由 $\mathrm{tr}\,\boldsymbol{A}^n=\boldsymbol{I}:\boldsymbol{A}^n=\boldsymbol{A}^n:\boldsymbol{I}$，与例 5.1 结果一致。实际上，对一切非零整数 $n=\pm1$，±2，…，该结论均成立。

例 5.3 假设 $\boldsymbol{U}$ 是一个对称正定仿射量，$\boldsymbol{C}=\boldsymbol{U}^2$，试计算 $\dfrac{\mathrm{d}(\mathrm{tr}\,\boldsymbol{U})}{\mathrm{d}\boldsymbol{C}}$。

解： 由 $\boldsymbol{U}\cdot\boldsymbol{U}=\boldsymbol{C}\Rightarrow\mathrm{d}\boldsymbol{U}\cdot\boldsymbol{U}+\boldsymbol{U}\cdot\mathrm{d}\boldsymbol{U}=\mathrm{d}\boldsymbol{C}$ 可得

$$\mathrm{d}(\boldsymbol{U}:\boldsymbol{I})=\mathrm{d}\boldsymbol{U}:\boldsymbol{I}=\mathrm{d}\boldsymbol{U}:(\boldsymbol{U}\cdot\boldsymbol{U}^{-1})=\mathrm{d}\boldsymbol{U}:(\boldsymbol{U}^{-1}\cdot\boldsymbol{U})$$

式中

$$\mathrm{d}\boldsymbol{U}:(\boldsymbol{U}\cdot\boldsymbol{U}^{-1})=\boldsymbol{U}^{-1}:(\mathrm{d}\boldsymbol{U}\cdot\boldsymbol{U})$$

$$\mathrm{d}\boldsymbol{U}:(\boldsymbol{U}^{-1}\cdot\boldsymbol{U})=\boldsymbol{U}^{-1}:(\boldsymbol{U}\cdot\mathrm{d}\boldsymbol{U})$$

将这两式相加，有

$$\mathrm{d}(\boldsymbol{U}:\boldsymbol{I})=\frac{1}{2}\boldsymbol{U}^{-1}:\mathrm{d}\boldsymbol{C}$$

可得

$$\frac{\mathrm{d}(\operatorname{tr}\boldsymbol{U})}{\mathrm{d}\boldsymbol{C}}=\frac{1}{2}\boldsymbol{U}^{-1}$$

也可以直接对 $\boldsymbol{U}^{-1}\cdot\mathrm{d}\boldsymbol{U}\cdot\boldsymbol{U}+\mathrm{d}\boldsymbol{U}=\boldsymbol{U}^{-1}\cdot\mathrm{d}\boldsymbol{C}$ 两端取迹，可得

$$\operatorname{tr}(\boldsymbol{U}^{-1}\cdot\mathrm{d}\boldsymbol{U}\cdot\boldsymbol{U}+\mathrm{d}\boldsymbol{U})=\operatorname{tr}(\boldsymbol{U}^{-1}\cdot\mathrm{d}\boldsymbol{C})$$

从而

$$\operatorname{tr}(\mathrm{d}\boldsymbol{U})=\frac{1}{2}\operatorname{tr}(\boldsymbol{U}^{-1}\cdot\mathrm{d}\boldsymbol{C})=\frac{1}{2}\boldsymbol{U}^{-1}:\mathrm{d}\boldsymbol{C}$$

例 5.4 试计算仿射量 $\boldsymbol{B}$ 的三个主不变量的梯度。

解： 将仿射量 $\boldsymbol{B}$ 的三个主不变量均以用其矩来表示，利用例 5.1 的 k 阶矩的结果，有

$$\begin{cases}\dfrac{\mathrm{d}I_1(\boldsymbol{B})}{\mathrm{d}\boldsymbol{B}}=\dfrac{\mathrm{d}\bar{I}_1(\boldsymbol{B})}{\mathrm{d}\boldsymbol{B}}=\boldsymbol{I}\\[2ex]\dfrac{\mathrm{d}I_2(\boldsymbol{B})}{\mathrm{d}\boldsymbol{B}}=\dfrac{1}{2}\dfrac{\mathrm{d}(\bar{I}_1^2-\bar{I}_2)}{\mathrm{d}\boldsymbol{B}}=I_1(\boldsymbol{B})\boldsymbol{I}-\boldsymbol{B}^{\mathrm{T}}\\[2ex]\dfrac{\mathrm{d}I_3(\boldsymbol{B})}{\mathrm{d}\boldsymbol{B}}=\dfrac{1}{2}\dfrac{\mathrm{d}\bar{I}_1}{\mathrm{d}\boldsymbol{B}}-\dfrac{1}{2}\left(\bar{I}_2\dfrac{\mathrm{d}\bar{I}_1}{\mathrm{d}\boldsymbol{B}}+\bar{I}_1\dfrac{\mathrm{d}\bar{I}_2}{\mathrm{d}\boldsymbol{B}}\right)+\dfrac{1}{3}\dfrac{\mathrm{d}\bar{I}_3}{\mathrm{d}\boldsymbol{B}}=[I_2(\boldsymbol{B})\boldsymbol{I}-I_1(\boldsymbol{B})\boldsymbol{B}+\boldsymbol{B}^2]^{\mathrm{T}}\end{cases}$$

当 $\boldsymbol{B}$ 正则时，也可以直接由定义计算 $I_3(\boldsymbol{B})=\det\boldsymbol{B}$ 的梯度

$$\det(\boldsymbol{B}+h\boldsymbol{C})=\det(h\boldsymbol{B})\det\left(\frac{1}{h}\boldsymbol{I}+\boldsymbol{B}^{-1}\cdot\boldsymbol{C}\right)=h^3\det(\boldsymbol{B})\det\left(\frac{1}{h}\boldsymbol{I}+\boldsymbol{B}^{-1}\cdot\boldsymbol{C}\right)$$

再利用仿射量的特征行列式 $\det(\lambda\boldsymbol{I}-\boldsymbol{B})=\lambda^3-I_1(\boldsymbol{B})\lambda^2+I_2(\boldsymbol{B})\lambda-I_3(\boldsymbol{B})$，有

$$\det(\boldsymbol{B}+h\boldsymbol{C})=\det(\boldsymbol{B})[1+h\,I_1(\boldsymbol{B}^{-1}\cdot\boldsymbol{C})\lambda^2+h^2I_2(\boldsymbol{B}^{-1}\cdot\boldsymbol{C})+h^3I_3(\boldsymbol{B}^{-1}\cdot\boldsymbol{C})]$$

由张量函数梯度定义可得

$$\begin{aligned}\frac{\mathrm{d}I_3(\boldsymbol{B})}{\mathrm{d}\boldsymbol{B}}:\boldsymbol{C}&=\lim_{h\to0}[\det(\boldsymbol{B}+h\boldsymbol{C})-\det\boldsymbol{B}]\\&=(\det\boldsymbol{B})\operatorname{tr}(\boldsymbol{B}^{-1}\cdot\boldsymbol{C})=(\det\boldsymbol{B})\boldsymbol{B}^{-\mathrm{T}}:\boldsymbol{C}\end{aligned}$$

由 $\boldsymbol{C}$ 的任意性可得

$$\frac{\mathrm{d}I_3(\boldsymbol{B})}{\mathrm{d}\boldsymbol{B}}=(\det\boldsymbol{B})\boldsymbol{B}^{-\mathrm{T}}=I_3(\boldsymbol{B})\boldsymbol{B}^{-\mathrm{T}}$$

由凯莱－哈密顿定理可得 $I_3(\boldsymbol{B})\,\boldsymbol{B}^{-1} = \boldsymbol{B}^2 - I_1(\boldsymbol{B})\boldsymbol{B} + I_2(\boldsymbol{B})\boldsymbol{I}$，与利用 k 阶矩结果一致。

5.2 各向同性张量

我们知道，绝大多数张量的分量经过刚体旋转这种坐标变换（如从一个笛卡儿坐标系变换至另一个）后，其值一般都会发生改变。但也有一类特殊张量，其分量值不随坐标变换而改变，如流体静压力。实验表明：静止的流体不能承受切力，也不能承受拉力，故应力向量只能是指向作用面的压应力，所以过点 P 的作用面 n_0 上的应力向量可表示为 $\boldsymbol{f}_0^N = -p_0\,\boldsymbol{n}_0 = -p_0\,\delta_{ij}\,n_{0i}\,\boldsymbol{e}_j$，又由柯西应力公式可得 $\boldsymbol{f}_0^N = \boldsymbol{\sigma}_0 \cdot \boldsymbol{n}_0 = \sigma_{ij}\,n_{0i}\,\boldsymbol{e}_j$，比较可得 $\sigma_{ij} = -p_0\,\delta_{ij}$。

在直角坐标系中，如果某张量的分量值不随坐标的任意正交变换 $\boldsymbol{Q}$ 而改变，则称该张量为欧氏空间中的**各向同性张量**。

设张量 $\boldsymbol{\varphi}$ 在任意两组直角坐标系 $\{\boldsymbol{e}_i\}$ 和 $\{\boldsymbol{e}_{i'}\}$ 中的表示为

$$\boldsymbol{\varphi} = \varphi_{i_1 i_2 \cdots i_r}\,\boldsymbol{e}_{i_1} \otimes \boldsymbol{e}_{i_2} \cdots \otimes \boldsymbol{e}_{i_r} = \varphi_{i_1' i_2' \cdots i_r'}\,\boldsymbol{e}_{i_1'} \otimes \boldsymbol{e}_{i_2'} \cdots \otimes \boldsymbol{e}_{i_r'} \tag{5.7}$$

式中，$\boldsymbol{e}_{i_k'} = \boldsymbol{Q} \cdot \boldsymbol{e}_{i_k}(k = 1,\ 2,\ \cdots r)$，$\boldsymbol{Q}$ 为正交张量。若对任意的**正常正交变换 $\boldsymbol{Q}$**，即 $\forall \boldsymbol{Q} \in \mathbb{O}_3^+$，有 $\varphi_{i_1 i_2 \cdots i_r} = \varphi_{i_1' i_2' \cdots i_r'}$，则称该张量为**半各向同性的**；若对任意的**正交变换 $\boldsymbol{Q}$**，即 $\forall \boldsymbol{Q} \in \mathbb{O}_3$，有 $\varphi_{i_1 i_2 \cdots i_r} = \varphi_{i_1' i_2' \cdots i_r'}$，则称该张量为**各向同性的**。显然，各向同性张量一定是半各向同性的，但半各向同性不一定是各向同性的。

下面，我们不加证明给出几个有用的性质：

性质 1 对于偶数阶张量，半各向同性与各向同性是等价的；对于奇数阶张量，若为各向同性的，则该张量必为零张量。

性质 2 两个各向同性张量间的叉积，其结果是一个半各向同性张量，但不是各向同性张量。

性质 3 两个（半）各向同性张量间的点积、并积、线性组合运算，其结果仍然具有（半）各向同性特性。

下面给出一些常见的结论：

①绝对标量是各向同性的；

②向量中只有零向量是各向同性的；

③仿射量 $\boldsymbol{T}$ 是各向同性的，当且仅当 $\boldsymbol{T}$ 可表示为 $\boldsymbol{T} = \lambda \boldsymbol{I}$，$\lambda \in \mathbb{R}$；

④半各向同性张量三阶张量必具有 $\boldsymbol{T} = \lambda \boldsymbol{\varepsilon}$，其中 $\boldsymbol{\varepsilon}$ 为置换张量 $\boldsymbol{\varepsilon} = \varepsilon_{ijk} \boldsymbol{e}_i \boldsymbol{e}_j \boldsymbol{e}_k$；

⑤在直角坐标系中，四阶各向同性张量 $\boldsymbol{E}$ 的分量可写为

$$E_{ijkl} = \lambda \delta_{ij} \delta_{kl} + \mu(\delta_{ik} \delta_{jl} + \delta_{il} \delta_{jk}) + \nu(\delta_{ik} \delta_{jl} - \delta_{il} \delta_{jk})\lambda, \ \mu, \ \nu \in \mathbb{R} \tag{5.8}$$

关于各向同性张量形式的证明有很多方法，比如基于一般曲线坐标系利用正交张量作一般性研究，更为直观的是基于直角坐标系的旋转坐标变换法。这里对此作简要介绍。为证明以上结论，先介绍一个引理。

设 n 阶笛卡儿张量 $\boldsymbol{H} = H_{ij\cdots k} \boldsymbol{e}_i \boldsymbol{e}_j \cdots \boldsymbol{e}_k$，对其分量 $H_{ij\cdots k}$ 的每一个下标值作相同的循环置换 $1 \to 2$，$2 \to 3$，$3 \to 1$，则得到 $\boldsymbol{H}$ 的另一个分量。如果 $\boldsymbol{H}$ 为各向同性张量，则此两个分量相等。这个规律通常称为**置换定理**。

对于各向同性二阶张量 $\boldsymbol{T}$，根据置换定理有

$$T_{12} = T_{23} = T_{31}, \quad T_{21} = T_{32} = T_{13}, \quad T_{11} = T_{22} = T_{33}$$

由上面第三个式子可得 $T_{11} = T_{22} = T_{33} = \dfrac{1}{3} I_1(\boldsymbol{T}) \triangleq \lambda$，显然 λ 是一个标量。接下来考虑 $i \neq j$ 的情况。为此，我们选取如下坐标旋转变换：将老坐标系绕 x_3 轴旋转 π 而得到新坐标系，有 $x_1' = -x_1$，$x_2' = -x_2$，$x_3' = x_3$。由各向同性性质可得 $T_{23} = T_{2'3'} = \beta_{2'p} \beta_{3'q} T_{pq} = -T_{23} \Rightarrow T_{23} = 0$，同理可以得到 $T_{32} = 0$，再由置换定理可得非对角元素均为零。

考虑三阶各向同性张量，需要证明其形式为 $H_{ijk} = \lambda \varepsilon_{ijk}$。仍取上例中的坐标变换式，则有张量分量的变换公式，有

$$H_{111} = H_{1'1'1'} = \beta_{1'p} \beta_{1'q} \beta_{1'r} H_{pqr} = -H_{111} \Rightarrow H_{111} = 0$$

由置换定理可得 $H_{111} = H_{222} = H_{333} = 0$。

继续考虑如果 ijk 中有两个为 3，另一不为 3 时，有

$$H_{ijk} = H_{i'j'k'} = \beta_{i'p} \beta_{j'q} \beta_{k'r} H_{pqr} = (1)^2(-1) H_{ijk} = -H_{ijk} \Rightarrow H_{ijk} = 0$$

再根据置换定理，可得 ijk 中有两个指标相等时均为零。

接下来，考虑老坐标系绕 x_3 轴旋转 $\pi/2$ 而得到新坐标系，有 $x_1' = x_2$，$x_2' = -x_1$，

$x'_3 = x_3$。由坐标变换可得 $H_{123} = H_{1'2'3'} = \beta_{1'p}\beta_{2'q}\beta_{3'r}H_{pqr} = \beta_{1'2}\beta_{2'1}\beta_{3'3}H_{213} = -H_{213}$。因此，由置换定理有 $H_{123} = H_{231} = H_{312} = \lambda$，$H_{213} = H_{321} = H_{132} = -\lambda$。

还需证明上式中的 λ 为标量，因为对任何旋转变换恒有 $\det[\beta_{ij}] = 1$，所以

$$H_{1'2'3'} = \beta_{1'p}\beta_{2'q}\beta_{3'r}H_{pqr} = e_{pqr}\beta_{1'p}\beta_{2'q}\beta_{3'r}H_{123} = \det[\beta_{ij}]H_{123} = H_{123}$$

由此可知 λ 为标量。

关于四阶各向同性张量，可作坐标平面的镜面反射变换，以及作绕坐标轴旋转 $\pi/2$ 与 $\pi/4$ 的变换来加以证明，这里不再详述。

考虑经典弹性理论中应变能密度 W 是应变张量 $\boldsymbol{\varepsilon}$（对称仿射量）的正定二次型

$$W(\boldsymbol{\varepsilon}) = \frac{1}{2}\boldsymbol{\varepsilon}:\boldsymbol{E}:\boldsymbol{\varepsilon} = \frac{1}{2}E_{ijkl}\varepsilon^{ij}\varepsilon^{kl}$$

根据**哑指标可传递置换不变性**，E_{ijkl} 具有沃伊特对称性。此时，四阶各向同性张量 $\boldsymbol{E}$ 可写为 $E_{ijkl} = \lambda\delta_{ij}\delta_{kl} + \mu(\delta_{ik}\delta_{jl} + \delta_{il}\delta_{jk})$，采用一般张量记法有 $\boldsymbol{E} = \lambda\boldsymbol{I}\otimes\boldsymbol{I} + 2\mu\widehat{\boldsymbol{I}}$。现引入两个四阶张量 $\boldsymbol{I}_m = \frac{1}{3}\boldsymbol{I}\otimes\boldsymbol{I}$ 与 $\boldsymbol{I}_s = \widehat{\boldsymbol{I}} - \boldsymbol{I}_m$，则此式可改写为 $\boldsymbol{E} = 3\kappa\boldsymbol{I}_m + 2\mu\boldsymbol{I}_s$，$\kappa = \lambda + \frac{2}{3}\mu$。注意到 $\boldsymbol{I}_m:\boldsymbol{I}_m = \boldsymbol{I}_m$，$\boldsymbol{I}_s:\boldsymbol{I}_s = \boldsymbol{I}_s$，$\boldsymbol{I}_s:\boldsymbol{I}_m = \boldsymbol{I}_m:\boldsymbol{I}_s = \boldsymbol{0}$，即 $\boldsymbol{I}_m$ 与 $\boldsymbol{I}_s$ 是不耦合的。这样可以很方便地计算两个四阶各向同性张量的双点积。特别地，$\boldsymbol{E}^{-1} = \boldsymbol{I}_m/3\kappa + \boldsymbol{I}_s/2\mu$。

5.3 各向同性张量函数

自变量为张量的函数称为张量函数，其函数值可以是标量也可以是张量，例如

$$\varphi = \varphi(\boldsymbol{B}),\quad \boldsymbol{C} = \boldsymbol{\varphi}(\boldsymbol{B},\boldsymbol{v}) \tag{5.9}$$

分别是自变量 $\boldsymbol{B}$，$\boldsymbol{v}$ 的标量值和张量值的张量函数。在给定坐标系中，如果自变量 $\boldsymbol{B}$ 是一个仿射量，则张量函数就是 $\boldsymbol{B}$ 的 9 个分量（若 $\boldsymbol{B}$ 对称则为 6 个独立分量）的函数

$$\varphi = \varphi(B_{pq}),\quad C_{ij} = \varphi_{ij}(B_{pq},\ v_m) \tag{5.10}$$

一般来说，这些分量函数的形式在不同坐标系中是不同的。如果对所有的单位正交基，分量函数的形式是相同的，这就是所谓的**各向同性张量函数**。换句话说，

当自变量与函数值在任意的正交变换 $\forall \boldsymbol{Q} \in \mathbb{O}_3$ 下，各向同性张量函数保持原有的坐标关系

$$\varphi(\boldsymbol{B}) = \varphi(\boldsymbol{Q} \cdot \boldsymbol{B} \cdot \boldsymbol{Q}^{\mathrm{T}}),\ \boldsymbol{Q} \cdot \boldsymbol{\varphi} \cdot \boldsymbol{Q}^{\mathrm{T}} = \boldsymbol{\varphi}(\boldsymbol{Q} \cdot \boldsymbol{B} \cdot \boldsymbol{Q}^{\mathrm{T}},\ \boldsymbol{Q} \cdot \boldsymbol{v}) \tag{5.11}$$

例 5.5 试证仿射量的三个主不变量是标量值的各向同性函数。

证明： 对 $\forall \boldsymbol{Q} \in \mathbb{O}_3$，利用 $\mathrm{tr}(\boldsymbol{A} \cdot \boldsymbol{B}) = \mathrm{tr}(\boldsymbol{B} \cdot \boldsymbol{A})$ 有

$$\mathrm{tr}(\boldsymbol{Q} \cdot \boldsymbol{B} \cdot \boldsymbol{Q}^{\mathrm{T}}) = \mathrm{tr}(\boldsymbol{Q}^{\mathrm{T}} \cdot \boldsymbol{Q} \cdot \boldsymbol{B}) = \mathrm{tr}(\boldsymbol{B})$$

可知，$\boldsymbol{B}$ 的第一主不变量 $I_1(\boldsymbol{B}) = \mathrm{tr}\,\boldsymbol{B}$ 是各向同性的。

其次，由

$$(\boldsymbol{Q} \cdot \boldsymbol{B} \cdot \boldsymbol{Q}^{\mathrm{T}}) \cdot (\boldsymbol{Q} \cdot \boldsymbol{B} \cdot \boldsymbol{Q}^{\mathrm{T}}) = \boldsymbol{Q} \cdot \boldsymbol{B} \cdot (\boldsymbol{Q}^{\mathrm{T}} \cdot \boldsymbol{Q}) \cdot \boldsymbol{B} \cdot \boldsymbol{Q}^{\mathrm{T}} = \boldsymbol{Q} \cdot \boldsymbol{B}^2 \cdot \boldsymbol{Q}^{\mathrm{T}}$$

有

$$\mathrm{tr}\,(\boldsymbol{Q} \cdot \boldsymbol{B} \cdot \boldsymbol{Q}^{\mathrm{T}})^2 = \mathrm{tr}(\boldsymbol{Q} \cdot \boldsymbol{B}^2 \cdot \boldsymbol{Q}^{\mathrm{T}}) = \mathrm{tr}(\boldsymbol{B}^2)$$

即 $\mathrm{tr}(\boldsymbol{B}^2)$ 是各向同性的，所以 $\boldsymbol{B}$ 的第二主不变量 $I_2(\boldsymbol{B}) = \dfrac{1}{2}[(\mathrm{tr}\,\boldsymbol{B})^2 - \mathrm{tr}(\boldsymbol{B}^2)]$ 也是各向同性张量。最后，由 $\det(\boldsymbol{Q} \cdot \boldsymbol{B} \cdot \boldsymbol{Q}^{\mathrm{T}}) = (\det \boldsymbol{Q})^2 \det \boldsymbol{B} = \det \boldsymbol{B}$ 可知，$\boldsymbol{B}$ 的第三主不变量 $I_3(\boldsymbol{B}) = \det \boldsymbol{B}$ 也是各向同性的。

5.4 张量函数表示定理

描述材料的结构张量一般具有一定的特征，比如对称性、反称性、各向同性等时，以其为自变量所建立的描述某些力学行为的张量值函数，其表示方式也具有某些特殊性质。这在描述具有晶格对称性的材料力学行为时起着重要的作用，决定了材料本构关系的张量函数形式，以及独立变量的个数与类型。张量表示理论在连续介质力学中发挥着非常重要的作用，在各类文献中也有详尽的介绍。其中最常见的是关于各向同性张量函数的表示定理，下面将不加证明地给出相关结论。

1. 各向同性标量值函数的表示定理

柯西基本表示定理： 以 m 个向量 $\boldsymbol{v}_i(i = 1, 2, \cdots m)$ 为变元的标量值函数 $\varphi = \varphi(\boldsymbol{v}_1, \boldsymbol{v}_2, \cdots, \boldsymbol{v}_m)$ 是各向同性函数的充要条件是 φ 可表示为这些向量内积的函数

$$\varphi = \varphi^*(\boldsymbol{v}_i \cdot \boldsymbol{v}_j),\ (i, j = 1, 2, \cdots, m) \tag{5.12}$$

定理1 对于对称仿射量 $\boldsymbol{B}$，$\varphi(\boldsymbol{B})$ 为各向同性标量值函数的充要条件是 $\varphi(\boldsymbol{B})$ 可表示为 $\boldsymbol{B}$ 的三个主不变量 $I_1(\boldsymbol{B})$，$I_2(\boldsymbol{B})$，$I_3(\boldsymbol{B})$ 的函数：

$$\varphi = \hat{\varphi}(I_1, I_2, I_3) \tag{5.13}$$

定理2 若 $\varphi(\boldsymbol{A}, \boldsymbol{B})$ 是各向同性标量值函数，其中 $\boldsymbol{A}$ 和 $\boldsymbol{B}$ 为对称仿射量，则 φ 可表示为以下 10 个不变量的函数

$$\left.\begin{array}{l}\operatorname{tr}\boldsymbol{A},\ \operatorname{tr}\boldsymbol{A}^2,\ \operatorname{tr}\boldsymbol{A}^3,\ \operatorname{tr}\boldsymbol{B},\ \operatorname{tr}\boldsymbol{B}^2,\ \operatorname{tr}\boldsymbol{B}^3,\\ \operatorname{tr}(\boldsymbol{A}\cdot\boldsymbol{B}),\ \operatorname{tr}(\boldsymbol{A}\cdot\boldsymbol{B}^2),\ \operatorname{tr}(\boldsymbol{A}^2\cdot\boldsymbol{B}),\ \operatorname{tr}(\boldsymbol{A}^2\cdot\boldsymbol{B}^2)\end{array}\right\} \tag{5.14}$$

需要指出的是，式（5.14）中的 10 个不变量并不是完全独立的，它们之间存在的隐式关系称之为合冲（syzygy）。

定理3 若 $\varphi(\boldsymbol{A}, \boldsymbol{v})$ 是各向同性标量值函数，其中 $\boldsymbol{A}$ 为对称仿射量，$\boldsymbol{v}$ 为向量，则 φ 可表示为以下 6 个不变量的函数

$$\operatorname{tr}\boldsymbol{A},\ \operatorname{tr}\boldsymbol{A}^2,\ \operatorname{tr}\boldsymbol{A}^3,\ \boldsymbol{v}\cdot\boldsymbol{v},\ \boldsymbol{v}\cdot\boldsymbol{A}\cdot\boldsymbol{v},\ \boldsymbol{v}\cdot\boldsymbol{A}^2\cdot\boldsymbol{v} \tag{5.15}$$

如果取 $\boldsymbol{v}$ 为单位向量，$\boldsymbol{v}\otimes\boldsymbol{v} = \boldsymbol{B}$，则由

$$\boldsymbol{v}\otimes\boldsymbol{v} = (\boldsymbol{v}\otimes\boldsymbol{v})^2 = (\boldsymbol{v}\otimes\boldsymbol{v})^3 = \cdots$$

$$\operatorname{tr}(\boldsymbol{A}\cdot\boldsymbol{v}\otimes\boldsymbol{v}) = \boldsymbol{v}\cdot\boldsymbol{A}\cdot\boldsymbol{v},\ \operatorname{tr}(\boldsymbol{A}^2\cdot\boldsymbol{v}\otimes\boldsymbol{v}) = \boldsymbol{v}\cdot\boldsymbol{A}^2\cdot\boldsymbol{v}$$

可知定理3 是定理2 的推论。

显然，任意一个仿射量都可分解为对称仿射量和反称仿射量之和，而反称仿射量可对应一个轴向量。由此可知：任意一个仿射量的独立不变量最多只有 6 个。

2. 各向同性仿射量值函数的表示定理

转移定理（transfer theorem）：若仿射量 $\boldsymbol{G} = \boldsymbol{G}(\boldsymbol{B})$ 是对称仿射量 $\boldsymbol{B}$ 的各向同性张量函数，则 $\boldsymbol{B}$ 的特征向量必定也是 $\boldsymbol{G}(\boldsymbol{B})$ 的特征向量。

王氏（C. C. Wang）引理：对于对称仿射量 $\boldsymbol{B}$，有

①当 $\boldsymbol{B}$ 的三个特征值 $\lambda_\alpha(\alpha = 1, 2, 3)$ 互不相等时，$\{\boldsymbol{I}, \boldsymbol{B}, \boldsymbol{B}^2\}$ 是线性无关的，且

$$\operatorname{sp}\{\boldsymbol{I}, \boldsymbol{B}, \boldsymbol{B}^2\} = \operatorname{sp}\{\boldsymbol{L}_1\otimes\boldsymbol{L}_1, \boldsymbol{L}_2\otimes\boldsymbol{L}_2, \boldsymbol{L}_3\otimes\boldsymbol{L}_3\}$$

式中，$\boldsymbol{L}_\alpha$ 为对应于 λ_α 的单位特征向量；

②当 $\boldsymbol{B}$ 有两个相异的特征值 λ_1 与 $\lambda_2=\lambda_3$ 时，$\{\boldsymbol{I},\ \boldsymbol{B}\}$ 是线性无关的，且

$$\mathrm{sp}\{\boldsymbol{I},\ \boldsymbol{B}\}=\mathrm{sp}\{\boldsymbol{L}_1\otimes\boldsymbol{L}_1,\ \boldsymbol{I}-\boldsymbol{L}_1\otimes\boldsymbol{L}_1\}$$

各向同性函数的第一表示定理：仿射量 $\boldsymbol{G}=\boldsymbol{G}(\boldsymbol{B})$ 为对称仿射量 $\boldsymbol{B}$ 的各向同性张量函数的充要条件是存在以 $\boldsymbol{B}$ 的三个主不变量 $I_k(\boldsymbol{B})(k=1,\ 2,\ 3)$ 为自变量的标量函数 $\varphi_m(I_k)(m=0,\ 1,\ 2;\ k=1,\ 2,\ 3)$，使得 $\boldsymbol{G}(\boldsymbol{B})$ 可表示为

$$\boldsymbol{G}(\boldsymbol{B})=\varphi_0(I_k)\boldsymbol{I}+\varphi_1(I_k)\boldsymbol{B}+\varphi_2(I_k)\boldsymbol{B}^2 \tag{5.16}$$

各向同性函数的第二表示定理：仿射量 $\boldsymbol{G}=\boldsymbol{G}(\boldsymbol{B})$ 为对称仿射量 $\boldsymbol{B}$ 的各向同性张量函数的充要条件是存在以 $\boldsymbol{B}$ 的三个主不变量 $I_k(\boldsymbol{B})(k=1,\ 2,\ 3)$ 为自变量的标量函数 $\beta_m(I_k)(m=0,\ 1,\ -1;\ k=1,\ 2,\ 3)$，使得 $\boldsymbol{G}(\boldsymbol{B})$ 可表示为

$$\boldsymbol{G}(\boldsymbol{B})=\beta_0(I_k)\boldsymbol{I}+\beta_1(I_k)\boldsymbol{B}+\beta_{-1}(I_k)\boldsymbol{B}^{-1} \tag{5.17}$$

各向同性线性张量函数的表示定理：若仿射量 $\boldsymbol{G}$ 为对称仿射量 $\boldsymbol{B}$ 的线性张量函数，则 $\boldsymbol{G}=\boldsymbol{G}(\boldsymbol{B})$ 为各向同性张量函数的充要条件是存在两个常数 μ 和 λ，使得 $\boldsymbol{G}(\boldsymbol{B})$ 可表示为

$$\boldsymbol{G}(\boldsymbol{B})=2\mu\boldsymbol{B}+\lambda(\mathrm{tr}\,\boldsymbol{B})\boldsymbol{I} \tag{5.18}$$

推论：若对称仿射量 $\boldsymbol{B}$ 的迹为零：$\mathrm{tr}\,\boldsymbol{B}=0$，则仿射量 $\boldsymbol{G}=\boldsymbol{G}(\boldsymbol{B})$ 为各向同性线性张量函数的充要条件是存在唯一的常数 μ，使得 $\boldsymbol{G}(\boldsymbol{B})=2\mu\boldsymbol{B}$。

定理4　若 $\boldsymbol{\varphi}(\boldsymbol{A},\ \boldsymbol{B})$ 是对称仿射量 $\boldsymbol{A}$ 和 $\boldsymbol{B}$ 的各向同性仿射量函数，则 $\boldsymbol{\varphi}$ 可表示为

$$\begin{aligned}\boldsymbol{\varphi}(\boldsymbol{A},\ \boldsymbol{B})=&\varphi_0\boldsymbol{I}+\varphi_1\boldsymbol{A}+\varphi_2\boldsymbol{B}+\varphi_3\boldsymbol{A}^2+\varphi_4\boldsymbol{B}^2+\varphi_5(\boldsymbol{A}\cdot\boldsymbol{B}+\boldsymbol{B}\cdot\boldsymbol{A})+\\&\varphi_6(\boldsymbol{A}^2\cdot\boldsymbol{B}+\boldsymbol{B}\cdot\boldsymbol{A}^2)+\varphi_7(\boldsymbol{A}\cdot\boldsymbol{B}^2+\boldsymbol{B}^2\cdot\boldsymbol{A})\end{aligned} \tag{5.19}$$

式中，系数 φ_k 是 $\boldsymbol{A}$ 和 $\boldsymbol{B}$ 的 10 个联立不变量式（5.14）的函数。

定理5　若 $\boldsymbol{f}(\boldsymbol{A},\boldsymbol{v})$ 是各向同性向量值函数，其中 $\boldsymbol{A}$ 为对称仿射量，$\boldsymbol{v}$ 为向量，则 $\boldsymbol{f}$ 可表示为以下 6 个不变量的函数

$$\boldsymbol{f}(\boldsymbol{A},\boldsymbol{v})=(f_0\boldsymbol{I}+f_1\boldsymbol{A}+f_2\boldsymbol{A}^2)\cdot\boldsymbol{v} \tag{5.20}$$

式中，系数 f_k 是 $\boldsymbol{A}$ 和 $\boldsymbol{v}$ 的 6 个联立不变量式（5.15）的函数。

定理6　如果反对称仿射量 $\boldsymbol{W}=\boldsymbol{W}(\boldsymbol{A},\boldsymbol{B})$ 是对称仿射量 $\boldsymbol{A}$ 和 $\boldsymbol{B}$ 的各向同性张

量函数，则 $\boldsymbol{W}$ 可表示为

$$\boldsymbol{W}(\boldsymbol{A},\boldsymbol{B})=\omega_1(\boldsymbol{A}\cdot\boldsymbol{B}-\boldsymbol{B}\cdot\boldsymbol{A})+\omega_2(\boldsymbol{A}^2\cdot\boldsymbol{B}-\boldsymbol{B}\cdot\boldsymbol{A}^2)+\omega_3(\boldsymbol{A}\cdot\boldsymbol{B}^2-\boldsymbol{B}^2\cdot\boldsymbol{A})+\omega_4(\boldsymbol{A}\cdot\boldsymbol{B}\cdot\boldsymbol{A}^2-\boldsymbol{A}^2\cdot\boldsymbol{B}\cdot\boldsymbol{A})+\omega_5(\boldsymbol{B}\cdot\boldsymbol{A}\cdot\boldsymbol{B}^2-\boldsymbol{B}^2\cdot\boldsymbol{A}\cdot\boldsymbol{B}) \tag{5.21}$$

式中，系数 ω_k 是 $\boldsymbol{A}$ 和 $\boldsymbol{B}$ 的 10 个联立不变量式（5.14）的函数。

5.5 材料的对称性与结构张量

根据定义，对于任意的正交变换 $\forall \boldsymbol{Q}\in\mathbb{O}_3$，各向同性张量函数 $\boldsymbol{F}(\boldsymbol{B})$ 满足下面关系式

$$\boldsymbol{F}=\boldsymbol{Q}^{-1}\circ\boldsymbol{F}(\boldsymbol{Q}\circ\boldsymbol{B}) \tag{5.22}$$

式中，$\boldsymbol{Q}\circ\boldsymbol{B}$ 表示 $\boldsymbol{Q}$ 对 $\boldsymbol{B}$ 的作用，表示 $\boldsymbol{F}=\boldsymbol{F}(\boldsymbol{B})$ 在由一切正交仿射量所组成的正交群 $\mathbb{O}_3$ 作用下是不变的，因此可用来描述各向同性材料的有关性质。然而，对于各向异性材料，该式仅对那些属于正交群 $\mathbb{O}_3$ 的某一子群 $\mathbb{S}$ 的正交仿射量 Q 才成立。这时，我们称 $\boldsymbol{F}=\boldsymbol{F}(\boldsymbol{B})$ 在子群 $\mathbb{S}\subset\mathbb{O}_3$ 的作用下是不变的。

假定对于正交群 $\mathbb{O}_3$ 的子群 $\mathbb{S}\subset\mathbb{O}_3$，张量 $\boldsymbol{s}$ 满足关系式

$$\boldsymbol{Q}\circ\boldsymbol{s}=\boldsymbol{s},\quad \forall\boldsymbol{Q}\in\mathbb{S} \tag{5.23}$$

则称 $\boldsymbol{s}$ 是关于群 $\mathbb{S}$ 的不变量，它描述了材料的对称性，称为**结构张量**。另一方面，对于给定的结构张量 $\boldsymbol{s}$，其相应的对称群可定义为

$$\mathbb{S}=\{\boldsymbol{Q}\in\mathbb{O}_3\mid\boldsymbol{Q}\circ\boldsymbol{s}=\boldsymbol{s}\} \tag{5.24}$$

定理 7　张量函数 $\boldsymbol{F}=\boldsymbol{F}(\boldsymbol{B})$ 在 $\boldsymbol{s}$ 的对称群 $\mathbb{S}\subset\mathbb{O}_3$ 的作用下不变［对于 $\forall\boldsymbol{Q}\in\mathbb{S}$，式 (5.21) 成立］的充要条件是：存在一个各向同性张量函数 $\widehat{\boldsymbol{F}}(\boldsymbol{B},\boldsymbol{s})$，使得可表示为

$$\boldsymbol{F}(\boldsymbol{B})=\widehat{\boldsymbol{F}}(\boldsymbol{B},\boldsymbol{s}) \tag{5.25}$$

式中，$\boldsymbol{s}$ 为满足式（5.22）的结构张量。

上述定理中的 $\boldsymbol{F}$，$\boldsymbol{B}$ 的阶数可以是任意的。而且，$\boldsymbol{B}$ 可以是一组变元 $\boldsymbol{B}_1$，$\boldsymbol{B}_2$，$\boldsymbol{B}_3$，…，$\boldsymbol{s}$ 可以是一组结构张量 $\boldsymbol{s}_1$，$\boldsymbol{s}_2$，$\boldsymbol{s}_3$，…因此，该定理具有相当的一般性。根据这个定理，关于各向异性材料的张量函数的表示问题，可通过引进描述材料对称性的结构张量而转化为关于各向同性张量函数的表示问题进行处理。

5.6 习题

5.1　证明梯度 $\dfrac{\partial f}{\partial B^{i}_{\cdot j}}$ 的张量性。

5.2　利用张量函数梯度的定义，证明定理：设 $\varphi(\boldsymbol{B})$ 是一个以仿射量 $\boldsymbol{B}$ 为自变量的标量值张量函数，若给定向量空间的基 $\{\boldsymbol{g}_i\}$，$\varphi(\boldsymbol{B})$ 的梯度有下列分量表示式

$$\frac{\mathrm{d}\varphi(\boldsymbol{B})}{\mathrm{d}\boldsymbol{B}}=\frac{\partial\varphi}{\partial B_{ij}}\boldsymbol{g}_i\otimes\boldsymbol{g}_j=\frac{\partial\varphi}{\partial B^{i}_{\cdot j}}\boldsymbol{g}^i\otimes\boldsymbol{g}_j=\frac{\partial\varphi}{\partial B_{i}^{\cdot j}}\boldsymbol{g}_i\otimes\boldsymbol{g}^j=\frac{\partial\varphi}{\partial B^{ij}}\boldsymbol{g}^i\otimes\boldsymbol{g}^j$$

5.3　试证以下导数等式：

(1) $\dfrac{\partial B_{kl}}{\partial B_{ij}}=\delta^i_k\delta^j_l$；(2) $\dfrac{\partial B_{kk}}{\partial B_{ij}}=\delta^i_k\delta^j_k$；(3) $\dfrac{\partial B_{k}^{\cdot k}}{\partial B_{i}^{\cdot j}}=\delta^i_j$；(4) $\dfrac{\partial B_{k}^{\cdot l}B_{l}^{\cdot k}}{\partial B_{i}^{\cdot j}}=2B_{j}^{\cdot i}$；

(5) $\dfrac{\partial B_{k}^{\cdot l}B_{l}^{\cdot m}B_{m}^{\cdot k}}{\partial B_{i}^{\cdot j}}=3B_{j}^{\cdot m}B_{m}^{\cdot i}$。

5.4　试采用分量形式以及定义式，推导

$$\frac{\mathrm{d}I_1(\boldsymbol{B})}{\mathrm{d}\boldsymbol{B}}=\boldsymbol{I},\quad\frac{\mathrm{d}I_2(\boldsymbol{B})}{\mathrm{d}\boldsymbol{B}}=I_1\boldsymbol{I}-\boldsymbol{B}^{\mathrm{T}},\quad\frac{\mathrm{d}I_3(\boldsymbol{B})}{\mathrm{d}\boldsymbol{B}}=I_2\boldsymbol{I}-I_1\boldsymbol{B}^{\mathrm{T}}+(\boldsymbol{B}^{\mathrm{T}})^2=I_3(\boldsymbol{B}^{\mathrm{T}})^{-1}$$

5.5　设 $\varphi(\boldsymbol{B})$ 是一个以仿射量 $\boldsymbol{B}$ 为自变量的标量值张量函数，则其微分式可表示为 $\varphi'(\boldsymbol{B})[\boldsymbol{C}]=\dfrac{\mathrm{d}\varphi}{\mathrm{d}\boldsymbol{B}}:\boldsymbol{C}$。试证明：如果 $\varphi(\boldsymbol{B})$ 是各向同性标量值函数，则其梯度 $\dfrac{\mathrm{d}\varphi}{\mathrm{d}\boldsymbol{B}}$ 也是各向同性张量值函数。

第 6 章

张量场分析

张量分析的主要内容是张量函数的微分与积分运算。张量函数中，最基本、应用最广泛的是自变量为空间位置向量 $\boldsymbol{r}$ 或空间点坐标 x^i 和时间 t 的张量函数。这类以位矢 $\boldsymbol{r}$ 和时间 t 为自变量的张量值函数 $\boldsymbol{T} = \boldsymbol{T}(\boldsymbol{r}, t)$，物理上常称作**张量场**。例如：

①密度场 $\rho = \rho(\boldsymbol{r}, t)$，温度场 $T = T(\boldsymbol{r}, t)$，位移场 $u = \boldsymbol{u}(\boldsymbol{r}, t)$，电场 $\boldsymbol{E} = \boldsymbol{E}(\boldsymbol{r}, t)$，磁场 $\boldsymbol{B} = \boldsymbol{B}(\boldsymbol{r}, t)$，应力场 $\boldsymbol{\sigma} = \boldsymbol{\sigma}(\boldsymbol{r}, t)$，应变场 $\boldsymbol{\varepsilon} = \boldsymbol{\varepsilon}(\boldsymbol{r}, t)$；

②稳态场：$A = A(\boldsymbol{r})$，与时间无关，否则为非稳态场；

③均匀场：$A = A(t)$，与空间位置无关，否则为非均匀场。

6.1 张量场的不变性微分算子

1. 张量场的微分与梯度

第 5 章介绍了自变量为向量的张量值函数的微分，它是在给定坐标系下，即固定矢基 $\{\boldsymbol{g}_i\}$ 的情况下，仅考虑自变量分量变化所引起的函数分量变化。对于二阶张量函数 $\boldsymbol{A} = \boldsymbol{A}(\boldsymbol{a})$，有

$$\mathrm{d}\boldsymbol{A}(\boldsymbol{a}) = \frac{\mathrm{d}\boldsymbol{A}}{\mathrm{d}\boldsymbol{a}} \cdot \mathrm{d}\boldsymbol{a} = \left(\frac{\partial \boldsymbol{A}}{\partial a^k}\boldsymbol{g}^k\right) \cdot (\mathrm{d}a^r \boldsymbol{g}_r) = \left(\frac{\partial A^{ij}}{\partial a^k}\boldsymbol{g}_i \otimes \boldsymbol{g}_j \otimes \boldsymbol{g}^k\right) \cdot (\mathrm{d}a^r \boldsymbol{g}_r)$$

考虑自变量为向径 $\boldsymbol{r} = x^i \boldsymbol{g}_i$ 的二阶张量场 $\boldsymbol{B} = \boldsymbol{B}(\boldsymbol{r})$，其微分需要比较作用在两个邻点 $P(x^i)$ 与 $Q(x^i + \mathrm{d}x^i)$ 处的张量函数值变化，涉及对坐标的导数，其微分式为

$$\mathrm{d}\boldsymbol{B}(\boldsymbol{r}) = \frac{\mathrm{d}\boldsymbol{B}}{\mathrm{d}\boldsymbol{r}} \cdot \mathrm{d}\boldsymbol{r} = \left(\frac{\partial \boldsymbol{B}}{\partial x^k} \otimes \boldsymbol{g}^k\right) \cdot (\boldsymbol{g}_r \mathrm{d}x^r)$$

此时需要考虑张量函数的矢基对坐标的导数，对于一般曲线坐标系，有

$$\frac{\partial \boldsymbol{B}}{\partial x^k} \neq \frac{\partial B^{ij}}{\partial x^k} \boldsymbol{g}_i \otimes \boldsymbol{g}_j$$

因此，尽管 $\boldsymbol{A} = \boldsymbol{A}(\boldsymbol{a})$ 与 $\boldsymbol{B} = \boldsymbol{B}(\boldsymbol{r})$ 的微分形式类似，但它们的导数计算是不同的。

考虑张量场函数 $\boldsymbol{\varphi}(\boldsymbol{r})$ 从点 $\boldsymbol{r} = x^i \boldsymbol{g}_i$ 至点 $\boldsymbol{r} + \mathrm{d}\boldsymbol{r} = (x^i + \mathrm{d}x^i)\boldsymbol{g}_i$ 的张量值变化。定义 $\boldsymbol{\varphi}(\boldsymbol{r})$ 的绝对微分为

$$\mathrm{d}\boldsymbol{\varphi}(\boldsymbol{r}) = \frac{\mathrm{d}\boldsymbol{\varphi}}{\mathrm{d}\boldsymbol{r}} \cdot \mathrm{d}\boldsymbol{r} = \frac{\partial \boldsymbol{\varphi}}{\partial x^i}\mathrm{d}x^i = \left(\frac{\partial \boldsymbol{\varphi}}{\partial x^i} \otimes \boldsymbol{g}^i\right) \cdot (\boldsymbol{g}_j \mathrm{d}x^j) = (\boldsymbol{g}_j \mathrm{d}x^j) \cdot \left(\boldsymbol{g}^i \otimes \frac{\partial \boldsymbol{\varphi}}{\partial x^i}\right) \tag{6.1}$$

引进哈密顿算子 $\boldsymbol{\nabla}$ 可得

$$\boldsymbol{\nabla} \triangleq \boldsymbol{g}^i \frac{\partial}{\partial x^i} = \boldsymbol{g}^i \partial_i \tag{6.2}$$

则

$$\boldsymbol{\varphi} \otimes \boldsymbol{\nabla} = \frac{\partial \boldsymbol{\varphi}}{\partial x^i} \otimes \boldsymbol{g}^i, \quad \boldsymbol{\nabla} \otimes \boldsymbol{\varphi} = \boldsymbol{g}^i \otimes \frac{\partial \boldsymbol{\varphi}}{\partial x^i} \tag{6.3}$$

分别称为 $\boldsymbol{\varphi}$ 的**右梯度和左梯度**，通常简写为 $\boldsymbol{\varphi}\boldsymbol{\nabla}$ 和 $\boldsymbol{\nabla}\boldsymbol{\varphi}$。式（6.3）可写为

$$\mathrm{d}\boldsymbol{\varphi} = \boldsymbol{\varphi}\boldsymbol{\nabla} \cdot \mathrm{d}\boldsymbol{r} = \mathrm{d}\boldsymbol{r} \cdot \boldsymbol{\nabla}\boldsymbol{\varphi} \tag{6.4}$$

由于 $\mathrm{d}\boldsymbol{r}$ 是任意向量，由商法则可知，$\boldsymbol{\varphi}\boldsymbol{\nabla}$ 与 $\boldsymbol{\nabla}\boldsymbol{\varphi}$ 必然是比 $\boldsymbol{\varphi}$ 高一阶的张量，它们构成新的张量场，称为 $\boldsymbol{\varphi}$ 的**梯度（gradient）或绝对微商**。

在新旧坐标系中，$\boldsymbol{\nabla}$ 算子有以下变换关系

$$\boldsymbol{\nabla} = \boldsymbol{g}^{i'} \frac{\partial}{\partial x^{i'}} = \beta^{i'}_i \boldsymbol{g}^i \frac{\partial}{\partial x^{i'}} = \boldsymbol{g}^i \frac{\partial}{\partial x^{i'}} \frac{\partial x^{i'}}{\partial x^i} = \boldsymbol{g}^i \frac{\partial}{\partial x^i}$$

可知 $\boldsymbol{\nabla}$ 是矢量型算子，且 ∂_i 服从协变分量的变换法则 $\partial_{i'} = \beta^i_{i'}\partial_i$。

由式（6.2）定义的梯度算子 $\boldsymbol{\nabla}$ 只与点 $\boldsymbol{r}$ 有关，而张量场的微分 $\mathrm{d}\boldsymbol{\varphi}$ 是 $\mathrm{d}\boldsymbol{r}$ 的函数，点 $\boldsymbol{r}$ 处微分 $\mathrm{d}\boldsymbol{\varphi}$ 的集合称为该点的局部变化状态。也就是说，梯度决定张量场的局部变化状态。点 $\boldsymbol{r}$ 处张量场的局部变化状态还可用**方向导数**来刻画，方向导数为张量沿方向 $\boldsymbol{n}$ 的变化率为

$$\frac{\partial \boldsymbol{A}}{\partial n} \triangleq n_i \frac{\partial \boldsymbol{A}}{\partial x_i} = \boldsymbol{n} \cdot \boldsymbol{\nabla}\boldsymbol{A} = \boldsymbol{A}\boldsymbol{\nabla} \cdot \boldsymbol{n} \tag{6.5}$$

式（6.5）表明：梯度在方向 $\boldsymbol{n}$ 的投影等于该方向的方向导数。点 $\boldsymbol{r}$ 处有无穷多方向 $\boldsymbol{n}$ 和相应的方向导数 $\dfrac{\partial \boldsymbol{A}}{\partial n}$，刻画了张量场在该点的局部变化快慢。

如图 6.1 所示，在标量场等值面 $\varphi(x, y, z) = C$ 上，$\mathrm{d}\varphi = \nabla\varphi \cdot \mathrm{d}\boldsymbol{r} = 0$，表明梯度向量垂直于等值面。在等值面上，方向导数为零；在梯度方向 $\boldsymbol{n}_{\nabla}$ 上，方向导数达到最大值。

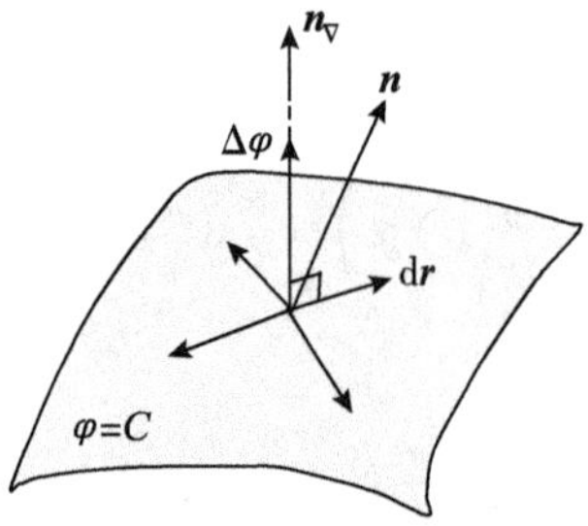

图 6.1　梯度的性质

表 6.1 为常用**左梯度运算法则**。

表 6.1　左梯度运算法则

$\nabla \boldsymbol{C} = 0$	$\nabla(\lambda\boldsymbol{A}) = \lambda(\nabla\boldsymbol{A})$
$\nabla(\boldsymbol{A} \pm \boldsymbol{B}) = \nabla\boldsymbol{A} \pm \nabla\boldsymbol{B}$	$\nabla(\varphi\psi) = (\nabla\varphi)\psi + \varphi(\nabla\psi)$
$\nabla\left(\frac{\boldsymbol{A}}{\varphi}\right) = \frac{1}{\varphi^2}[(\nabla\boldsymbol{A})\varphi - \boldsymbol{A}(\nabla\varphi)]$	$\boldsymbol{u} \cdot (\nabla\boldsymbol{A}) = (\boldsymbol{A}\nabla) \cdot \boldsymbol{u}$

表 6.1 中，$\boldsymbol{A}$ 与 $\boldsymbol{B}$ 为 $0 \sim n$ 阶张量；$\boldsymbol{C}$ 为常张量；$\varphi(\boldsymbol{r})$ 与 $\psi(\boldsymbol{r})$ 为标量值函数；λ 为常数；$\boldsymbol{u}$ 为向量。

2. 张量场的散度与通量密度

为了建立物理方程，在张量场 $\boldsymbol{A}$ 中任取一点 P，以 P 为中心，取一个**微元体**。为简便起见，通常取坐标面为微元体表面（也可取任意多面体），如图 6.2 所示。

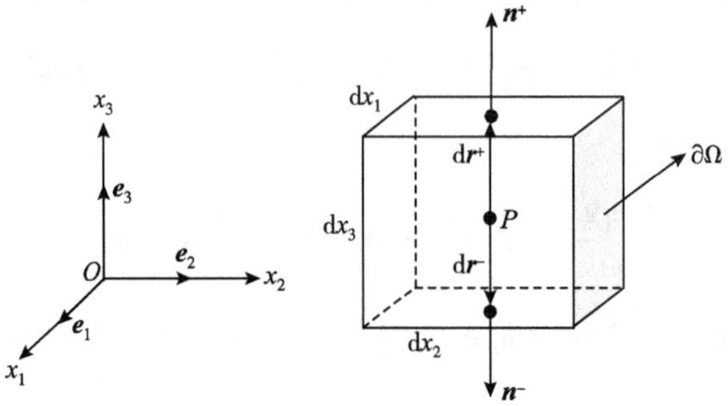

图 6.2　微元的通量

微元体最基本的特征：其中任意两点上张量的差可用微分取代，任意一个表面中心的值可代表该面的平均值。设微元体积为 $\mathrm{d}V$，微元总表面为 $\partial\Omega$，定义各表面的**外法向单位向量** $\boldsymbol{n}$ 与面积 $\mathrm{d}S$ 的乘积为面元向量 $\mathrm{d}\boldsymbol{S} \triangleq \boldsymbol{n}\mathrm{d}S$。$\mathrm{d}\boldsymbol{S}$ 点乘张量 $\boldsymbol{A}$，称为该面的**左通量** $\mathrm{d}\boldsymbol{S}\cdot\boldsymbol{A}$，如式（6.6）所示，各表面通量和称为**微元通量** $\mathrm{d}\boldsymbol{\Phi}$

$$\mathrm{d}\boldsymbol{\Phi} = \sum_{\partial\Omega} \mathrm{d}\boldsymbol{S}\cdot\boldsymbol{A} \tag{6.6}$$

对于不同的物理量，通量有不同的物理意义。力学中常见的通量如表 6.2 所示。

表 6.2 通量的物理意义

$\boldsymbol{A}$ 的意义	$\mathrm{d}\boldsymbol{S}\cdot\boldsymbol{A}$ 的意义	$\Sigma\mathrm{d}\boldsymbol{S}\cdot\boldsymbol{A}$ 的意义流量
单位体积动量 $\rho\boldsymbol{v}$	流出表面的质量流量	净流出微元体表面的质量流量
热流密度矢量 $\boldsymbol{q}$	单位时间流出表面的热量	单位时间净流出微元体表面的热量
应力张量 $\boldsymbol{\sigma}$	表面力 $\mathrm{d}S\boldsymbol{n}\cdot\boldsymbol{\sigma} = \boldsymbol{f}^N\mathrm{d}S$	微元表面力合力

下面采用坐标面微元建立左通量公式。先考虑 $\boldsymbol{e}_3$ 方向正负面上的通量

$$\begin{cases} \mathrm{d}\boldsymbol{\Phi}_3^+ = \mathrm{d}x_1\mathrm{d}x_2\,\boldsymbol{n}^+\cdot\boldsymbol{A}^+, & \boldsymbol{n}^+ = +\boldsymbol{e}_3 \\ \mathrm{d}\boldsymbol{\Phi}_3^- = \mathrm{d}x_1\mathrm{d}x_2\,\boldsymbol{n}^-\cdot\boldsymbol{A}^-, & \boldsymbol{n}^- = -\boldsymbol{e}_3 \end{cases}$$

各表面张量可用微元中心 P 点的张量表示

$$\begin{cases} \boldsymbol{A}^+ = \boldsymbol{A} + \mathrm{d}\boldsymbol{A}^+ = \boldsymbol{A} + \boldsymbol{A}\boldsymbol{\nabla}\cdot\mathrm{d}\boldsymbol{r}^+, & \mathrm{d}\boldsymbol{r}^+ = +\boldsymbol{e}_3\mathrm{d}x_3/2 \\ \boldsymbol{A}^- = \boldsymbol{A} + \mathrm{d}\boldsymbol{A}^- = \boldsymbol{A} + \boldsymbol{A}\boldsymbol{\nabla}\cdot\mathrm{d}\boldsymbol{r}^-, & \mathrm{d}\boldsymbol{r}^- = -\boldsymbol{e}_3\mathrm{d}x_3/2 \end{cases}$$

则有

$$\begin{aligned} \mathrm{d}\boldsymbol{\Phi}_3 &= \mathrm{d}\boldsymbol{\Phi}_3^+ + \mathrm{d}\boldsymbol{\Phi}_3^- = \mathrm{d}x_1\mathrm{d}x_2(\boldsymbol{n}^+\cdot\boldsymbol{A}^+ + \boldsymbol{n}^-\cdot\boldsymbol{A}^-) \\ &= \mathrm{d}x_1\mathrm{d}x_2\left[\boldsymbol{e}_3\cdot\left(\boldsymbol{A} + \boldsymbol{A}\boldsymbol{\nabla}\cdot\boldsymbol{e}_3\frac{\mathrm{d}x_3}{2}\right) - \boldsymbol{e}_3\cdot\left(\boldsymbol{A} - \boldsymbol{A}\boldsymbol{\nabla}\cdot\boldsymbol{e}_3\frac{\mathrm{d}x_3}{2}\right)\right] \\ &= \mathrm{d}x_1\mathrm{d}x_2\mathrm{d}x_3\left(\frac{1}{2}\boldsymbol{e}_3\cdot\boldsymbol{A}\boldsymbol{\nabla}\cdot\boldsymbol{e}_3 + \frac{1}{2}\boldsymbol{e}_3\cdot\boldsymbol{A}\boldsymbol{\nabla}\cdot\boldsymbol{e}_3\right) \\ &= \mathrm{d}V\boldsymbol{e}_3\cdot\boldsymbol{A}\boldsymbol{\nabla}\cdot\boldsymbol{e}_3 \end{aligned}$$

同理可得 $\boldsymbol{e}_2$ 与 $\boldsymbol{e}_1$ 的通量 $\mathrm{d}\boldsymbol{\Phi}_2 = \mathrm{d}V\boldsymbol{e}_2\cdot\boldsymbol{A}\boldsymbol{\nabla}\cdot\boldsymbol{e}_2$，$\mathrm{d}\boldsymbol{\Phi}_1 = \mathrm{d}V\boldsymbol{e}_1\cdot\boldsymbol{A}\boldsymbol{\nabla}\cdot\boldsymbol{e}_1$。因此，微元通量为

$$\begin{aligned} \mathrm{d}\boldsymbol{\Phi} &= \sum \mathrm{d}\boldsymbol{\Phi}_i = (\boldsymbol{e}_i \cdot \boldsymbol{A}\boldsymbol{\nabla} \cdot \boldsymbol{e}_i)\mathrm{d}V = \left(\boldsymbol{e}_i \cdot \frac{\partial \boldsymbol{A}}{\partial x_j}\boldsymbol{e}_j \cdot \boldsymbol{e}_i\right)\mathrm{d}V \\ &= \boldsymbol{e}_i \cdot \frac{\partial \boldsymbol{A}}{\partial x_i}\mathrm{d}V = \boldsymbol{\nabla} \cdot \boldsymbol{A}\mathrm{d}V \end{aligned} \tag{6.7}$$

记

$$\mathrm{div}\boldsymbol{A} \triangleq \boldsymbol{\nabla} \cdot \boldsymbol{A} = \boldsymbol{e}_i \cdot \frac{\partial \boldsymbol{A}}{\partial x_i} = \boldsymbol{g}^i \cdot \frac{\partial \boldsymbol{A}}{\partial x^i} \tag{6.8}$$

称为张量的**左散度**。利用散度的定义，微元通量可表示为

$$\mathrm{d}\boldsymbol{\Phi} = \sum_{\partial\Omega} \mathrm{d}\boldsymbol{S} \cdot \boldsymbol{A} = \boldsymbol{\nabla} \cdot \boldsymbol{A}\mathrm{d}V = \boldsymbol{e}_i \cdot \frac{\partial \boldsymbol{A}}{\partial x_i}\mathrm{d}V \tag{6.9}$$

可见，散度表示微元单位体积的通量，即**通量密度**，$\boldsymbol{\nabla} \cdot \boldsymbol{A} = \dfrac{\mathrm{d}\boldsymbol{\Phi}}{\mathrm{d}V}$。

矢量场 $\boldsymbol{F}(\boldsymbol{r})$ 的散度 $\boldsymbol{\nabla} \cdot \boldsymbol{F}$ 为一个标量，描述了给定场点处的通量密度，表征了检测通量源（散度源）的作用。

此外，还可根据需要定义**右通量** $\boldsymbol{A} \cdot \mathrm{d}\boldsymbol{S}$。由于张量点积一般不满足交换律，二阶和二阶以上的张量应区分左通量和右通量。如果通量为右通量，类似推导可得

$$\mathrm{d}\boldsymbol{\Phi} = \sum_{\partial\Omega} \boldsymbol{A} \cdot \mathrm{d}\boldsymbol{S} = \boldsymbol{A} \cdot \boldsymbol{\nabla}\mathrm{d}V = \frac{\partial \boldsymbol{A}}{\partial x_k} \cdot \boldsymbol{e}_k\mathrm{d}V \tag{6.10}$$

上面以立方体微元为例推得了微元的通量公式，实际上它们对任意形状微元都是实用的。

表 6.3 为常用的**散度运算法则**。

表 6.3　散度运算法则

$\boldsymbol{\nabla} \cdot \boldsymbol{C} = 0$	$\boldsymbol{\nabla} \cdot (\lambda\boldsymbol{A}) = \lambda(\boldsymbol{\nabla} \cdot \boldsymbol{A})$
$\boldsymbol{\nabla} \cdot (\boldsymbol{A} \pm \boldsymbol{B}) = \boldsymbol{\nabla} \cdot \boldsymbol{A} \pm \boldsymbol{\nabla} \cdot \boldsymbol{B}$	$\boldsymbol{\nabla} \cdot (\boldsymbol{A}\boldsymbol{B}) = (\boldsymbol{\nabla} \cdot \boldsymbol{A})\boldsymbol{B} + (\boldsymbol{B}\boldsymbol{\nabla}) \cdot \boldsymbol{A}$
$\boldsymbol{\nabla} \cdot \dfrac{\boldsymbol{A}}{\varphi} = \dfrac{1}{\varphi^2}[(\boldsymbol{\nabla} \cdot \boldsymbol{A})\varphi - \boldsymbol{\nabla}\varphi \cdot \boldsymbol{A}]$	$\boldsymbol{\nabla} \cdot (\varphi\boldsymbol{C}) = \boldsymbol{\nabla}\varphi \cdot \boldsymbol{C}$

表6.3中，$\boldsymbol{A}$，$\boldsymbol{B}$ 为 $0 \sim n$ 阶张量，$\boldsymbol{C}$ 为常张量，$\varphi(\boldsymbol{r})$ 为标量值函数，λ 为常数。

例 6.1　求点电荷 q 的电场强度 $\boldsymbol{E} = \dfrac{q}{4\pi\varepsilon_0}\dfrac{\boldsymbol{r}}{r^3}$ 的散度，$\boldsymbol{r} = x_i\boldsymbol{e}_i$，$r = |\boldsymbol{r}|$，$\varepsilon_0$ 为常量。

解：$\frac{\partial r}{\partial x_i} = \frac{\partial}{\partial x_i}\sqrt{x_k x_k} = \frac{1}{2\sqrt{x_j x_j}}\frac{\partial x_k x_k}{\partial x_i} = \frac{1}{2\sqrt{x_j x_j}}2x_k\frac{\partial x_k}{\partial x_i} = \frac{1}{r}x_k\delta_{ki} = \frac{x_i}{r}$

$$\nabla \cdot \frac{\boldsymbol{r}}{r^3} = \frac{\partial}{\partial x_i}\left(\frac{x_i}{r^3}\right) = \frac{1}{r^6}\left(\frac{\partial x_i}{\partial x_i}r^3 - x_i\frac{\partial r^3}{\partial x_i}\right) = \frac{1}{r^6}(3r^3 - 3r x_i x_i) = \frac{1}{r^6}(3r^3 - 3r^3) = 0$$

$$\nabla \cdot \boldsymbol{E} = \frac{q}{4\pi\varepsilon_0}\nabla \cdot \frac{\boldsymbol{r}}{r^3} = 0$$

除原点 $r = 0$ 外，散度处处为零。

3. 张量场的旋度与环量密度

①旋度源自对向量场旋转效应的度量。如图 6.3（a）所示，过场中的 P 点作微小面元 $\boldsymbol{n}\mathrm{d}S = \mathrm{d}\boldsymbol{S}$，其边界为 ∂L。向量场 $\boldsymbol{a}$ 的特性与向量场的方向有关，假定图 6.3(b)(c)(d)中，边界 ∂L 上的向量 $\boldsymbol{a}$ 大小相同，仅方向不同，显然图 6.3(d)的旋转效应大。

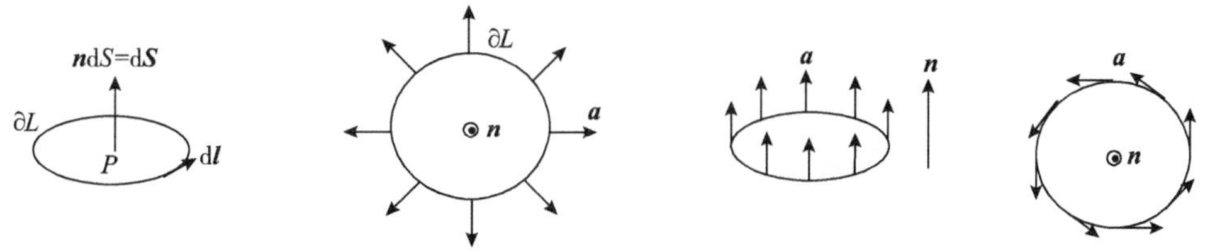

（a）微小面元　（b）向量场1　（c）向量场2　（d）向量场3

图 6.3　向量场局部旋转

将微元的边界 ∂L 分割为有限个有向线元 $\mathrm{d}\boldsymbol{l}$，$\mathrm{d}\boldsymbol{l}$ 的方向与 $\boldsymbol{n}$ 符合右手法则，则可用

$$\mathrm{d}\Gamma = \sum_{\partial L}\boldsymbol{a} \cdot \mathrm{d}\boldsymbol{l} \tag{6.11}$$

度量局部旋转效应，称为**微元环量**。这样，图 6.3(b)(c)的微元环量为零。为了排除面积大小对局部效应的影响，我们用单位面积的环量 $\mathrm{d}\Gamma/\mathrm{d}\boldsymbol{S}$ 来反映局部旋转效应，称为**环量密度**。此外，对相同的向量分布，不同的轴 $\boldsymbol{n}$ 可有不同的环量密度，过点 P 所有轴的环量密度的集合称为该点的旋转状态。

②不失一般性，我们以二阶张量为例，围绕张量场 $\boldsymbol{A}(\boldsymbol{r})$ 中的 P 点作任意形状的微小面元，如图 6.4 所示。

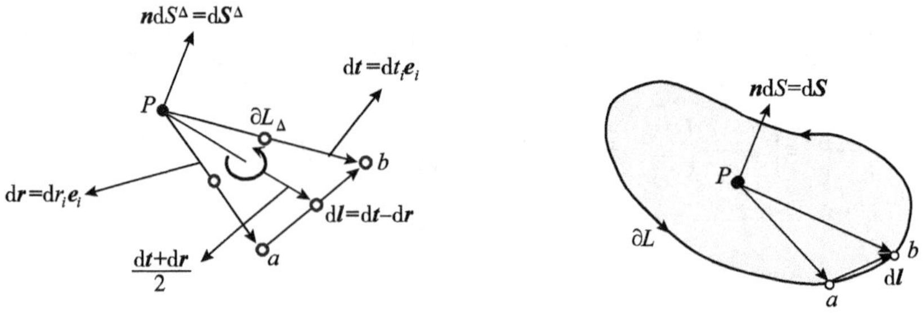

图 6.4 微元的环量

微元边界 ∂L 上的线元 $\mathrm{d}\boldsymbol{l}$ 与 P 点构成三角面元 $\mathrm{d}\boldsymbol{S}^{\Delta}=\boldsymbol{n}\mathrm{d}S^{\Delta}$。先考虑三角元边界 ∂L_{Δ} 的环量 $\mathrm{d}\boldsymbol{\Gamma}_{\Delta}$ 的计算。各边中点的张量值可作为该边的平均值，三角元的环量为

$$\mathrm{d}\boldsymbol{\Gamma}_{\Delta}=\sum_{\partial L_{\Delta}}\mathrm{d}\boldsymbol{L}\cdot\boldsymbol{A}=\sum_{\partial L_{\Delta}}\mathrm{d}\,L_i\,A_{ij}\,\boldsymbol{e}_j$$

$$=\begin{bmatrix}\mathrm{d}r_i\left(A_{ij}+A_{ij,k}\dfrac{\mathrm{d}r_k}{2}\right)+(\mathrm{d}t_i-\mathrm{d}r_i)\left(A_{ij}+A_{ij,k}\dfrac{\mathrm{d}r_k+\mathrm{d}t_k}{2}\right)\\ +(-\mathrm{d}t_i)\left(A_{ij}+A_{ij,k}\dfrac{\mathrm{d}t_k}{2}\right)\end{bmatrix}\boldsymbol{e}_j$$

$$=\frac{1}{2}A_{ij,k}\,\boldsymbol{e}_j(\mathrm{d}\,r_k\mathrm{d}\,t_i-\mathrm{d}\,r_i\mathrm{d}\,t_k)=\frac{1}{2}A_{ij,k}\,\boldsymbol{e}_j(\delta_{mk}\,\delta_{ni}\mathrm{d}r_m\mathrm{d}t_n-\delta_{mi}\,\delta_{nk}\mathrm{d}r_m\mathrm{d}t_n)$$

$$=\frac{1}{2}A_{ij,k}\,\boldsymbol{e}_j(\delta_{mk}\,\delta_{ni}-\delta_{mi}\,\delta_{nk})\mathrm{d}r_m\mathrm{d}t_n=A_{ij,k}\,e_{lki}\,\boldsymbol{e}_j\left(\frac{1}{2}e_{lmn}\mathrm{d}r_m\mathrm{d}t_n\right)$$

式中

$$\frac{1}{2}e_{lmn}\mathrm{d}r_m\mathrm{d}t_n\,\boldsymbol{e}_l=\frac{1}{2}\mathrm{d}\boldsymbol{r}\times\mathrm{d}\boldsymbol{t}=\mathrm{d}\boldsymbol{S}^{\Delta}=\mathrm{d}S_l^{\Delta}\,\boldsymbol{e}_l$$

则

$$\mathrm{d}\boldsymbol{\Gamma}_{\Delta}=\sum_{\partial L_{\Delta}}\mathrm{d}\boldsymbol{L}\cdot\boldsymbol{A}=\mathrm{d}S_l^{\Delta}\,e_{lki}\,A_{ij,k}\,\boldsymbol{e}_j=(\mathrm{d}S_l^{\Delta}\,\boldsymbol{e}_l)\cdot(e_{lki}\,A_{ij,k}\,\boldsymbol{e}_l\,\boldsymbol{e}_j)$$

式中

$$e_{lki}\,A_{ij,k}\,\boldsymbol{e}_l\,\boldsymbol{e}_j=e_{lki}\frac{\partial A_{ij}}{\partial x_k}\boldsymbol{e}_l\,\boldsymbol{e}_j=\boldsymbol{\nabla}\times\boldsymbol{A}=\boldsymbol{\varepsilon}:\boldsymbol{\nabla}\boldsymbol{A}$$

是与 $\boldsymbol{A}$ 同阶的张量，定义为张量 $\boldsymbol{A}$ 的**左旋度**，即

$$\mathrm{rot}\boldsymbol{A}\triangleq\boldsymbol{\nabla}\times\boldsymbol{A}=\boldsymbol{\varepsilon}:\boldsymbol{\nabla}\boldsymbol{A}=e_i\times\frac{\partial\boldsymbol{A}}{\partial x_i}\qquad(6.12)$$

故 rot 旋度可视为不变符号 $\boldsymbol{\nabla}\times=\boldsymbol{e}_i\times\dfrac{\partial}{\partial x_i}$ 作用于张量 $\boldsymbol{A}$ 的结果。

三角元环量可表示为

$$\mathrm{d}\boldsymbol{\Gamma}_\Delta=\sum_{\partial L_\Delta}\mathrm{d}\boldsymbol{L}\cdot\boldsymbol{A}=\mathrm{d}\boldsymbol{S}^\Delta\cdot\mathrm{rot}\,\boldsymbol{A} \tag{6.13}$$

将式（6.13）对所有三角元求和，由于 d$\boldsymbol{S}$ 内相邻三角边的 d$\boldsymbol{L}\cdot\boldsymbol{A}$ 大小相等、符号相反，求和时抵消，仅留边界 ∂L 的值求和

$$\sum_{\mathrm{d}S}\mathrm{d}\boldsymbol{\Gamma}_\Delta=\sum_{\mathrm{d}S}\sum_{\partial L_\Delta}\mathrm{d}\boldsymbol{L}\cdot\boldsymbol{A}=\sum_{\partial L}\mathrm{d}\boldsymbol{l}\cdot\boldsymbol{A}$$

$$\sum_{\mathrm{d}S}\sum_{\partial L_\Delta}d\boldsymbol{L}\cdot\boldsymbol{A}=\sum_{\mathrm{d}S}\mathrm{d}\boldsymbol{S}^\Delta\cdot\mathrm{rot}\boldsymbol{A}=\left(\sum_{\mathrm{d}S}\mathrm{d}\boldsymbol{S}^\Delta\right)\cdot\mathrm{rot}\boldsymbol{A}$$

而 $\left(\sum_{\mathrm{d}S}\mathrm{d}\boldsymbol{S}^\Delta\right)=\mathrm{d}\boldsymbol{S}$，所以

$$\mathrm{d}\boldsymbol{\Gamma}=\sum_{\partial L}\mathrm{d}\boldsymbol{l}\cdot\boldsymbol{A}=\mathrm{d}\boldsymbol{S}\cdot\mathrm{rot}\boldsymbol{A}=\mathrm{d}\boldsymbol{S}\cdot(\boldsymbol{\nabla}\times\boldsymbol{A}) \tag{6.14}$$

类似的可得右环量公式

$$\mathrm{d}\boldsymbol{\Gamma}=\sum_{\partial L}\boldsymbol{A}\cdot\mathrm{d}\boldsymbol{l}=-\mathrm{rot}_\mathrm{R}\boldsymbol{A}\cdot\mathrm{d}\boldsymbol{S}=-(\boldsymbol{A}\times\boldsymbol{\nabla})\cdot\mathrm{d}\boldsymbol{S} \tag{6.15}$$

其中

$$\mathrm{rot}_\mathrm{R}\boldsymbol{A}=\frac{\partial\boldsymbol{A}}{\partial x_i}\times\boldsymbol{e}_i=\boldsymbol{A}\times\boldsymbol{\nabla}=\boldsymbol{A}\boldsymbol{\nabla}:\boldsymbol{\varepsilon} \tag{6.16}$$

从而可得**环量密度**

$$\frac{\mathrm{d}\boldsymbol{\Gamma}}{\mathrm{d}S}=\boldsymbol{n}\cdot\mathrm{rot}\boldsymbol{A}=-\mathrm{rot}_\mathrm{R}\boldsymbol{A}\cdot\boldsymbol{n} \tag{6.17}$$

这说明旋度决定点的旋转状态。矢量场 $\boldsymbol{F}(\boldsymbol{r})$ 的旋度 $\boldsymbol{\nabla}\times\boldsymbol{F}$ 为一个矢量，描述了给定场点处的**旋涡源强度**，表征了检测旋涡源的作用。

表 6.4 为常用的**向量旋度的运算法则**。

表 6.4　向量旋度运算法则

$\boldsymbol{\nabla}\times c=0$	$\boldsymbol{\nabla}\times(\lambda\boldsymbol{a})=\lambda(\boldsymbol{\nabla}\times\boldsymbol{a})$
$\boldsymbol{\nabla}\times(\boldsymbol{a}\pm\boldsymbol{b})=\boldsymbol{\nabla}\times\boldsymbol{a}\pm\boldsymbol{\nabla}\times\boldsymbol{b}$	$\boldsymbol{\nabla}\times(\varphi\boldsymbol{a})=\varphi(\boldsymbol{\nabla}\times\boldsymbol{a})+(\boldsymbol{\nabla}\varphi)\times\boldsymbol{a}$
$\boldsymbol{\nabla}\cdot(\boldsymbol{a}\times\boldsymbol{b})=\boldsymbol{b}\cdot(\boldsymbol{\nabla}\times\boldsymbol{a})-\boldsymbol{a}\cdot(\boldsymbol{\nabla}\times\boldsymbol{b})$	$a\times(\boldsymbol{\nabla}\times\boldsymbol{a})=\frac{1}{2}\boldsymbol{\nabla}(\boldsymbol{a}\cdot\boldsymbol{a})-\boldsymbol{a}\cdot(\boldsymbol{\nabla}\boldsymbol{a})$
$\boldsymbol{\nabla}\times(\boldsymbol{\nabla}\varphi)=0$	$\boldsymbol{\nabla}\cdot(\boldsymbol{\nabla}\times\boldsymbol{a})=0$
$\boldsymbol{\nabla}\times(\boldsymbol{a}\times\boldsymbol{b})=\boldsymbol{b}\cdot(\boldsymbol{\nabla}\boldsymbol{a})-\boldsymbol{a}\cdot(\boldsymbol{\nabla}\boldsymbol{b})-\boldsymbol{b}(\boldsymbol{\nabla}\cdot\boldsymbol{a})+\boldsymbol{a}(\boldsymbol{\nabla}\cdot\boldsymbol{b})$	$\boldsymbol{\nabla}\times[f(r)\boldsymbol{r}]=0$

表6.4中，$\boldsymbol{a}$，$\boldsymbol{b}$为任意矢量，$\boldsymbol{c}$为常矢量，φ为标量函数，λ为常数，$\boldsymbol{r}=x_i\boldsymbol{e}_i$，$r=|\boldsymbol{r}|$。

若向量场中旋度处处为零，则称为**无旋场**。无旋场的基本特征是向量的方向具有“定向性”，而有旋场具有“分散性”。若向量场$\boldsymbol{a}$无旋，定存在标量函数φ，满足$\boldsymbol{a}=\nabla\varphi$，$\varphi$称为**势函数**。$\nabla\times\nabla\varphi=\nabla\times\boldsymbol{a}=0$，即有势必无旋。无旋与有势是等价概念。无旋场也称**有势场**。旋度和散度处处为零的向量场称**调和场**

$$\left.\begin{aligned}&\nabla\times\boldsymbol{a}=0\Rightarrow\boldsymbol{a}=\nabla\varphi\\&\nabla\cdot\boldsymbol{a}=0\end{aligned}\right\}\Rightarrow\nabla\cdot\nabla\varphi=\nabla^2\varphi=\Delta\varphi=0 \tag{6.18}$$

式（6.18）称为**拉普拉斯（Laplace）方程**，$\Delta=\nabla^2=\nabla\cdot\nabla$称为**拉普拉斯算子**，$\varphi$称为**调和函数**。

4. 张量的协变导数

以上介绍的四种微分算子包括梯度$\nabla\varphi$、散度$\nabla\cdot\varphi$、旋度$\nabla\times\boldsymbol{\varphi}$、拉普拉斯算子$\nabla^2\boldsymbol{\varphi}$，都是由哈密顿算子$\nabla$导出的具有坐标不变性，通称为**不变性微分算子**。其中，散度是梯度的缩并，旋度是置换张量与梯度的双点积，所以关键是求梯度表达式。考虑形如$\boldsymbol{\varphi}(\boldsymbol{r})=\varphi^{i}_{\cdot j}\boldsymbol{g}_i\boldsymbol{g}^j$的二阶张量场，在曲线坐标系下，其梯度为

$$\nabla\boldsymbol{\varphi}(\boldsymbol{r})=\boldsymbol{g}^m\frac{\partial\boldsymbol{\varphi}}{\partial x^m}=\boldsymbol{g}^m\boldsymbol{\varphi}_{,m} \tag{6.19}$$

借助**克里斯托费尔符号运算法则**$\boldsymbol{g}_{i,j}=\Gamma^k_{ij}\boldsymbol{g}_k$，$\boldsymbol{g}^i_{,j}=-\Gamma^i_{jk}\boldsymbol{g}^k$，求其中对坐标分量$x^m$的偏导，有

$$\begin{aligned}\boldsymbol{\varphi}_{,m}&=\partial_m(\varphi^{i}_{\cdot j}\boldsymbol{g}_i\boldsymbol{g}^j)\\&=\varphi^{i}_{\cdot j,m}\boldsymbol{g}_i\boldsymbol{g}^j+\varphi^{i}_{\cdot j}\boldsymbol{g}_{i,m}\boldsymbol{g}^j+\varphi^{i}_{\cdot j}\boldsymbol{g}_i\boldsymbol{g}^j_{,m}\\&=(\varphi^{i}_{\cdot j,m}+\Gamma^i_{mn}\varphi^{n}_{\cdot j}-\Gamma^n_{mj}\varphi^{i}_{\cdot n})\boldsymbol{g}_i\boldsymbol{g}^j\end{aligned}$$

记

$$\varphi^{i}_{\cdot j}|_m=\varphi^{i}_{\cdot j,m}+\Gamma^i_{mn}\varphi^{n}_{\cdot j}-\Gamma^n_{mj}\varphi^{i}_{\cdot n} \tag{6.20}$$

则有$\boldsymbol{\varphi}_{,m}=\varphi^{i}_{\cdot j}|_m\boldsymbol{g}_i\boldsymbol{g}^j$，称$\varphi^{i}_{\cdot j;m}$为张量$\boldsymbol{\varphi}$分量对坐标$x^m$的**协变导数**。文献中常以$(\ )|_k$，$(\ )_{;m}$，$\nabla_k(\ )$等形式表示对分量的协变导数。可以看到，采用协变导数，张量基可以提到求导符号外。这样，张量场$\boldsymbol{\varphi}$的左梯度可以写作

$$\nabla \boldsymbol{\varphi} = \boldsymbol{g}^m \otimes \boldsymbol{\varphi}_{,m} = \varphi^{i}_{\cdot j} |_m \boldsymbol{g}^m \otimes \boldsymbol{g}_i \otimes \boldsymbol{g}^k \tag{6.21}$$

因此，协变导数是求张量梯度的关键。由式（6.20）可总结**n 阶张量协变导数公式的规律**：第一项是普通导数，其余 n 项由第二类**克里斯托费尔**符号 Γ^i_{jk} 与张量分量的乘积构成。每一项依次用哑标置换原张量指标得到，置换上标时为正号，否则为负号，**克里斯托费尔**符号的其余指标按指标一致原理确定。

张量的协变导数具有以下性质与运算规律：

① n 阶张量的协变导数是 $n+1$ 阶张量的分量

$$\boldsymbol{g}^k \frac{\partial \boldsymbol{T}}{\partial y^k} = T^{ij} |_k \boldsymbol{g}^k \boldsymbol{g}_i \boldsymbol{g}_j$$

② 度量张量和置换张量的协变导数为零。由度量张量 $\boldsymbol{I}$ 与置换张量 $\boldsymbol{\varepsilon}$ 均是均匀场，有 $\nabla \boldsymbol{I} = \boldsymbol{0}$，$\nabla \boldsymbol{\varepsilon} = \boldsymbol{0}$；或者说 g_{ij} 与 ε_{ijk} 等在协变导数 $(\ )_{;k}$ 作用下为零，即

$$g_{jk} |_m = \delta^j_k |_m = 0, \quad \varepsilon_{ijk} |_m = \varepsilon^{ijk} |_m = 0 \tag{6.22}$$

度量张量的协变导数为零这一特性称为**里奇引理**。根据这一特性，对张量式求协变导数时，可将度量张量提到求导号外。同样，置换张量求导时也可作常量处理，如 $v^j_{;i} = (g^{jr} v_r)_{;i} = g^{jr} v_{r;i}$。

③协变导数的求导法则与普通导数相同

$$(\alpha u_i + \beta v_i)_{;j} = \alpha u_{i;j} + \beta v_{i;j}, \quad \forall \alpha, \beta \in \mathbb{R}$$

$$(u_i v^j)_{;k} = u_{i;k} v^j + u_i v^j_{;k}$$

即满足莱布尼茨法则

④协变导数可用度量张量对求导标进行升降运算。如 $g^{kl} v^i |_l = v^i |^k$，求导标为上标的导数称为张量的**逆变导数**。

例 6.2 设 $\boldsymbol{u} = u_k \boldsymbol{g}^k$ 和 $\boldsymbol{\varphi} = \varphi^{ij} \boldsymbol{g}_i \otimes \boldsymbol{g}_j$ 分别为连续可微的向量场和仿射量场，则有

$$(\boldsymbol{u} \cdot \boldsymbol{\varphi}) \cdot \nabla = \boldsymbol{u} \cdot (\boldsymbol{\varphi} \cdot \nabla) + (\boldsymbol{u} \nabla) : \boldsymbol{\varphi}$$

解：上式左端为

$$(\boldsymbol{u} \cdot \boldsymbol{\varphi}) \cdot \nabla = (u_i \varphi^{ij} \boldsymbol{g}_j) \cdot \nabla = (u_i \varphi^{ij})_{;j} = \varphi^{ij} u_{i;j} + u_i \varphi^{ij}_{;j}$$

再由右端

$$\boldsymbol{u}\cdot(\boldsymbol{\varphi}\cdot\boldsymbol{\nabla}) = u_k g^k\cdot(\varphi^{ij}_{;j}\boldsymbol{g}_i) = u_i\varphi^{ij}_{;j}$$

以及

$$(\boldsymbol{u}\boldsymbol{\nabla}):\boldsymbol{\varphi} = (u_{i;j}\boldsymbol{g}^i\otimes\boldsymbol{g}^j):\varphi^{mn}\boldsymbol{g}_m\otimes\boldsymbol{g}_n = \varphi^{ij}u_{i;j}$$

故式成立。

例 6.3 设 $\boldsymbol{u}$ 是欧氏空间中任意连续可微的向量场，证明下面等式：

$$\boldsymbol{\nabla}\cdot(\boldsymbol{u}\boldsymbol{\nabla}) = (\boldsymbol{\nabla}\boldsymbol{u})\cdot\boldsymbol{\nabla} = (\boldsymbol{\nabla}\cdot\boldsymbol{u})\boldsymbol{\nabla} = \boldsymbol{\nabla}(\boldsymbol{u}\cdot\boldsymbol{\nabla})$$

证明： 由 $\boldsymbol{\nabla}\cdot(\boldsymbol{u}\boldsymbol{\nabla}) = \boldsymbol{g}^k\partial_k\cdot(u^i_{;j}\boldsymbol{g}_i\otimes\boldsymbol{g}^j) = u^i_{;ji}\boldsymbol{g}^j$

以及

$$(\boldsymbol{\nabla}\boldsymbol{u})\cdot\boldsymbol{\nabla} = (u^i_{;j}\boldsymbol{g}^j\otimes\boldsymbol{g}_i)\cdot\boldsymbol{g}^k\partial_k = u^i_{;ji}\boldsymbol{g}^j$$

可得第一个等式。另外，由

$$(\boldsymbol{\nabla}\cdot\boldsymbol{u})\boldsymbol{\nabla} = (u^i\boldsymbol{g}_i\cdot\boldsymbol{g}^j\partial_j)\otimes\boldsymbol{g}^k\partial_k = u_{i;ij}\boldsymbol{g}^j = \boldsymbol{\nabla}(\boldsymbol{u}\cdot\boldsymbol{\nabla})$$

最后的等式也成立。再考虑到欧氏空间中协变导数可以交换次序，得证。

例 6.4 设 $\boldsymbol{v}$ 是任一个向量场，则反称张量场 $\boldsymbol{W} = (\boldsymbol{v}\boldsymbol{\nabla}-\boldsymbol{\nabla}\boldsymbol{v})/2$ 的轴向量为 $\omega = (\boldsymbol{\nabla}\times\boldsymbol{v})/2$。试证对任意的向量 v，均有 $\boldsymbol{W}\cdot\boldsymbol{u} = \boldsymbol{\omega}\times\boldsymbol{u}$。（证略）

实际上，对于任何向量 $\boldsymbol{u}$，其旋度

$$\mathrm{curl}\boldsymbol{u} = \boldsymbol{\nabla}\times\boldsymbol{u} = \boldsymbol{g}^j\partial_j\times(u_i\boldsymbol{g}^i) = u_{i;j}\boldsymbol{\varepsilon}^{jik}\boldsymbol{g}_k = -u_{i;j}\boldsymbol{\varepsilon}^{ijk}\boldsymbol{g}_k = -\boldsymbol{u}\times\boldsymbol{\nabla}$$

$$\boldsymbol{u}\times\boldsymbol{\nabla} = \boldsymbol{\varepsilon}^{ijk}(u_{i,j}-\Gamma^l_{ij}u_l)\boldsymbol{g}_k = \boldsymbol{\varepsilon}^{ijk}u_{i;j}\boldsymbol{g}_k$$

式中利用了 ε^{ijk} 和 Γ^l_{ij} 分别关于指标 (i,j) 反称与对称的特性。

例 6.5 对于欧氏空间中的仿射量场 $\boldsymbol{\varphi}(\boldsymbol{r}) = \varphi^{ij}\boldsymbol{g}_i\otimes\boldsymbol{g}_j$，可利用协变导数的可交换性证明等式成立：$(\boldsymbol{\nabla}\times\boldsymbol{\varphi})\times\boldsymbol{\nabla} = \boldsymbol{\nabla}\times(\boldsymbol{\varphi}\times\boldsymbol{\nabla})$。说明式中的左右旋度运算的次序是可以交换的，因此可直接写为 $\boldsymbol{\nabla}\times\boldsymbol{\varphi}\times\boldsymbol{\nabla}$。

例 6.6 若 $\boldsymbol{v}(\boldsymbol{r})$ 是 C^2 类向量场，满足 $\boldsymbol{\nabla}\cdot\boldsymbol{v} = \boldsymbol{v}\cdot\boldsymbol{\nabla} = 0$ 和 $\boldsymbol{v}\times\boldsymbol{\nabla} = \boldsymbol{0}$，试证 $\boldsymbol{v}$ 是调和的。

证明： 由例 5.4 可知，$\boldsymbol{v}\times\boldsymbol{\nabla}$ 是反称张量 $\boldsymbol{\nabla}\boldsymbol{v}-\boldsymbol{v}\boldsymbol{\nabla}$ 的轴向量，因此当 $\boldsymbol{v}\times\boldsymbol{\nabla} = \boldsymbol{0}$ 时，有 $\boldsymbol{\nabla}\boldsymbol{v}-\boldsymbol{v}\boldsymbol{\nabla} = 0$，对其取左散度，$\boldsymbol{\nabla}\cdot\boldsymbol{\nabla}\boldsymbol{v}-\boldsymbol{\nabla}\cdot(\boldsymbol{v}\boldsymbol{\nabla}) = \boldsymbol{0}$，可得 $\boldsymbol{\nabla}\cdot\boldsymbol{\nabla}\,\boldsymbol{v} = (\boldsymbol{\nabla}\cdot\boldsymbol{v})\boldsymbol{\nabla} = \boldsymbol{0}$。

5. 黎曼－克里斯托费尔张量

由商法则可知，张量场的梯度 $\nabla\boldsymbol{\varphi}$ 是高一阶的张量，则可对它再进行微商运算，即求它的分量的协变导数。以向量场 $\boldsymbol{\varphi} = \varphi_i \boldsymbol{g}^i$ 为例，可令 $B_{ij} \triangleq \varphi_{i;j} = \varphi_{i,j} - \Gamma^r_{ji}\varphi_r$，则其协变导数为

$$B_{ij;k} = B_{ij,k} - \Gamma^r_{ki} B_{rj} - \Gamma^r_{kj} B_{ir}$$

将上式代入可得

$$\begin{aligned}\varphi_{i;jk} &= (\varphi_{i,j} - \Gamma^r_{ji}\varphi_r)_{,k} - \Gamma^r_{ki}(\varphi_{r,j} - \Gamma^s_{jr}\varphi_s) - \Gamma^r_{kj}(\varphi_{i,r} - \Gamma^s_{ri}\varphi_s) \\ &= \varphi_{i,jk} - \Gamma^r_{ki}\varphi_{r,j} - \Gamma^r_{kj}\varphi_{i,r} - \Gamma^r_{ji}\varphi_{r,k} - \varphi_s(\Gamma^s_{ji,k} - \Gamma^r_{ki}\Gamma^s_{jr} - \Gamma^r_{kj}\Gamma^s_{ri})\end{aligned}$$

交换协变求导次序 (j,k)，由上式得

$$\varphi_{i;jk} - \varphi_{i;kj} = \varphi_r R^r_{\cdot ijk} \tag{6.23}$$

式中

$$R^r_{\cdot ijk} = \Gamma^r_{ki,j} - \Gamma^r_{ji,k} + \Gamma^s_{ki}\Gamma^r_{js} - \Gamma^s_{ji}\Gamma^r_{ki} \tag{6.24}$$

注意：式（6.23）左端是一个三阶张量的协变分量，而 φ_r 是任意向量的协变分量，由商法则可知 $R^r_{\cdot ijk}$ 为一个四阶张量的混合分量，称为**黎曼－克里斯托费尔张量或曲率张量**。显然，$R^r_{\cdot ijk}$ 关于指标 j 和 k 是反称的。式（6.23）表明：向量分量 φ_i 的协变导数可交换次序的充要条件是 $R^r_{\cdot ijk}$ 恒等于零。该结论对任意阶张量分量的协变导数也都成立。

在欧氏空间中，任何曲线坐标系都可由直角坐标系经过相应的坐标变换得到；而在直角坐标系中，曲率张量恒等于零。因此，欧氏空间中的曲率张量也恒等于零。这说明：在欧氏空间中，张量分量的协变导数的次序是可以交换的。

到目前为止，全部讨论的范围都是在三维欧氏空间 $\mathbb{E}^3$，在这里：

①直线坐标系是容许的；

②向量的点积或者说度量张量 g_{ij} 有定义。

假如放弃第一点而保留第二点，即 g_{ij} 仍有定义，就得所谓的黎曼空间，基于这个 g_{ij} 的曲率张量 $\boldsymbol{R}$ 就不一定为零了。用二维空间来讲解更形象，平面是容许直线坐标系的，因而是欧氏空间，也叫平坦空间。在不容许直线坐标系的二维空间里，例

如球面，$\boldsymbol{R}$ 在整个区域内不会恒等于零，曲面的高斯曲率正是通过这个 $\boldsymbol{R}$ 来表达的，我们说这个空间是弯曲的。

6.2 积分定理

数学物理和力学中的许多基本定律（动量平衡、动量矩平衡等）的局部化形式是借助于积分定理来实现的。在物理和力学中，各种积分形式具有一定的物理意义：

①线积分 $\int_l \boldsymbol{F} \cdot \mathrm{d}\boldsymbol{l} = \int_l F\mathrm{d}l\cos\theta$ 为一个标量，如表征功和能等物理量的计算。

②闭合线积分 $\oint_l \boldsymbol{F} \cdot \mathrm{d}\boldsymbol{l}$ 称为矢量场 $\boldsymbol{F}(\boldsymbol{r})$ 沿闭合曲线 l 在所取方向上的**环量**，用以描述具有旋涡特性的源强度。

③面积分 $\int_S \boldsymbol{F} \cdot \mathrm{d}\boldsymbol{S}$ 称为矢量场 $\boldsymbol{F}(\boldsymbol{r})$ 向有向曲面 S 正侧穿过的**通量**。积分定理将建立各种积分与不变性微分算子之间的关系。

1. 高斯积分定理

高斯定理是关于封闭曲面通量积分与体积分的关系定理。如图 6.5 所示，积分曲面是积分体域 V 的边界面 S，称为高斯面，方向定义为体域的外法向；边界面上外法向面元为 $\mathrm{d}\boldsymbol{S}$，故边界面的左通量为 $\oint_S \mathrm{d}\boldsymbol{S} \cdot \boldsymbol{A}$。将 V 划分为任意形状的体积微元 $\mathrm{d}V$，微元表面为 $\partial\Omega$。由式（6.9）可知，微元的表面通量可由中心的散度确定

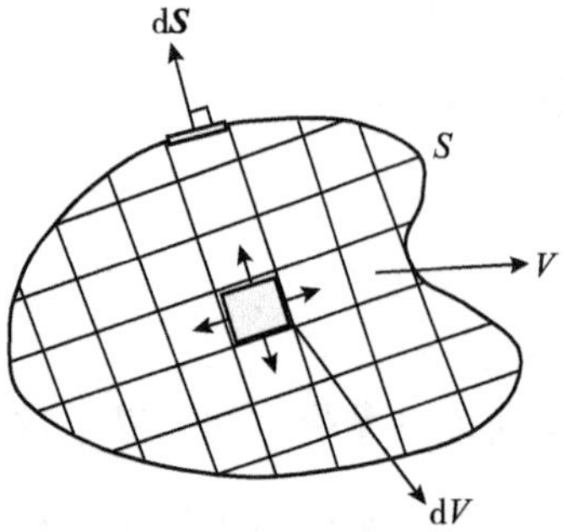

图 6.5 高斯积分定理

$$\sum_{\partial\Omega} \mathrm{d}\boldsymbol{S} \cdot \boldsymbol{A} = \boldsymbol{\nabla} \cdot \boldsymbol{A}\mathrm{d}V$$

在 V 上对上式进行积分

$$\int_V \sum_{\partial\Omega} \mathrm{d}\boldsymbol{S} \cdot \boldsymbol{A} = \int_V \boldsymbol{\nabla} \cdot \boldsymbol{A}\mathrm{d}V$$

由于 V 内部相邻微元表面的通量大小相等、符号相反，积分时抵消，仅留表面的通量积分

$$\int_V \sum_{\partial\Omega} \mathrm{d}\boldsymbol{S} \cdot \boldsymbol{A} = \oint_S \mathrm{d}\boldsymbol{S} \cdot \boldsymbol{A}$$

所以

$$\oint_S \mathrm{d}\boldsymbol{S} \cdot \boldsymbol{A} = \int_V \boldsymbol{\nabla} \cdot \boldsymbol{A} \mathrm{d}V \tag{6.25}$$

这就是**左通量高斯定理**。同理可得**右通量高斯定理**

$$\oint_S \boldsymbol{A} \cdot \mathrm{d}\boldsymbol{S} = \int_V \boldsymbol{A} \cdot \boldsymbol{\nabla} \mathrm{d}V \tag{6.26}$$

显然，应用高斯定理的一个基本条件是积分体域内张量散度要有定义。如果张量函数定义域内任意闭曲面包含的积分体域内的张量散度都有定义，该定义域称为**面单连域**，否则称为**面复连域**。在面单连域内，高斯定理总是成立的。

从前面的推导过程可以发现，式（6.9）中对于各种张量运算符都是成立的，即

$$\sum_{\partial\Omega} \mathrm{d}\boldsymbol{S} \otimes \boldsymbol{A} = \boldsymbol{\nabla} \otimes \boldsymbol{A} \mathrm{d}V, \quad \sum_{\partial\Omega} \mathrm{d}\boldsymbol{S} \times \boldsymbol{A} = \boldsymbol{\nabla} \times \boldsymbol{A} \mathrm{d}V \tag{6.27}$$

于是，就有

$$\begin{cases} \int_V \boldsymbol{\nabla} \odot \boldsymbol{A} \mathrm{d}V = \oint_S \mathrm{d}\boldsymbol{S} \odot \boldsymbol{A} = \oint_S \boldsymbol{n} \odot \boldsymbol{A} \mathrm{d}S \\ \int_V \boldsymbol{A} \odot \boldsymbol{\nabla} \mathrm{d}V = \oint_S \boldsymbol{A} \odot \mathrm{d}\boldsymbol{S} = \oint_S \boldsymbol{A} \odot \boldsymbol{n} \mathrm{d}S \end{cases} \tag{6.28}$$

式中，$\odot$ 代表点乘、叉乘、并乘等运算符。以上各式通称为**格林（Green）积分公式**。

由高斯定理可知，在无散场（ $\mathrm{div}\boldsymbol{A} \equiv 0$ ）中通过任意封闭曲面外法向的净通量为零。特别地，取 $\boldsymbol{A} = \boldsymbol{I}$ 可知 $\oint_S \mathrm{d}\boldsymbol{S} = \boldsymbol{0}$ 。

例 6.7 在笛卡儿坐标系下，对矢量场 $\boldsymbol{u} = P\boldsymbol{i} + Q\boldsymbol{j} + R\boldsymbol{k}$ ，有

$$\int_V \left(\frac{\partial P}{\partial x} + \frac{\partial Q}{\partial y} + \frac{\partial R}{\partial z} \right) \mathrm{d}V = \oint_\Sigma (P\cos\alpha + Q\cos\beta + R\cos\gamma) \mathrm{d}A$$

式中， $\boldsymbol{n} = (\cos\alpha)\boldsymbol{i} + (\cos\beta)\boldsymbol{j} + (\cos\gamma)\boldsymbol{k}$ 为 Σ 的外法向。这就是著名的**奥－高（Ostrovski－Gauss）公式**。

例 6.8 连续介质运动微分方程：考虑变形体 V 中含点 $P(\boldsymbol{r})$ 的任一邻域 ΔV 的动态平衡问题。

解：变形体的 ΔV 外部对 ΔV 的作用力假设为通过 ΔV 的界面 $\Delta\Sigma$ 的面力 $\boldsymbol{p}$ ，于是， ΔV 的运动方程为

$$\oint_{\Delta\Sigma} \boldsymbol{p}\mathrm{d}A + \int_{\Delta V} \rho \boldsymbol{f}\mathrm{d}V = \int_{\Delta V} \rho \ddot{\boldsymbol{u}}\mathrm{d}V$$

式中，ρ 为质量密度，$\boldsymbol{u}$ 为位移场，$\ddot{\boldsymbol{u}}$ 为位移加速度，$\rho\ddot{\boldsymbol{u}}$ 为惯性力，$\boldsymbol{f}$ 为单位质量上的体积力。面力 $\boldsymbol{p}$ 可通过柯西公式与应力张量 $\boldsymbol{\sigma}$ 的关系为 $\boldsymbol{p} = \boldsymbol{\sigma} \cdot \boldsymbol{n}$，其中 $\boldsymbol{n}$ 是 $\Delta\Sigma$ 的外法向。于是有

$$\oint_{\Delta\Sigma} \boldsymbol{\sigma} \cdot \boldsymbol{n}\mathrm{d}A + \int_{\Delta V} \rho \boldsymbol{f}\mathrm{d}V = \int_{\Delta V} \rho\, \ddot{\boldsymbol{u}}\mathrm{d}V$$

利用格林积分公式可得到

$$\left(\int_{\Delta V} \boldsymbol{\sigma} \cdot \boldsymbol{\nabla} + \rho \boldsymbol{f} - \rho\, \ddot{\boldsymbol{u}}\right)\mathrm{d}V = 0$$

由 ΔV 的任意性，可得运动微分方程 $\boldsymbol{\sigma} \cdot \boldsymbol{\nabla} + \rho \boldsymbol{f} = \rho\, \ddot{\boldsymbol{u}}$ 及分量形式 $\sigma^{ij}|_j + \rho f^i = \rho \ddot{u}^i$。

2. 斯托克斯（积分）定理

斯托克斯（Stokes）定理是关于封闭曲线积分（环量）与曲面通量积分的关系定理。如图 6.6 所示，积分曲线 L 是非封闭的分片光滑曲面 S 的边界，曲线的方向与曲面的方向符合右手法则。曲线上正向线元为 $\mathrm{d}\boldsymbol{l}$，环量为 $\oint_L \mathrm{d}\boldsymbol{l} \cdot \boldsymbol{A}$。另一方面，将 S 划分为任意的面元 $\mathrm{d}\boldsymbol{S}$。对于任意给定的一个具有一阶连续偏导数的张量场 $\boldsymbol{A}$，由式（6.14），面元的环量可由中心的旋度确定

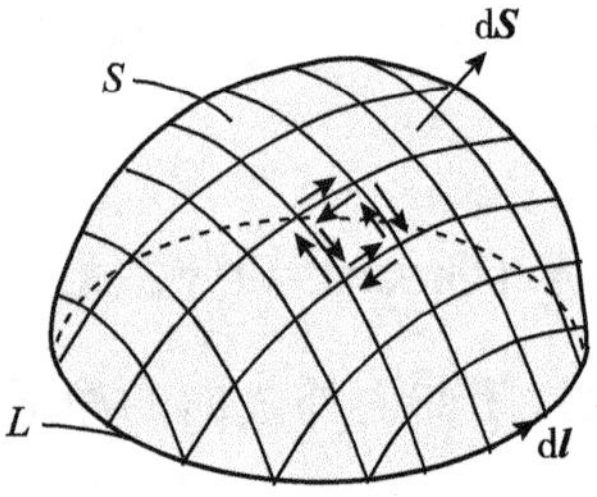

图 6.6 斯托克斯定理

$$\sum_{\partial L} \mathrm{d}\boldsymbol{l} \cdot \boldsymbol{A} = \mathrm{d}\boldsymbol{S} \cdot (\boldsymbol{\nabla} \times \boldsymbol{A})$$

在 S 上对上式进行积分

$$\int_S \sum_{\partial L} \mathrm{d}\boldsymbol{l} \cdot \boldsymbol{A} = \int_S \mathrm{d}\boldsymbol{S} \cdot \mathrm{rot}\boldsymbol{A}$$

由于 S 内微元相邻边的 $\mathrm{d}\boldsymbol{l} \cdot \boldsymbol{A}$ 大小相等、符号相反，积分时抵消，仅留边界 L 的积分值，即边界 L 的环量

$$\int_S \sum_{\partial L} \mathrm{d}\boldsymbol{l} \cdot \boldsymbol{A} = \oint_L \mathrm{d}\boldsymbol{l} \cdot \boldsymbol{A}$$

所以

$$\oint_L \mathrm{d}\boldsymbol{l} \cdot \boldsymbol{A} = \int_S \mathrm{d}\boldsymbol{S} \cdot \mathrm{rot}\boldsymbol{A} = \int_S \mathrm{d}\boldsymbol{S} \cdot (\boldsymbol{\nabla} \times \boldsymbol{A}) = \int_S (\boldsymbol{n} \times \boldsymbol{\nabla}) \cdot \boldsymbol{A}\mathrm{d}S \tag{6.29}$$

这就是**左环量斯托克斯定理**。同理可得**右环量斯托克斯定理**

$$\oint_L \boldsymbol{A} \cdot \mathrm{d}\boldsymbol{l} = -\int_S \mathrm{rot}_R \boldsymbol{A} \cdot \mathrm{d}\boldsymbol{S} = -\int_S (\boldsymbol{A} \times \boldsymbol{\nabla}) \cdot \mathrm{d}\boldsymbol{S} \tag{6.30}$$

显然，应用斯托克斯定理的一个基本条件是：以积分曲线为边界的曲面上，张量旋度要有定义（在物理上或数学上）。如果对于张量函数定义域内的任意闭曲线，都能找到一个以它为边界的张量旋度有定义的曲面，该定义域称为**线单连域**，否则称为**线复连域**。在线单连域内，斯托克斯定理总是成立的。特别地，当 $\boldsymbol{A} = \boldsymbol{I}$ 单位张量时，即得到 $\oint_L \mathrm{d}\boldsymbol{l} = \boldsymbol{0}$ 。

曲线积分与路径无关的向量场称为**保守场**。关于保守场有下面的循环等价命题

①积分与路径无关 ⇒② 环量为零 ⇒③ 无旋 ⇒④ 有势 ⇒① 积分与路径无关

④⇒① 的证明如下

考虑有势场中两点 $\boldsymbol{r}_a$，$\boldsymbol{r}_b$ 间任一条路径的曲线积分

$$\int_{r_a}^{r_b} \boldsymbol{a} \cdot \mathrm{d}\boldsymbol{l} = \int_{r_a}^{r_b} \boldsymbol{\nabla}\varphi \cdot \mathrm{d}\boldsymbol{l} = \int_{r_a}^{r_b} \mathrm{d}\varphi = \varphi(\boldsymbol{r}_b) - \varphi(\boldsymbol{r}_a)$$

这说明有势场中积分只与两点的势函数值有关，与积分路径无关。

6.3 张量场的物质导数

在张量场 $\boldsymbol{A}(x_i,\ t)$ 中，x_i 是空间点坐标，是与时间 t 无关的独立变量。现在，我们考虑由流体质点组成的张量场：流场中每一时刻 t，在空间点 x_i 上有一个质点通过，$\dfrac{\partial \boldsymbol{A}}{\partial t}$ 表示在不同时刻同一空间点上经过不同的质点所看到的张量变化率；另一方面，同一时刻 t 在不同空间点 x_i 上有不同的质点占据，$\dfrac{\partial \boldsymbol{A}}{\partial x_i}$ 表示在同一时刻不同空间点上所看到的张量变化率。

现在，我们追踪某一质点，观察它在空间的运动及具有的物理量的变化。质点

的位置用矢径$\boldsymbol{r}(t)=x_i(t)\boldsymbol{e}_i$表示，其中，$x_i(t)$是跟随质点一起运动的坐标，称为**质点坐标**，不是与时间t无关的独立变量。质点的速度可表示为

$$\boldsymbol{v}=\frac{\mathrm{d}\boldsymbol{r}}{\mathrm{d}t}=\frac{\mathrm{d}x_i}{\mathrm{d}t}\boldsymbol{e}_i=v_i\boldsymbol{e}_i \tag{6.31}$$

进一步，我们将质点具有的物理量（密度、温度、速度等）用张量表示，即将张量场的空间点坐标变为质点坐标

$$\boldsymbol{A}=\boldsymbol{A}[x_i(t),t] \tag{6.32}$$

质点的物理量随时间的变化率定义为质点的**物质导数**，即张量$\boldsymbol{A}[x_i(t),t]$的**全导数**，由求导法则有

$$\frac{\mathrm{D}\boldsymbol{A}}{\mathrm{D}t}=\frac{\partial\boldsymbol{A}}{\partial t}+\frac{\partial\boldsymbol{A}}{\partial x_i}\frac{\mathrm{d}x_i}{\mathrm{d}t}=\frac{\partial\boldsymbol{A}}{\partial t}+v_i\frac{\partial\boldsymbol{A}}{\partial x_i}=\frac{\partial\boldsymbol{A}}{\partial t}+\boldsymbol{v}\cdot\boldsymbol{\nabla}\boldsymbol{A} \tag{6.33}$$

对于曲线坐标系，从式（6.33）可以得到**物质导数算子**的一般形式

$$\frac{\mathrm{D}(\ )}{\mathrm{D}t}=\frac{\partial(\ )}{\partial t}+\boldsymbol{v}\cdot\boldsymbol{\nabla}(\ )=\frac{\partial(\ )}{\partial t}+v^i(\ )|_i \tag{6.34}$$

算子的第一部分是单纯的时间变化率称为**当地导数**，第二部分是与空间位置变化有关的变化率称为**迁移导数**。

于是，质点的加速度为

$$\boldsymbol{a}=\frac{\mathrm{D}\boldsymbol{v}}{\mathrm{D}t}=\frac{\partial\boldsymbol{v}}{\partial t}+\boldsymbol{v}\cdot\boldsymbol{\nabla}\boldsymbol{v},\quad a_k=\frac{\mathrm{D}v_k}{\mathrm{D}t}=\frac{\partial v_k}{\partial t}+v_i\frac{\partial v_k}{\partial x_i} \tag{6.35}$$

密度的变化率为

$$\frac{\mathrm{D}\rho}{\mathrm{D}t}=\frac{\partial\rho}{\partial t}+\boldsymbol{v}\cdot\boldsymbol{\nabla}\rho,\quad \frac{\mathrm{D}\rho}{\mathrm{D}t}=\frac{\partial\rho}{\partial t}+v_i\frac{\partial\rho}{\partial x_i} \tag{6.36}$$

6.4 正交曲线坐标系中的物理分量

1. 完整系与非完整系

在前面的章节中，张量都是对协变基向量或逆变基分解的。根据定义，协变基向量$\boldsymbol{g}_i$由向径$\boldsymbol{r}$对坐标x^i的偏导数$\boldsymbol{g}_i=\boldsymbol{r}_{,i}$唯一确定，逆变基$\boldsymbol{g}^i$则由对偶关系$\boldsymbol{g}^i\cdot\boldsymbol{g}_j=\delta^i_j$确定。按这种方式定义的基向量称为自然基矢量，它们构成了**完整系**。

在完整系中，张量的许多运算规则都可以看作是通常数量运算规则的某种推广，所以它是张量分析中最基本的参考系。但是在应用中，它也有不便之处。

从其定义式就可以看出：向径 $\boldsymbol{r}$ 具有长度量纲，而任意曲线坐标 x^i 不一定具有长度量纲，且 $|\boldsymbol{g}_i|$ 不一定等于1，所以自然基矢量 $\boldsymbol{g}_i$ 不一定是无量纲的单位向量。以柱坐标系为例，坐标 $x^1 = r$ 和 $x^3 = z$ 为长度量纲，且基向量的模 $|\boldsymbol{g}_1| = |\boldsymbol{g}_3| = 1$，因而 $\boldsymbol{g}_1$，$\boldsymbol{g}_3$ 是无量纲单位向量；但坐标 $x^2 = \theta$ 是无量纲的，且 $|\boldsymbol{g}_2| = r$，因此 g_2 具有长度量纲，且其大小随点而异。如果把具有物理意义的矢量或张量对自然基分解，则所得的分量不一定具有原来的物理量纲。

显然，量纲不统一给物理分析带来不便。为此，我们引进另一组协变基矢量 $\boldsymbol{g}_{(i)}$，只要求它们满足以下两个条件：

①$\boldsymbol{g}_{(i)}$（$i = 1, 2, 3$）互相不共面。

②与自然基矢量 $\boldsymbol{g}_i$ 具有线性变换关系

$$\boldsymbol{g}_{(i)} = \beta^{j}_{(i)} \boldsymbol{g}_j \tag{6.37}$$

在保证条件①的前提下，式（6.37）中的9个转换系数可以根据物理分析更为方便的原则任意选择。相应地，由对偶关系 $\boldsymbol{g}^{(i)} \cdot \boldsymbol{g}_{(j)} = \delta^{(i)}_{(j)}$ 可再引进一组逆变基矢量 $\boldsymbol{g}^{(i)}$，它与完整系的逆变基间具有转换关系 $\boldsymbol{g}^{(i)} = \beta^{(i)}_j \boldsymbol{g}^j$，从而证明转换系数间也满足以下关系式

$$\beta^{j}_{(i)} \beta^{(k)}_j = \delta^{(k)}_{(i)}, \quad \beta^{(k)}_i \beta^{j}_{(k)} = \delta^{j}_i \tag{6.38}$$

一般来说，按式（6.37）引进的基向量并不是自然基矢量，即并不存在能按式 $\boldsymbol{g}_{(i)} = \boldsymbol{r}_{,(i)}$ 唯一确定 $\boldsymbol{g}_{(i)}$ 的新曲线坐标系 $x^{(i)}$。这种只有基向量而不存在相应的曲线坐标的参考系称为**非完整系**。为了区别于完整系，相应于非完整系的指标一律加圆括号。

2. 正交曲线坐标系中的物理分量

在曲线坐标系中，基向量 $\boldsymbol{g}_i$ 与 $\boldsymbol{g}^i$ 一般并不是单位向量，其长度为

$$|\boldsymbol{g}_i| = A_i = \sqrt{g_{\underline{ii}}}, \quad |\boldsymbol{g}^i| = A_i^{-1} = \sqrt{g^{\underline{ii}}} \quad （不对 i 求和） \tag{6.39}$$

式中，A_i 也称为**拉梅常数**。这些由基本定义 $\boldsymbol{g}_i = \partial \boldsymbol{r} / \partial x^i$ 的基向量不一定具有相同的

量纲，往往会给张量的物理解释带来不便。为此，常常把张量建立在无量纲的、由单位基向量所构成的标架场上，相应的张量分量称为**物理分量**。

例如在柱坐标系中，粒子速度为 $\boldsymbol{v} = v^i \boldsymbol{g}_i$，$\boldsymbol{g}_2$ 的量纲为长度，v^2 的量纲为时间的倒数，不是速度量纲。为得到有物理意义的分量，可用基向量的模将基向量无量纲化

$$\boldsymbol{v} = v^i \sqrt{g_{\underline{ii}}} \frac{\boldsymbol{g}_i}{\sqrt{g_{\underline{ii}}}} = v^{(i)} \boldsymbol{g}_{(i)}$$

式中，$v^{(i)} = v^i \sqrt{g_{\underline{ii}}}$；$\boldsymbol{g}_{(i)} = \dfrac{\boldsymbol{g}_i}{\sqrt{g_{\underline{ii}}}}$，为无量纲单位向量；$v^{(i)}$ 为向量的**物理分量**。

对于正交曲线坐标系，可引进一组非完整系的协变基向量 $\boldsymbol{g}_{(i)}$，它是与自然基向量 $\boldsymbol{g}_i$ 同向的无量纲单位向量，即

$$\boldsymbol{g}_{(i)} = \frac{\boldsymbol{g}_i}{|\boldsymbol{g}_i|} = A_i^{-1} \boldsymbol{g}_i = \beta^j_{(i)} \boldsymbol{g}_j, \quad i = 1, 2, 3(\text{不对 } i \text{ 求和}) \tag{6.40}$$

称为该曲线坐标系的**物理标架**。显然，变换系数为

$$\beta^j_{(i)} = \begin{cases} 0, & i \neq j \\ A_i^{-1}, & i = j \end{cases} \tag{6.41}$$

$\boldsymbol{g}_{(i)}$ 构成局部单位正交基，它与直角坐标系中单位正交基的不同之处在于 $\boldsymbol{g}_{(i)}$ 的方向一般是随空间点而改变。显然，正交曲线坐标系中的单位协变基与逆变基重合，因此可统一记为 $\boldsymbol{g}_{(i)} = \boldsymbol{g}^{(i)}$，且有

$$\begin{cases} g_{(ij)} = g^{(ij)} = \boldsymbol{g}_{(i)} \cdot \boldsymbol{g}_{(j)} = \delta^i_j \\ \det[g_{(ij)}] = 1 \end{cases} \tag{6.42}$$

可引进物理标架上的偏导数 $\partial_{(i)}$ 和克里斯托费尔符号 $\Gamma_{(ijk)}$

$$\begin{cases} \partial_{(i)} = A_i^{-1} \partial_i = \sqrt{g^{\underline{ii}}} \partial_i \\ \Gamma_{(ijk)} = \partial_{(i)} \boldsymbol{g}_{(j)} \cdot \boldsymbol{g}_{(k)} = -\partial_{(i)} \boldsymbol{g}_{(k)} \cdot \boldsymbol{g}_{(j)} = -\Gamma_{(ikj)} \end{cases} \tag{6.43}$$

在物理标架中，$\partial_{(i)} \partial_{(j)} \neq \partial_{(j)} \partial_{(i)}$，克里斯托费尔符号 $\Gamma_{(ijk)}$ 不再对角标 i，j 对称，但是对角标 j，k 反称。将式（6.43）的第一个式子代入第二个式子，可得

$$\begin{aligned}\Gamma_{(ijk)} &= \partial_{(i)}\boldsymbol{g}_{(j)}\cdot\boldsymbol{g}_{(k)} = \sqrt{g^{\underline{ii}}}\,\partial_i(\sqrt{g^{\underline{jj}}}\boldsymbol{g}_j)\cdot(\sqrt{g^{\underline{kk}}}\boldsymbol{g}_k)\\ &= \sqrt{g^{\underline{ii}}g^{\underline{jj}}g^{\underline{kk}}}\,\Gamma_{ijk} + g_{jk}\sqrt{g^{\underline{ii}}g^{\underline{kk}}}\,\partial_i(\sqrt{g^{\underline{jj}}})\end{aligned} \tag{6.44}$$

根据正交坐标系中克里斯托费尔符号的取值特点，可以得到下列结论：

① $\Gamma_{(ijk)} = 0,\ i \neq j \neq k \neq i$；

② $\Gamma_{(iik)} = -\dfrac{1}{2}\sqrt{g^{\underline{kk}}}\,g^{\underline{ii}}\,\partial_k g_{\underline{ii}} = -\partial_{(k)}\ln A_i,\ i = j \neq k$；

③ $\Gamma_{(iji)} = \dfrac{1}{2}\sqrt{g^{\underline{jj}}}\,g^{\underline{ii}}\,\partial_j g_{\underline{ii}} = \partial_{(j)}\ln A_i,\ i = k \neq j$；

④ $\Gamma_{(ijj)} = 0,\ j = k$ 或 $i = j = k$。

以上各式均不对重复指标求和。由②与③可知 $\Gamma_{(iji)} = -\Gamma_{(iik)} = \partial_{(j)}\ln A_i$。

任何张量都可以在 $\boldsymbol{g}_{(i)}$ 上进行分解。现以仿射量 $\boldsymbol{B}$ 为例，有

$$\boldsymbol{B} = \sum_{i,j=1}^{3} B_{(ij)}\,\boldsymbol{g}_{(i)}\otimes\boldsymbol{g}_{(j)} \tag{6.45}$$

式中，$B_{(ij)} = A_i A_j B^{ij} = A_i^{-1}A_j^{-1}B_{ij} = A_i A_j^{-1} B^i_{\cdot j}$（不对 i，j 求和）。进一步来讨论其在正交曲线坐标系中物理标架上张量场的梯度

$$\boldsymbol{B}\boldsymbol{\nabla} = \boldsymbol{B}_{,k}\otimes\boldsymbol{g}^k = \partial_{(k)}B_{(ij)}\,\boldsymbol{g}_{(i)}\otimes\boldsymbol{g}_{(j)}\otimes\boldsymbol{g}_{(k)} \tag{6.46}$$

式中

$$\partial_{(k)}B_{(ij)} = B_{(ij),(k)} + \Gamma_{(kli)}B_{(lj)} + \Gamma_{(klj)}B_{(il)} \tag{6.47}$$

对于任意阶张量场在物理标架上的梯度、散度等微分运算，也有类似的结论。

例 6.9 推导圆柱坐标系 $\{r,\ \theta,\ z\}$ 中由物理分量表示的连续介质动力学方程

$$\boldsymbol{\sigma}\cdot\boldsymbol{\nabla} + \rho\boldsymbol{f} = \rho\ddot{\boldsymbol{u}}$$

解：（1）基向量与度量张量

由关系 $\boldsymbol{r} = (r\cos\theta)\boldsymbol{i} + (r\sin\theta)\boldsymbol{j} + z\boldsymbol{k}$ 求得

$$\begin{cases}\boldsymbol{g}_1 = \dfrac{\partial \boldsymbol{r}}{\partial r} = (\cos\theta)\boldsymbol{i} + (\sin\theta)\boldsymbol{j}\\ \boldsymbol{g}_2 = \dfrac{\partial \boldsymbol{r}}{\partial \theta} = (-r\sin\theta)\boldsymbol{i} + (r\cos\theta)\boldsymbol{j}\\ \boldsymbol{g}_3 = \boldsymbol{k}\end{cases} \quad 及 \quad \begin{cases}\boldsymbol{e}_1 = (\cos\theta)\boldsymbol{i} + (\sin\theta)\boldsymbol{j}\\ \boldsymbol{e}_2 = (-\sin\theta)\boldsymbol{i} + (\cos\theta)\boldsymbol{j}\\ \boldsymbol{e}_3 = \boldsymbol{k}\end{cases}$$

非零的度量张量分量为 $A_1 = \sqrt{g_{11}} = 1$，$A_2 = \sqrt{g_{22}} = r$。

（2）偏导数与克里斯托费尔符号

偏导数为 $\partial_{(1)} = \partial_r$，$\partial_{(2)} = \dfrac{1}{r}\partial_\theta$，$\partial_{(3)} = \partial_z$。

非零的联络系数有 $\Gamma_{212} = \Gamma_{122} = -\Gamma_{221} = r$，$\Gamma_{22}^1 = -r$，$\Gamma_{12}^2 = \Gamma_{21}^2 = 1/r$。

不为零的 $\Gamma_{(ijk)}$ 只有 $\Gamma_{(212)} = -\Gamma_{(221)} = \partial_{(1)}\ln A_2 = \partial_r(\ln r) = 1/r$。

（3）应力的散度

对于仿射量 $\boldsymbol{\sigma} = \sigma_{(ij)}\boldsymbol{g}_{(i)} \otimes \boldsymbol{g}_{(j)}$，右散度在物理标架上可写为 $\boldsymbol{\sigma}\cdot\boldsymbol{\nabla} = \partial_{(j)}\sigma_{(ij)}\boldsymbol{g}_{(i)}$，其中 $\partial_{(j)}\sigma_{(ij)} = \sigma_{(ij),(j)} + \Gamma_{(jli)}\sigma_{(lj)} + \Gamma_{(jlj)}\sigma_{(il)}$，展开后有

$$\begin{aligned}\partial_{(j)}\sigma_{(1j)} &= \sigma_{(1j),(j)} + \Gamma_{(jl1)}\sigma_{(lj)} + \Gamma_{(jlj)}\sigma_{(1l)}\\ &= \sigma_{(11),(1)} + \sigma_{(12),(2)} + \sigma_{(13),(3)} + \Gamma_{(221)}\sigma_{(22)} + \Gamma_{(212)}\sigma_{(11)}\\ &= \frac{\partial\sigma_{rr}}{\partial r} + \frac{\partial\sigma_{r\theta}}{r\partial\theta} + \frac{\partial\sigma_{rz}}{\partial z} + \frac{1}{r}(\sigma_{rr} - \sigma_{\theta\theta})\end{aligned}$$

$$\partial_{(j)}\sigma_{(2j)} = \frac{\partial\sigma_{\theta r}}{\partial r} + \frac{\partial\sigma_{\theta\theta}}{r\partial\theta} + \frac{\partial\sigma_{\theta z}}{\partial z} + \frac{1}{r}(\sigma_{r\theta} + \sigma_{\theta r})$$

$$\partial_{(j)}\sigma_{(3j)} = \frac{\partial\sigma_{zr}}{\partial r} + \frac{\partial\sigma_{z\theta}}{r\partial\theta} + \frac{\partial\sigma_{zz}}{\partial z} + \frac{\sigma_{zr}}{r}$$

（4）动力学方程

$$\begin{cases}\dfrac{\partial\sigma_{rr}}{\partial r} + \dfrac{\partial\sigma_{r\theta}}{r\partial\theta} + \dfrac{\partial\sigma_{rz}}{\partial z} + \dfrac{1}{r}(\sigma_{rr} - \sigma_{\theta\theta}) + \rho f_r = \rho\ddot{u}_r\\[2ex] \dfrac{\partial\sigma_{\theta r}}{\partial r} + \dfrac{\partial\sigma_{\theta\theta}}{r\partial\theta} + \dfrac{\partial\sigma_{\theta z}}{\partial z} + \dfrac{1}{r}(\sigma_{r\theta} + \sigma_{\theta r}) + \rho f_\theta = \rho\ddot{u}_\theta\\[2ex] \dfrac{\partial\sigma_{zr}}{\partial r} + \dfrac{\partial\sigma_{z\theta}}{r\partial\theta} + \dfrac{\partial\sigma_{zz}}{\partial z} + \dfrac{\sigma_{zr}}{r} + \rho f_z = \rho\ddot{u}_z\end{cases}$$

物理分量形式方程也可以在一般坐标系下推导出张量分量结果，再将结果对无量纲化基向量投影，实现推导物理分量表示的方程。

例 6.10 推导极坐标系 $\{r, \theta\}$ 中由物理分量表示的小变形应变几何方程

$$\boldsymbol{\varepsilon} = \frac{1}{2}(\boldsymbol{u}\boldsymbol{\nabla} + \boldsymbol{\nabla}\boldsymbol{u})$$

解：由例 2.1 可得极坐标系中的协变基向量为

$$\boldsymbol{g}_r = (\cos\theta)\boldsymbol{i} + (\sin\theta)\boldsymbol{j},\ \boldsymbol{g}_\theta = (-r\sin\theta)\boldsymbol{i} + (r\cos\theta)\boldsymbol{j}$$

非零第二类克里斯托费尔符号 Γ_{ij}^k 为 $\Gamma_{22}^1 = -r$，$\Gamma_{12}^2 = \Gamma_{21}^2 = \dfrac{1}{r}$。

由式 $\boldsymbol{g}^i = g^{ij}\boldsymbol{g}_j$ 可得逆变基向量 $\boldsymbol{g}^i$ 为

$$\boldsymbol{g}^r = (\cos\theta)\boldsymbol{i} + (\sin\theta)\boldsymbol{j},\ \boldsymbol{g}^\theta = \frac{1}{r^2}\boldsymbol{g}_\theta = \frac{1}{r}(-\sin\theta)\boldsymbol{i} + \frac{1}{r}(\cos\theta)\boldsymbol{j}$$

易得 $|\boldsymbol{g}^r| = 1$，$|\boldsymbol{g}^\theta| = 1/r$。

在极坐标系中，位移向量可写为

$$u = u_i g^i = u_r g^r + u_\theta g^\theta$$

则其梯度可写为

$$\nabla\boldsymbol{u} = \boldsymbol{g}^i\frac{\partial\boldsymbol{u}}{\partial x^i} = u_{j;\,i}\boldsymbol{g}^i\boldsymbol{g}^j = (u_{j,\,i} - \Gamma_{ji}^k u_k)\boldsymbol{g}^i\boldsymbol{g}^j$$

$$\boldsymbol{u}\nabla = \frac{\partial\boldsymbol{u}}{\partial x^j}\boldsymbol{g}^j = u_{i;\,j}\boldsymbol{g}^i\boldsymbol{g}^j = (u_{i,\,j} - \Gamma_{ij}^k u_k)\boldsymbol{g}^i\boldsymbol{g}^j$$

代入几何方程可得

$$\boldsymbol{\varepsilon} = \frac{1}{2}(\boldsymbol{u}\nabla + \nabla\boldsymbol{u}) = \left(\frac{u_{i,\,j} + u_{j,\,i}}{2} - \Gamma_{ij}^k u_k\right)\boldsymbol{g}^i\boldsymbol{g}^j$$

代入非零 Γ_{ij}^k，展开后可得

$$\begin{aligned}\boldsymbol{\varepsilon} &= u_{r,\,r}\boldsymbol{g}^r\boldsymbol{g}^r + \left(\frac{u_{r,\,\theta} + u_{\theta,\,r}}{2} - \Gamma_{\theta r}^\theta u_\theta\right)(\boldsymbol{g}^\theta\boldsymbol{g}^r + \boldsymbol{g}^r\boldsymbol{g}^\theta) + (u_{\theta,\,\theta} - \Gamma_{\theta\theta}^r u_r)\boldsymbol{g}^\theta\boldsymbol{g}^\theta \\ &= u_{r,\,r}\boldsymbol{g}^r\boldsymbol{g}^r + \left(\frac{u_{r,\,\theta} + u_{\theta,\,r}}{2} - \frac{1}{r}u_\theta\right)(\boldsymbol{g}^\theta\boldsymbol{g}^r + \boldsymbol{g}^r\boldsymbol{g}^\theta) + (u_{\theta,\,\theta} + r u_r)\boldsymbol{g}^\theta\boldsymbol{g}^\theta\end{aligned}$$

从而得到极坐标系中的应变分量表达式为

$$\begin{cases}\varepsilon_{rr} = u_{r,\,r} \\ \varepsilon_{\theta r} = \varepsilon_{r\theta} = \dfrac{u_{r,\,\theta} + u_{\theta,\,r}}{2} - \dfrac{1}{r}u_\theta \\ \varepsilon_{\theta\theta} = u_{\theta,\,\theta} + r u_r\end{cases}$$

该式显然与弹性力学极坐标系中的标准形式不同，其原因在于式中的位移分量与应变分量是在基向量 $\boldsymbol{g}^r$ 与 $\boldsymbol{g}^\theta$ 上的投影，而 $\boldsymbol{g}^\theta$ 具有物理量纲。如果对其进行无量纲化

处理，令

$$\widehat{\boldsymbol{e}}_r = \boldsymbol{g}^r, \ \widehat{\boldsymbol{e}}_\theta = \frac{\boldsymbol{g}^\theta}{|\boldsymbol{g}^\theta|} = r\boldsymbol{g}^\theta$$

然后将位移向量 $\boldsymbol{u}$ 与应变张量 $\boldsymbol{\varepsilon}$ 向无量纲基向量 $\widehat{\boldsymbol{e}}_i$ 投影，所得分量即物理分量，分别为

$$\boldsymbol{u} = u_r\boldsymbol{g}^r + u_\theta\boldsymbol{g}^\theta = \widehat{u}_i\widehat{\boldsymbol{e}}_i = \widehat{u}_r\boldsymbol{g}^r + r\widehat{u}_\theta\boldsymbol{g}^\theta$$

$$\boldsymbol{\varepsilon} = \varepsilon_{ij}\boldsymbol{g}^i\boldsymbol{g}^j = \widehat{\varepsilon}_{ij}\widehat{\boldsymbol{e}}_i\widehat{\boldsymbol{e}}_i = \widehat{\varepsilon}_{rr}\boldsymbol{g}^r\boldsymbol{g}^r + r^2\widehat{\varepsilon}_{\theta\theta}\boldsymbol{g}^\theta\boldsymbol{g}^\theta + r\widehat{\varepsilon}_{\theta r}\boldsymbol{g}^\theta\boldsymbol{g}^r + r\widehat{\varepsilon}_{r\theta}\boldsymbol{g}^r\boldsymbol{g}^\theta$$

从而有

$$\begin{cases} \varepsilon_{rr} = \widehat{\varepsilon}_{rr} = \dfrac{\partial\widehat{u}_r}{\partial r} \\ \varepsilon_{\theta r} = r\widehat{\varepsilon}_{\theta r} = \dfrac{1}{2}\dfrac{\partial\widehat{u}_r}{\partial\theta} + \dfrac{1}{2}\dfrac{\partial(r\widehat{u}_\theta)}{\partial r} - \dfrac{1}{r}(r\widehat{u}_\theta) = \dfrac{1}{2}\left(\dfrac{\partial\widehat{u}_r}{\partial\theta} + \dfrac{r\partial\widehat{u}_\theta}{\partial r} - \widehat{u}_\theta\right) \\ \varepsilon_{\theta\theta} = r^2\widehat{\varepsilon}_{\theta\theta} = \dfrac{\partial(r\widehat{u}_\theta)}{\partial\theta} + r\widehat{u}_r = r\left(\dfrac{\partial\widehat{u}_\theta}{\partial\theta} + \widehat{u}_r\right) \end{cases}$$

最终可得

$$\begin{cases} \widehat{\varepsilon}_{rr} = \dfrac{\partial\widehat{u}_r}{\partial r} \\ \widehat{\varepsilon}_{\theta r} = \dfrac{1}{2}\left(\dfrac{\partial\widehat{u}_r}{r\partial\theta} + \dfrac{\partial\widehat{u}_\theta}{\partial r} - \dfrac{1}{r}\widehat{u}_\theta\right) \\ \widehat{\varepsilon}_{\theta\theta} = \dfrac{1}{r}\left(\dfrac{\partial\widehat{u}_\theta}{\partial\theta} + \widehat{u}_r\right) \end{cases}$$

该式与弹性力学教科书中形式完全一致。弹性力学中通常采用微元法建立起来，优点是物理意义明确，但微元体几何关系复杂，处理起来不太方便。这里是通过张量计算推导出来的，尽管计算也比较烦琐，但其过程是程序化的，可通过计算机符号运算实现。

可见，掌握了不变形式与曲线坐标系分量形式之间的展开关系，不难由整体符号表示的抽象张量方程写出比较复杂坐标系中的分量形式。弹性力学中常见的张量方程采用的是笛卡儿分量形式，也是最简单的分量形式，只适用于笛卡儿坐标系。由于分量形式与整体符号的不变形式之间有着确定的对应关系，一旦获得某一物理

规律的笛卡儿分量形式张量方程后，也就不难写出相应的整体符号不变形式。

6.5 习题

6.1 设 $\boldsymbol{a}=a_k\boldsymbol{g}^k$ 和 $\boldsymbol{A}=A^{ij}\boldsymbol{g}_i\otimes\boldsymbol{g}_j$ 分别为连续可微的向量场和仿射量场，试证明下列关系式

(1) $(\boldsymbol{a}\otimes\boldsymbol{A})\cdot\boldsymbol{\nabla}=(\boldsymbol{a}\otimes\boldsymbol{\nabla})\cdot\boldsymbol{A}^{\mathrm{T}}+\boldsymbol{a}\otimes(\boldsymbol{A}\cdot\boldsymbol{\nabla})$；

(2) $\boldsymbol{\nabla}\cdot(\boldsymbol{a}\otimes\boldsymbol{A})=(\boldsymbol{\nabla}\cdot\boldsymbol{a})\boldsymbol{A}+\boldsymbol{a}\cdot(\boldsymbol{\nabla}\otimes\boldsymbol{A})$；

(3) $(\boldsymbol{a}\cdot\boldsymbol{A})\cdot\boldsymbol{\nabla}=(\boldsymbol{a}\otimes\boldsymbol{\nabla}):\boldsymbol{A}+\boldsymbol{a}\cdot(\boldsymbol{A}\cdot\boldsymbol{\nabla})$；

(4) $\boldsymbol{\nabla}\cdot(\boldsymbol{a}\cdot\boldsymbol{A})=(\boldsymbol{\nabla}\otimes\boldsymbol{a}):\boldsymbol{A}^{\mathrm{T}}+\boldsymbol{a}\cdot(\boldsymbol{\nabla}\cdot\boldsymbol{A}^{\mathrm{T}})$；

(5) $\boldsymbol{\nabla}^2\boldsymbol{A}=\boldsymbol{\nabla}\boldsymbol{\nabla}\cdot\boldsymbol{A}-\boldsymbol{\nabla}\times\boldsymbol{\nabla}\times\boldsymbol{A}$。

6.2 仿照式（6.9）的过程，推导下式对于各种张量运算符都成立

$$\sum_{\partial\Omega}\mathrm{d}\boldsymbol{S}\odot\boldsymbol{A}=\nabla\odot\boldsymbol{A}\mathrm{d}V$$

式中，$\odot$ 代表点乘、叉乘、并乘等运算符。

6.3 推导球坐标系 $\{r,\ \theta,\ \varphi\}$ 中由物理分量表示的小变形应变几何方程

$$\boldsymbol{\varepsilon}=\frac{1}{2}(\boldsymbol{u}\boldsymbol{\nabla}+\boldsymbol{\nabla}\boldsymbol{u})$$

6.4 推导球坐标系 $\{r,\ \theta,\ \varphi\}$ 中由物理分量表示的连续介质动力学方程

$$\boldsymbol{\sigma}\cdot\boldsymbol{\nabla}+\rho\boldsymbol{f}=\rho\ddot{\boldsymbol{u}}$$

第二篇

连续介质力学

物质微观结构复杂多样，基本粒子数目极其庞大，相互间作用极其复杂。研究介质的宏观力学性质，物理上可采用统计平均的方法。然而，直接从构成粒子的层次来研究物体的宏观行为十分困难，而且通常无必要。**连续介质力学**避开微观层次的复杂过程，认为介质的代表性物质点无限致密地充满其所占空间区域，仅从宏观上研究连续介质的激励响应关系，建立一个可无尽分割而又不失去其任何定义性质的连续场理论，用以描述物质运动、力、形变、能量、电磁现象等，这种理论也称为**宏观唯象理论**。这里的**物质点**并不等同于牛顿力学中的点质量，而是指微观充分大、宏观充分小的分子团，也称微团。其尺度对比分子或分子运动的尺度足够大，而相对所研究力学问题的特征尺度足够小，也可理解为宏观物质单元。质点所具有的各种宏观物理量如质量、速度、压强、温度等，在微观意义上是大量粒子的统计平均。

为了描述连续体的力学行为，通常从连续体中选取一个代表性的充分小的部分，称为**微元**。这个微元必须充分简单，包括其几何特征和内部的物理量分布，如常见的平行六面体单元。而**质点**是一种不具有几何特征的简化模型。变形体力学行为主要考察各微元在受力后的各种宏观力学响应，这里的微元包括线元、面元、体元，力学响应包括微元的几何伸长、旋转、剪切等，微元的受力状态以及所满足的各种物理定律，如质量守恒定律、牛顿运动定律、能量守恒定律、热力学定律等。直接从微元出发，应用动量与动量矩定理可以建立微分形式的平衡方程；而以连续体整体或任意局部区域作为研究对象，应用虚功原理则可以建立积分形式的平衡方程。后者是数值方法如有限元分析的基础。

连续介质力学是近代力学的一个重要分支，它以统一的观点研究连续介质在外部及其内各部分相互作用下有关运动、变形等的宏观力学行为，是诸多力学课程的理论基础。连续介质假设保证了质点的各种宏观物理都是空间和时间的连续函数，有了连续介质假设，就可以在力学研究中广泛运用数学分析这一强有力的工具。

本篇内容包括变形几何分析、变形运动分析、应力分析、守恒定律与能量原理、本构方程原理、弹性固体力学问题六章。主要从连续介质力学模型的变形几何描述、受力分析、材料本构等几个方面的基本内容，涉及应变与应力度量、连续介质所遵守的各种守恒律、能量守恒、熵不等式，并介绍建立材料本构关系所必须遵守的一些基本原理等。这些内容构成了连续介质力学理论的基本知识框架。

第 7 章

变形几何分析

受外部载荷作用，连续体会同时发生变形与运动（包括刚体平动和转动），二者相互交织。与仅处理小变形（小位移、小转角、小应变）的弹性力学或材料力学不同，连续介质力学需要实现对有限变形过程的理性分析。因此，对连续体的运动和变形的有效描述是连续介质力学面临的第一个基本任务。

要实现这个任务，需要解决一系列问题：如何记录连续体的运动（运动方程），如何度量变形（变形梯度），如何分离出纯变形部分（应变张量），等等。变形会改变局部物质点的应变状态，刚体转动仅会改变应变张量的空间表示，因而如何有效分离变形与转动，获得纯变形的完整描述是该问题的关键。本章将围绕这些问题展开讨论。

7.1 运动方程

在三维欧氏空间 $\mathbb{E}^3$ 中，单个质点的运动可由一个相对某个固定参考点 O 的向径 $\boldsymbol{x}$ 随时间 t 的连续变换 $\boldsymbol{x} = \boldsymbol{x}(t)$ 完整描述，称为质点运动方程。连续体可看成是一个相对距离可变的质点系统，要实现对这个质点系统的运动与变形的完整描述，需要知道系统中每个质点的运动方程。

1. 初始构形、当前构形、参考构形

根据连续介质假设——认为介质的代表性物质点无限致密地充满其所占空间区域，连续体可以被光滑地映射到 $\mathbb{E}^3$ 中的一个区域，我们将每一瞬时与物质点对应的空间点的集合称为物体的**构形**。

在初始时刻 $t_0 = 0$，连续体所占的空间区域 Ω_0 称为**初始构形**，通常假设物体

初始状态为未受力变形。为了定量刻画初始构形，可选择一个坐标系 $\{X^A\}$ ，每个物质点对应一个位矢 $\boldsymbol{X}$ 。因此，初始构形可以由点集 $\{\boldsymbol{X} \mid \boldsymbol{X} \in \Omega_0\}$ 表示。在当前时刻 t ，连续体所占的区域 Ω 称为**当前构形**。可以选择坐标系 $\{x^k\}$ ，物质点对应位矢 $\boldsymbol{x}$ ，则当前构形可以表示为 $\{\boldsymbol{x} \mid \boldsymbol{x} \in \Omega\}$ 。

连续体由初始构形变换到当前构形过程中，存在无数个中间构形。为描述各物质点位移、应变、应力等状态变量变化过程，需要选择一个构形，参考它建立连续体的各种方程，该构形称为**参考构形**。可以任意选取某一瞬时的位形作为参考构形。固体力学中通常选择初始位形作为参考构形，所有 $t > t_0$ 时刻的构形相对于初始构形的变化反映了物体的运动与变形。

2. 运动的物质描述与空间描述

为了描述连续体的运动和变形，需要对连续体中的每个代表性物质点进行区别性标识或命名，如图 7.1 所示。在运动过程中保持不变，具有这样性质的坐标被称作**物质坐标**或**拉格朗日**（Lagrange）**坐标**。通常以初始构形中物质点的位矢 $\boldsymbol{X}$ 作为物质坐标，相应的坐标系 $\{X^A\}$ 称为**物质坐标系**或称**拉格朗日坐标系**。

空间坐标或**欧拉**（Euler）**坐标**表示空间中一个点的位置，通常以现时构形的位置矢量 $\boldsymbol{x}$ 表示，相应的坐标系 $\{x^k\}$ 称为**空间**或**欧拉坐标系**。

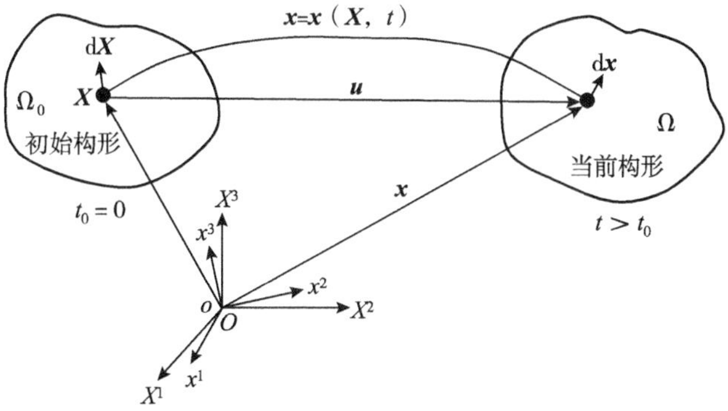

图 7.1　拉格朗日坐标系与欧拉坐标系

以物质坐标 $\boldsymbol{X}$ 作为自变量，t 为参变量，来对连续体的运动与变形进行描述的方法，称为**物质描述**或**拉格朗日描述法**。它可以表示为

$$\boldsymbol{x} = \boldsymbol{x}(\boldsymbol{X},\ t) \quad 或 \quad x^k = x^k(X^A,\ t) \tag{7.1}$$

研究各物质点 $\boldsymbol{X}$ 在不同时刻 t 所对应的空间位置 $\boldsymbol{x}$，着眼于跟踪各物质点的运动状况。

假定连续体在运动和变形过程中没有出现裂纹或褶皱，现时构形中的空间点 $\boldsymbol{x}$ 与初始构形中的物质点 $\boldsymbol{X}$ 一一对应，即函数关系式（7.1）存在逆变换

$$\boldsymbol{X} = \boldsymbol{X}(\boldsymbol{x},\ t) \quad 或 \quad X^A = X^A(x^k,\ t) \tag{7.2}$$

因此要求两个变换式相应的雅可比（Jacobi）行列式不为零，即

$$0 < \det[\beta_A^k] < \infty,\ 0 < \det[\beta_k^A] < \infty \tag{7.3}$$

式中，$\beta_A^k = \dfrac{\partial x^k}{\partial X^A}$ 与 $\beta_k^A = \dfrac{\partial X^A}{\partial x^k}$ 代表两个坐标系 $\{x^k\}$ 与 $\{X^A\}$ 的坐标转换关系。

式（7.2）是以空间坐标 $\boldsymbol{x}$ 为自变量、时间 t 为参变量的描述方法，称为**空间描述或欧拉描述法**。它研究空间点 $\boldsymbol{x}$ 处在不同时刻流经这一空间的物质点，此时以现时构形为参考构形。

需要注意以下三点：

①注意式（7.1）与单个质点运动方程的区别。描述单个质点的运动，仅需要一个空间坐标系；描述连续体中各物质点的运动，需要两个坐标系，分属不同时空域。

②物质坐标对各物质点进行标识，不随时间改变，也称为随体坐标；空间坐标记录各物质点的运动，随时间而改变。

③这两个坐标系可以根据需要选择直角坐标系或曲线坐标系，也可以形式上重合。连续体的变形与运动，需要建立两个坐标系上力学量的转换关系，这种两点张量将在运动描述中起到关键作用。

7.2 变形梯度

1. 变形梯度的定义与性质

如果已知变形体内各物质点邻近区域的变形，就掌握了整个物体的变形。为描述某个代表性物质点邻域的变形，可在初始构形中物质点 $\boldsymbol{X}$ 处取任意有向线元 $\mathrm{d}\boldsymbol{X} = \mathrm{d}X^A\boldsymbol{G}_A$，变形后将变为当前构形中的有向线元 $\mathrm{d}\boldsymbol{x} = \mathrm{d}x^k\boldsymbol{g}_k$。由微分法则可得

$$\mathrm{d}\boldsymbol{x} = \frac{\partial \boldsymbol{x}}{\partial X^A}\mathrm{d}X^A = \frac{\partial \boldsymbol{x}}{\partial X^A} \otimes \boldsymbol{G}^A \cdot (G_B \mathrm{d}X^B) = \frac{\partial \boldsymbol{x}}{\partial X^A} \otimes \boldsymbol{G}^A \cdot \mathrm{d}\boldsymbol{X} \tag{7.4}$$

由张量函数导数的定义可知

$$\frac{\mathrm{d}\boldsymbol{x}}{\mathrm{d}\boldsymbol{X}} = \frac{\partial \boldsymbol{x}}{\partial X^A} \otimes \boldsymbol{G}^A$$

引入符号

$$\boldsymbol{F} \triangleq \frac{\mathrm{d}\boldsymbol{x}}{\mathrm{d}\boldsymbol{X}} = \frac{\partial \boldsymbol{x}}{\partial X^A} \otimes \boldsymbol{G}^A \tag{7.5}$$

称 $\boldsymbol{F}$ 为**变形梯度**。为区分起见，记

$$\boldsymbol{\nabla} \triangleq \boldsymbol{\nabla}_x = \boldsymbol{g}^k \frac{\partial}{\partial x^k},\ \boldsymbol{\nabla}_0 \triangleq \boldsymbol{\nabla}_X = \boldsymbol{G}^A \frac{\partial}{\partial X^A} \tag{7.6}$$

分别为坐标系 $\{x^k\}$ 与 $\{X^A\}$ 的哈密顿算子。引入符号 $g_A = \partial x/\partial X^A$，从而有

$$\begin{aligned} \boldsymbol{F} &= \boldsymbol{x}\boldsymbol{\nabla}_0 = \frac{\partial \boldsymbol{x}}{\partial X^A} \otimes G^A = \boldsymbol{g}_A \otimes \boldsymbol{G}^A \\ &= \frac{\partial \boldsymbol{x}}{\partial x^k}\frac{\partial x^k}{\partial X^A} \otimes \boldsymbol{G}^A = \beta^k_A\, \boldsymbol{g}_k \otimes \boldsymbol{G}^A \end{aligned} \tag{7.7}$$

由式（7.7）可以发现，变形梯度 $\boldsymbol{F}$ 的分量 β^k_A 对应的是两个坐标系 $\{x^k\}$ 与 $\{X^A\}$ 上的基向量 $\boldsymbol{g}_k$ 与 $\boldsymbol{G}^A$，说明它是定义在两个构形上与一对点（$\boldsymbol{X}$，$\boldsymbol{x}$）相对应的仿射量，称为**两点张量**。

利用式（7.5），式（7.4）可简写为

$$\mathrm{d}\boldsymbol{x} = \boldsymbol{F} \cdot \mathrm{d}\boldsymbol{X} \tag{7.8}$$

式（7.8）表明，变形梯度 $\boldsymbol{F}$ 将参考构形中物质点 $\boldsymbol{X}$ 邻域的有向线元 $\mathrm{d}\boldsymbol{X}$，线性变换到当前构形中 $\boldsymbol{x}$ 点邻域的线元 $\mathrm{d}\boldsymbol{x}$。当 $\boldsymbol{F}$ 确定后，原则上可以通过积分得到任意两个物质点之间的有向线元在变形后的信息。因此，变形梯度 $\boldsymbol{F}$ 是刻画连续介质中有向线元变化的基本量。

类似地，我们也可以用现时构形中的线元 $\mathrm{d}x$ 来表示初始构形中的线元 $\mathrm{d}\boldsymbol{X}$，有

$$\mathrm{d}\boldsymbol{X} = \frac{\partial \boldsymbol{X}}{\partial x^k}\mathrm{d}x^k = \frac{\partial \boldsymbol{X}}{\partial x^k} \otimes \boldsymbol{g}^k \cdot \mathrm{d}\boldsymbol{x} = \boldsymbol{X}\boldsymbol{\nabla} \cdot \mathrm{d}\boldsymbol{x} \tag{7.9}$$

由式（7.3）可知，变形梯度 $\boldsymbol{F}$ 是一个正则张量，其逆存在。因此，由式（7.8）

可得

$$\mathrm{d}\boldsymbol{X} = \boldsymbol{F}^{-1} \cdot \mathrm{d}\boldsymbol{x} \tag{7.10}$$

对比式（7.9）可得

$$\boldsymbol{F}^{-1} = \frac{\mathrm{d}\boldsymbol{X}}{\mathrm{d}\boldsymbol{x}} = \boldsymbol{X}\boldsymbol{\nabla} = \frac{\partial \boldsymbol{X}}{\partial x^k} \otimes \boldsymbol{g}^k = \boldsymbol{G}_k \otimes \boldsymbol{g}^k = \beta_k^A \boldsymbol{G}_A \otimes \boldsymbol{g}^k \tag{7.11}$$

式中，$\boldsymbol{G}_k = \partial \boldsymbol{X} / \partial x^k$。

至此，可将变形梯度、逆及转置的表达式总结如下

$$\begin{cases} \boldsymbol{F} = \boldsymbol{x}\boldsymbol{\nabla}_0 = \beta_A^k \boldsymbol{g}_k \otimes \boldsymbol{G}^A = \boldsymbol{g}_A \otimes \boldsymbol{G}^A = \boldsymbol{g}_k \otimes \boldsymbol{G}^k \\ \boldsymbol{F}^T = \boldsymbol{\nabla}_0 \boldsymbol{x} = \beta_A^k \boldsymbol{G}^A \otimes \boldsymbol{g}_k = \boldsymbol{G}^A \otimes \boldsymbol{g}_A \\ \boldsymbol{F}^{-1} = \boldsymbol{X}\boldsymbol{\nabla} = \beta_k^A \boldsymbol{G}_A \otimes \boldsymbol{g}^k = \boldsymbol{G}_k \otimes \boldsymbol{g}^k = \boldsymbol{G}_A \otimes \boldsymbol{g}^A \\ \boldsymbol{F}^{-T} = \boldsymbol{\nabla}\boldsymbol{X} = \beta_k^A \boldsymbol{g}^k \otimes \boldsymbol{G}_A = \boldsymbol{g}^k \otimes \boldsymbol{G}_k \end{cases} \tag{7.12}$$

从式（7.12）可以看出：变形梯度张量是由一对满足同一坐标系中的协变与逆变规则的基向量组合而成，如 $\boldsymbol{g}_A$ 与 $\boldsymbol{G}^A$，$\boldsymbol{g}_k$ 与 $\boldsymbol{G}^k$，这是一种常见的张量构造方法。

以上的基向量 $\boldsymbol{G}_k$，$\boldsymbol{G}_A$，$\boldsymbol{g}_k$，$\boldsymbol{g}_A$ 及其逆向量之间存在以下坐标变换关系

$$\begin{cases} \boldsymbol{G}_k = \dfrac{\partial \boldsymbol{X}}{\partial x^k} = \beta_k^A \boldsymbol{G}_A, \quad \boldsymbol{G}^k = \beta_A^k \boldsymbol{G}^A \\ \boldsymbol{g}_A = \dfrac{\partial \boldsymbol{x}}{\partial X^A} = \beta_A^k \boldsymbol{g}_k, \quad \boldsymbol{g}^A = \beta_k^A \boldsymbol{g}^k \end{cases} \tag{7.13}$$

还可以引入相应的度量张量

$$\begin{cases} G_{ij} = \boldsymbol{G}_i \cdot \boldsymbol{G}_j, \quad G^{ij} = \boldsymbol{G}^i \cdot \boldsymbol{G}^j \\ g_{AB} = \boldsymbol{g}_A \cdot \boldsymbol{g}_B, \quad g^{AB} = \boldsymbol{g}^A \cdot \boldsymbol{g}^B \end{cases} \tag{7.14}$$

它们同 G_{AB} 与 g_{ij} 的作用相同，都可以起到升降上下标的作用。

根据二阶张量的行列式定义 $\det(\boldsymbol{B}) = \det(B^A_{\cdot B} \boldsymbol{G}_A \otimes \boldsymbol{G}^B) = \det(B^A_{\cdot B})$，为求变形梯度 $\boldsymbol{F}$ 的行列式，需要将两点张量 $\boldsymbol{F}$ 转换至同一个坐标系 $\{X^A\}$ 中

$$\begin{aligned} \boldsymbol{F} &= \boldsymbol{g}_B \otimes \boldsymbol{G}^B = \beta_B^k \boldsymbol{g}_k \cdot (\boldsymbol{G}^A \otimes \boldsymbol{G}_A) \otimes \boldsymbol{G}^B \\ &= \beta_B^k (\boldsymbol{g}_k \cdot \boldsymbol{G}^A) \boldsymbol{G}_A \otimes \boldsymbol{G}^B \end{aligned} \tag{7.15}$$

则其行列式为

$$
\begin{aligned}
J &= \det(\boldsymbol{F}) = \det(\beta_B^k \boldsymbol{g}_k \cdot \boldsymbol{G}^A) \\
&= \det(\boldsymbol{g}_k \cdot \boldsymbol{G}^A)\det(\beta_B^k) = \sqrt{\frac{g}{G}}\det(\beta_B^k)
\end{aligned}
\tag{7.16}
$$

式中，$[\boldsymbol{g}_1, \boldsymbol{g}_2, \boldsymbol{g}_3] = \sqrt{g}$，$[\boldsymbol{G}_1, \boldsymbol{G}_2, \boldsymbol{G}_3] = \sqrt{G}$。

2. 面元与体元的变形描述

在 $\mathbb{E}^3$ 中，除有向线元外，基本的几何单元还有微面元与微体元。接下来考察如何建立它们在变形前后的关联。

当前构形中，某点 $\boldsymbol{x}$ 处的有向微面元可以表示为两个非共线有向线元 $\mathrm{d}\boldsymbol{x}$ 与 $\mathrm{d}\boldsymbol{y}$ 的矢量积

$$
\mathrm{d}\boldsymbol{S} = \boldsymbol{n}\mathrm{d}S = \mathrm{d}\boldsymbol{x} \times \mathrm{d}\boldsymbol{y} \tag{7.17}
$$

$\boldsymbol{n}$ 为微面元的单位法向量。将式（7.8）代入式（7.17），并应用南森公式可得

$$
\begin{aligned}
\mathrm{d}\boldsymbol{S} &= (\boldsymbol{F} \cdot \mathrm{d}\boldsymbol{X}) \times (\boldsymbol{F} \cdot \mathrm{d}\boldsymbol{Y}) \\
&= \det(\boldsymbol{F})\, \boldsymbol{F}^{-\mathrm{T}} \cdot (\mathrm{d}\boldsymbol{X} \times \mathrm{d}\boldsymbol{Y}) \\
&= J\boldsymbol{F}^{-\mathrm{T}} \cdot \mathrm{d}\boldsymbol{S}_0
\end{aligned}
\tag{7.18}
$$

式中，$\mathrm{d}\boldsymbol{S}_0 = \boldsymbol{N}\mathrm{d}S_0 = \mathrm{d}\boldsymbol{X} \times \mathrm{d}\boldsymbol{Y}$ 代表变形前的有向微面元。这样，由式（7.18）得到了微面元在变形前后的联系 $\mathrm{d}\boldsymbol{S} = J\boldsymbol{F}^{-\mathrm{T}} \cdot \mathrm{d}\boldsymbol{S}_0$ 。

类似地，根据矢量混合积的几何意义，在当前构形 Ω 中的微体元 $\mathrm{d}V$ 可以表示为

$$
\begin{aligned}
\mathrm{d}V &= [\mathrm{d}\boldsymbol{x}, \mathrm{d}\boldsymbol{y}, \mathrm{d}\boldsymbol{z}] = \mathrm{d}\boldsymbol{x} \cdot \mathrm{d}\boldsymbol{y} \times \mathrm{d}\boldsymbol{z} \\
&= [\boldsymbol{F} \cdot \mathrm{d}\boldsymbol{X}, \boldsymbol{F} \cdot \mathrm{d}\boldsymbol{X}, \boldsymbol{F} \cdot \mathrm{d}\boldsymbol{Z}] \\
&= I_3(\boldsymbol{F})[\mathrm{d}\boldsymbol{X}, \mathrm{d}\boldsymbol{Y}, \mathrm{d}\boldsymbol{Z}] \\
&= \det(\boldsymbol{F})\mathrm{d}V_0
\end{aligned}
\tag{7.19}
$$

得到变形前后微体元体积之间的关系为 $\mathrm{d}V = J\mathrm{d}V_0$ 。

由式（7.8）、式（7.18）、式（7.19）可以发现：变形前后的连续体中的基本几何元素有向线元、面元、体元等，都可以通过变形梯度 $\boldsymbol{F}$ 将它们关联起来。因

此，变形梯度是表征连续介质变形的基本量。

例 7.1 在直角坐标系下给定一个运动：

$$x_1 = X_1 + \alpha X_1^2 t,\quad x_2 = X_2 - k(X_2 + X_3)t,\quad x_3 = X_3 - k(X_2 - X_3)t$$

求 $t = 0$ 和 $t = 1/k$ 时刻的变形梯度。

解： $$[F_{ij}] = \left[\frac{\partial x_i}{\partial X_j}\right] = \begin{bmatrix} 1 + 2\alpha X_1 t & 0 & 0 \\ 0 & 1 - kt & -kt \\ 0 & kt & 1 - kt \end{bmatrix}$$

当 $t = 0$ 时，$$[F_{ij}] = \begin{bmatrix} 1 & 0 & 0 \\ 0 & 1 & 0 \\ 0 & 0 & 1 \end{bmatrix}$$

当 $t = 1/k$ 时，$$[F_{ij}] = \begin{bmatrix} 1 + 2\dfrac{\alpha}{k} X_1 & 0 & 0 \\ 0 & 0 & -1 \\ 0 & 1 & 0 \end{bmatrix}$$

7.3 变形张量

1. 变形梯度的极分解与变形张量

尽管变形梯度是表征连续介质变形的基本量，但其表达式中还包含了与变形无关的冗余信息（刚体转动）。因此，需要把纯变形相关部分从变形梯度中分离出来，这一目标可以通过对其进行极分解实现。

根据连续性公理，可以证明变形梯度 $\boldsymbol{F}$ 是一个二阶正则张量。因此，可对其进行极分解

$$\boldsymbol{F} = \boldsymbol{R} \cdot \boldsymbol{U} = \boldsymbol{V} \cdot \boldsymbol{R} \tag{7.20}$$

式中，$\boldsymbol{R}$ 为正交张量，满足正交条件 $\boldsymbol{R}^{\mathrm{T}} \cdot \boldsymbol{R} = \boldsymbol{R} \cdot \boldsymbol{R}^{\mathrm{T}} = \boldsymbol{I}$ 和 $\det \boldsymbol{R} = 1$。$\boldsymbol{U}$ 和 $\boldsymbol{V}$ 为两个对称正定张量，根据式 (7.20) 与正交张量性质

$$\boldsymbol{U} = \sqrt{\boldsymbol{F}^{\mathrm{T}} \cdot \boldsymbol{F}},\quad \boldsymbol{V} = \sqrt{\boldsymbol{F} \cdot \boldsymbol{F}^{\mathrm{T}}} \tag{7.21}$$

分别称 $\boldsymbol{U}$ 和 $\boldsymbol{V}$ 为**右伸长张量**和**左伸长张量**。由式（7.12）可得

$$
\begin{aligned}
\boldsymbol{F}^{\mathrm{T}} \cdot \boldsymbol{F} &= (\boldsymbol{G}^{B} \otimes \boldsymbol{g}_{B}) \cdot (\boldsymbol{g}_{A} \otimes \boldsymbol{G}^{A}) \\
&= g_{BA}\, \boldsymbol{G}^{B} \otimes \boldsymbol{G}^{A} \\
&= \beta_{B}^{l} \beta_{A}^{k} g_{lk}\, \boldsymbol{G}^{B} \otimes \boldsymbol{G}^{A}
\end{aligned}
$$

可以发现，右伸长张量 $\boldsymbol{U}$ 是定义在初始构形上，其变量是物质坐标。相应地，左伸长张量 V 定义于当前构形上，其变量是空间坐标。同时，由于 $\boldsymbol{V} = \boldsymbol{R} \cdot \boldsymbol{U} \cdot \boldsymbol{R}^{\mathrm{T}}$，它们具有相同的特征值，但特征方向（单位特征向量）不同。

首先仅考虑正交张量 $\boldsymbol{R}$ 的作用。此时，对于初始构形中的线元 $\mathrm{d}\boldsymbol{X}$，有 $\mathrm{d}\boldsymbol{x} = \boldsymbol{R} \cdot \mathrm{d}\boldsymbol{X}$。利用正交张量的定义，可得

$$
\begin{aligned}
\mathrm{d}\boldsymbol{x}_1 \cdot \mathrm{d}\boldsymbol{x}_2 &= (\boldsymbol{R} \cdot \mathrm{d}\boldsymbol{X}_1) \cdot (\boldsymbol{R} \cdot \mathrm{d}\boldsymbol{X}_2) \\
&= \mathrm{d}\boldsymbol{X}_1 \cdot (\boldsymbol{R}^{\mathrm{T}} \cdot \boldsymbol{R}) \cdot \mathrm{d}\boldsymbol{X}_2 \\
&= \mathrm{d}\boldsymbol{X}_1 \cdot \mathrm{d}\boldsymbol{X}_2
\end{aligned}
\tag{7.22}
$$

以及

$$
|\mathrm{d}\boldsymbol{x}| = \sqrt{\mathrm{d}\boldsymbol{x} \cdot \mathrm{d}\boldsymbol{x}} = \sqrt{\mathrm{d}\boldsymbol{X} \cdot (\boldsymbol{R}^{\mathrm{T}} \cdot \boldsymbol{R}) \cdot \mathrm{d}\boldsymbol{X}} = |\mathrm{d}\boldsymbol{X}| \tag{7.23}
$$

式（7.22）与式（7.23）说明：正交张量不改变有向线元的长度、任意两个线元之间的夹角，只改变线元的方向。因此，在力学上，正交张量代表刚体旋转运动。

接下来仅考虑 $\boldsymbol{U}$ 的作用。一般情况下，连续体中的线元在变形后长度与线元夹角都会发生变化

$$
|\mathrm{d}\boldsymbol{x}| \neq |\mathrm{d}\boldsymbol{X}|, \quad \mathrm{d}\boldsymbol{x}_1 \cdot \mathrm{d}\boldsymbol{x}_2 \neq \mathrm{d}\boldsymbol{X}_1 \cdot \mathrm{d}\boldsymbol{X}_2
$$

考虑关系式 $\mathrm{d}\boldsymbol{x} = \boldsymbol{F} \cdot \mathrm{d}\boldsymbol{X} = \boldsymbol{R} \cdot \boldsymbol{U} \cdot \mathrm{d}\boldsymbol{X}$ 与 $\boldsymbol{R}$ 的刚体旋转作用，有

$$
|\boldsymbol{R} \cdot \boldsymbol{U} \cdot \mathrm{d}\boldsymbol{X}| \neq |\mathrm{d}\boldsymbol{X}| \Rightarrow |\boldsymbol{U} \cdot \mathrm{d}\boldsymbol{X}| \neq |\mathrm{d}\boldsymbol{X}|
$$

$$
(\boldsymbol{F} \cdot \mathrm{d}\boldsymbol{X}_1) \cdot (\boldsymbol{F} \cdot \mathrm{d}\boldsymbol{X}_2) = \mathrm{d}\boldsymbol{X}_1 \cdot (\boldsymbol{F}^{\mathrm{T}} \cdot \boldsymbol{F}) \cdot \mathrm{d}\boldsymbol{X}_2 = \mathrm{d}\boldsymbol{X}_1 \cdot \boldsymbol{U}^2 \cdot \mathrm{d}\boldsymbol{X}_2 \neq \mathrm{d}\boldsymbol{X}_1 \cdot \mathrm{d}\boldsymbol{X}_2
$$

说明 $\boldsymbol{U}$ 不仅改变线元长度，同时会改变线元方向。因此，$\boldsymbol{R}$ 是变形梯度 $\boldsymbol{F}$ 中的刚体转动成分，变形成分则都包含在 $\boldsymbol{U}$ 或 $\boldsymbol{V}$ 中。由极分解的唯一性可知，$\boldsymbol{U}$ 或 $\boldsymbol{V}$ 不包含刚体转动成分。显然，变形梯度 $\boldsymbol{F}$ 也不含刚体平移的信息。因此，左、右伸长张量是变形梯度排除了刚体旋转、包含连续体所有纯变形信息的部分。

由以上分析可知，变形梯度按 $\boldsymbol{F} = \boldsymbol{V} \cdot \boldsymbol{R}$ 分解，作用于线元 $\mathrm{d}\boldsymbol{X}$ 可以分为两步：第

一步是 $\mathrm{d}\boldsymbol{x}_l = \boldsymbol{R} \cdot \mathrm{d}\boldsymbol{X}$，为刚体转动过程；第二步是 $\mathrm{d}\boldsymbol{x} = \boldsymbol{V} \cdot \mathrm{d}\boldsymbol{x}_l$，为变形过程。类似地，按 $\boldsymbol{F} = \boldsymbol{R} \cdot \boldsymbol{U}$ 分解时，第一步是变形过程 $\mathrm{d}\boldsymbol{x}_r = \boldsymbol{U} \cdot \mathrm{d}\boldsymbol{X}$，第二步是刚体转动过程 $\mathrm{d}\boldsymbol{x} = \boldsymbol{R} \cdot \mathrm{d}\boldsymbol{x}_r$。如图 7.2 所示，为变形梯度 $\boldsymbol{F}$ 极分解各部分对线元对 $\mathrm{d}\boldsymbol{X}$ 的作用过程。

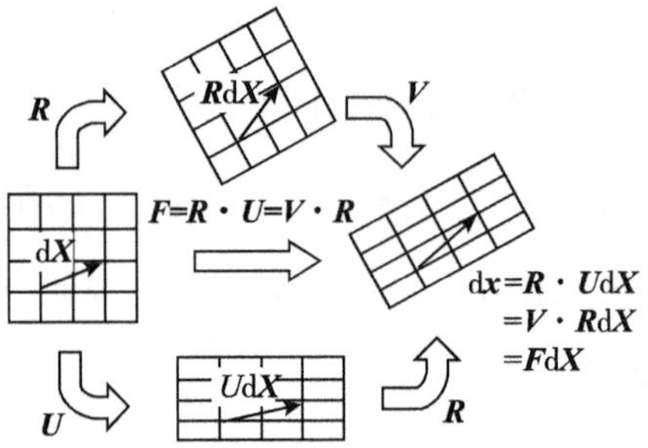

图 7.2　变形梯度极分解意义示意图

由式（7.21）定义的左、右拉伸张量 $\boldsymbol{U}$ 和 $\boldsymbol{V}$ 涉及张量的开平方运算。下面将会看到，与纯变形计算直接相关的则是它们及其逆的平方。方便起见，可引入以下的变形张量

$$\begin{cases} \boldsymbol{C} = \boldsymbol{U}^2 = \boldsymbol{F}^{\mathrm{T}} \cdot \boldsymbol{F} \\ \boldsymbol{b} = \boldsymbol{V}^2 = \boldsymbol{F} \cdot \boldsymbol{F}^{\mathrm{T}} \end{cases} \tag{7.24}$$

式中，$\boldsymbol{C}$ 称为**右变形张量**或右柯西－格林张量，$\boldsymbol{b}$ 称为**左变形张量**或左柯西－格林张量。

$$\begin{cases} \boldsymbol{C}^{-1} = \boldsymbol{U}^{-2} = \boldsymbol{F}^{-1} \cdot \boldsymbol{F}^{-\mathrm{T}} \\ \boldsymbol{c} = \boldsymbol{b}^{-1} = \boldsymbol{V}^{-2} = \boldsymbol{F}^{-\mathrm{T}} \cdot \boldsymbol{F}^{-1} \end{cases} \tag{7.25}$$

式中，$\boldsymbol{C}^{-1}$ 称为**皮奥拉（Piola）应变张量**，$\boldsymbol{c}$ 称为**芬格（Finger）应变张量**。显然，右变形张量及其逆定义于初始构形，其变量是物质坐标；左变形张量及其逆定义于当前构形，其变量为空间坐标。

接下来看各变形张量对几何元素的变形描述。

2. 变形描述

考虑初始构形中的有向线元 $\mathrm{d}\boldsymbol{X}$ 变为现时构形的线元 $\mathrm{d}\boldsymbol{x}$，令 $\boldsymbol{L} = \mathrm{d}\boldsymbol{X}/|\mathrm{d}\boldsymbol{X}|$ 和 $\boldsymbol{l} = \mathrm{d}\boldsymbol{x}/|\mathrm{d}\boldsymbol{x}|$ 分别为 $\mathrm{d}\boldsymbol{X}$ 和 $\mathrm{d}\boldsymbol{x}$ 的单位切向量。变形前后的**线元长度比**可分别定义为

$$\lambda_L = \frac{|\mathrm{d}\boldsymbol{x}|}{|\mathrm{d}\boldsymbol{X}|} = \sqrt{\frac{\mathrm{d}\boldsymbol{X}\cdot(\boldsymbol{F}^{\mathrm{T}}\cdot\boldsymbol{F})\cdot\mathrm{d}\boldsymbol{X}}{|\mathrm{d}\boldsymbol{X}|^2}} = \sqrt{\boldsymbol{L}\cdot\boldsymbol{U}^2\cdot\boldsymbol{L}} = \sqrt{\boldsymbol{L}\cdot\boldsymbol{C}\cdot\boldsymbol{L}} \quad (7.26)$$

$$\lambda_l = \frac{|\mathrm{d}\boldsymbol{x}|}{|\mathrm{d}\boldsymbol{X}|} = \sqrt{\frac{|\mathrm{d}\boldsymbol{x}|^2}{\mathrm{d}\boldsymbol{x}\cdot(\boldsymbol{F}^{-T}\cdot\boldsymbol{F}^{-1})\cdot\mathrm{d}\boldsymbol{x}}} = \frac{1}{\sqrt{\boldsymbol{l}\cdot\boldsymbol{V}^{-2}\cdot\boldsymbol{l}}} = \frac{1}{\sqrt{\boldsymbol{l}\cdot\boldsymbol{b}^{-1}\cdot\boldsymbol{l}}} = \frac{1}{\sqrt{\boldsymbol{l}\cdot\boldsymbol{c}\cdot\boldsymbol{l}}} \quad (7.27)$$

显然有 $\lambda_L = \lambda_l$。

考虑参考构形中具有单元法向量 $\boldsymbol{N}$ 的有向微面元 $\mathrm{d}\boldsymbol{S}_0$，在现时构形中变为单元法向量为 $\boldsymbol{n}$ 的有向微面元 $\mathrm{d}\boldsymbol{S}$。根据式（7.18）给出的 $\mathrm{d}\boldsymbol{S} = \det(\boldsymbol{F})\,\boldsymbol{F}^{-\mathrm{T}}\cdot\mathrm{d}\,\boldsymbol{S}_0$ 与极分解式（7.20），面元在变形前后的**面积比**可以表示为

$$\begin{aligned}\sigma_N &= \frac{|\mathrm{d}\boldsymbol{S}|}{|\mathrm{d}\boldsymbol{S}_0|} = \det(\boldsymbol{F})\sqrt{\frac{\mathrm{d}\boldsymbol{S}_0\cdot(\boldsymbol{F}^{-\mathrm{T}}\cdot\boldsymbol{F}^{-1})\cdot\mathrm{d}\boldsymbol{S}_0}{|\mathrm{d}\boldsymbol{S}_0|^2}} \\ &= \det(\boldsymbol{U})\sqrt{\boldsymbol{N}\cdot\boldsymbol{U}^{-2}\cdot\boldsymbol{N}} = \sqrt{\det(\boldsymbol{C})}\sqrt{\boldsymbol{N}\cdot\boldsymbol{C}^{-1}\cdot\boldsymbol{N}}\end{aligned} \quad (7.28)$$

$$\begin{aligned}\sigma_n &= \frac{|\mathrm{d}\boldsymbol{S}|}{|\mathrm{d}\boldsymbol{S}_0|} = \det\boldsymbol{F}\sqrt{\frac{|\mathrm{d}\boldsymbol{S}|^2}{\mathrm{d}\boldsymbol{S}\cdot(\boldsymbol{F}\cdot\boldsymbol{F}^{\mathrm{T}})\cdot\mathrm{d}\boldsymbol{S}}} = \det\boldsymbol{V}\sqrt{\frac{|\mathrm{d}\boldsymbol{S}|^2}{\mathrm{d}\boldsymbol{S}\cdot\boldsymbol{V}^2\cdot\mathrm{d}\boldsymbol{S}}} \\ &= \frac{\det\boldsymbol{V}}{\sqrt{\boldsymbol{n}\cdot\boldsymbol{V}^2\cdot\boldsymbol{n}}} = \frac{\sqrt{\det\boldsymbol{b}}}{\sqrt{\boldsymbol{n}\cdot\boldsymbol{b}\cdot\boldsymbol{n}}}\end{aligned} \quad (7.29)$$

根据式（7.19）与极分解式（7.20），体元在变形前后的**体积比**为

$$J = \frac{\mathrm{d}V}{\mathrm{d}V_0} = \det(\boldsymbol{F}) = \det(\boldsymbol{U}) = \det(\boldsymbol{V}) = \sqrt{\det(\boldsymbol{C})} = \sqrt{\det(\boldsymbol{b})} \quad (7.30)$$

考察参考构形中过 $\boldsymbol{X}$ 点任意两个夹角为 Θ 的线元 $\mathrm{d}\boldsymbol{X}_1$ 和 $\mathrm{d}\boldsymbol{X}_2$，在变形后对应的两个线元 $\mathrm{d}\boldsymbol{x}_1$ 和 $\mathrm{d}\boldsymbol{x}_2$ 的夹角为 θ，于是有

$$\cos\theta = \frac{\mathrm{d}\boldsymbol{x}_1}{|\mathrm{d}\boldsymbol{x}_1|}\cdot\frac{\mathrm{d}\boldsymbol{x}_2}{|\mathrm{d}\boldsymbol{x}_2|} = \frac{\mathrm{d}\boldsymbol{X}_1\cdot\boldsymbol{U}^2\cdot\mathrm{d}\boldsymbol{X}_2}{\lambda_{L_1}\lambda_{L_2}|\mathrm{d}\boldsymbol{X}_1||\mathrm{d}\boldsymbol{X}_2|} = \frac{\boldsymbol{L}_1\cdot\boldsymbol{U}^2\cdot\boldsymbol{L}_2}{\lambda_{L_1}\lambda_{L_2}} = \frac{\boldsymbol{L}_1\cdot\boldsymbol{C}\cdot\boldsymbol{L}_2}{\lambda_{L_1}\lambda_{L_2}} \quad (7.31)$$

以及

$$\begin{aligned}\cos\Theta &= \frac{\mathrm{d}\boldsymbol{X}_1}{|\mathrm{d}\boldsymbol{X}_1|}\cdot\frac{\mathrm{d}\boldsymbol{X}_2}{|\mathrm{d}\boldsymbol{X}_2|} = \lambda_{l_1}\lambda_{l_2}\frac{\mathrm{d}\boldsymbol{x}_1\cdot\boldsymbol{V}^{-2}\cdot\mathrm{d}\boldsymbol{x}_2}{|\mathrm{d}\boldsymbol{x}_1||\mathrm{d}\boldsymbol{x}_2|} \\ &= \lambda_{l_1}\lambda_{l_2}\boldsymbol{l}_1\cdot\boldsymbol{V}^{-2}\cdot\boldsymbol{l}_2 = \lambda_{l_1}\lambda_{l_2}\boldsymbol{l}_1\cdot\boldsymbol{b}^{-1}\cdot\boldsymbol{l}_2 = \lambda_{l_1}\lambda_{l_2}\boldsymbol{l}_1\cdot\boldsymbol{c}\cdot\boldsymbol{l}_2\end{aligned} \quad (7.32)$$

如图 7.3 所示，若初始构形中的两个线元 $\mathrm{d}\boldsymbol{X}_1$ 和 $\mathrm{d}\boldsymbol{X}_2$ 相互垂直，则剪切定义为 $\gamma = \pi/2 - \theta$ ，有

$$\sin\gamma = \cos\theta = \frac{\boldsymbol{L}_1 \cdot \boldsymbol{U}^2 \cdot \boldsymbol{L}_2}{\lambda_{L_1}\lambda_{L_2}} = \frac{\boldsymbol{L}_1 \cdot \boldsymbol{C} \cdot \boldsymbol{L}_2}{\lambda_{L_1}\lambda_{L_2}} \tag{7.33}$$

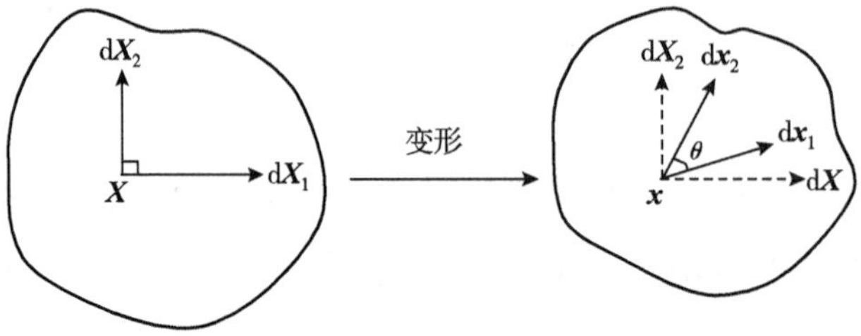

（a）初始构形　　（b）当前构形

图 7.3　剪切变形

从式（7.26）~（7.33）可以看出，伸长张量或变形张量都可以完备描述连续体的纯变形。

3. 主长度比与主方向

接下来求使式 $\lambda_L^2 = \boldsymbol{L} \cdot \boldsymbol{C} \cdot \boldsymbol{L}$ 取极值的长度比 λ_L 及相应的单位切向量 $\boldsymbol{L}$ 。该问题相当于在单位长度 $\boldsymbol{L} \cdot \boldsymbol{L} = 1$ 的约束条件下求 $\boldsymbol{L} \cdot \boldsymbol{C} \cdot \boldsymbol{L}$ 的极值问题。为此，可引进拉格朗日乘子 η ，使问题转化为以下极值条件

$$\frac{\mathrm{d}}{\mathrm{d}\boldsymbol{L}}[\boldsymbol{L} \cdot \boldsymbol{C} \cdot \boldsymbol{L} - \eta(\boldsymbol{L} \cdot \boldsymbol{L} - 1)] = \boldsymbol{0}$$

即得

$$(\boldsymbol{C} - \eta\boldsymbol{I}) \cdot \boldsymbol{L} = \boldsymbol{0} \tag{7.34}$$

它存在非零解的条件是其行列式等于零，即 $\det(\boldsymbol{C} - \eta\boldsymbol{I}) = 0$ 。此为右柯西 - 格林张量 $\boldsymbol{C}$ 的特征方程，特征方程展开式中的系数对应 $\boldsymbol{C}$ 的三个主不变量。因为 $\boldsymbol{C}$ 是对称正定的，所以存在三个非负的特征值 $\eta_\alpha = \lambda_{L_\alpha}^2 (\alpha = 1, 2, 3)$ 和对应的三个相互垂直的单位特征向量 $\boldsymbol{L}_\alpha = L_\alpha^M \boldsymbol{G}_M (\alpha = 1, 2, 3)$ ，使得

$$\boldsymbol{C} \cdot \boldsymbol{L}_\alpha = \lambda_{L_\alpha}^2 \boldsymbol{L}_\alpha (\text{不对 } \alpha \text{ 求和}) \tag{7.35}$$

将 $\boldsymbol{L}_\alpha$ 左点乘式（7.35）并与式（7.26）比较可知，对应于 $\boldsymbol{L}_\alpha$ 的线元长度比等于 λ_{L_α}，称为对应于 $\boldsymbol{L}_\alpha$ 的**主长度比**，$\boldsymbol{L}_\alpha$ 则称为**拉格朗日主方向**。注意到 $\boldsymbol{C} = \boldsymbol{U}^2$ ，可知 λ_{L_α}

与 $\boldsymbol{L}_\alpha$ 分别为 U 的特征值和单位特征向量。

类似地，可求 $\lambda_l^2 = \boldsymbol{l}\cdot\boldsymbol{c}\cdot\boldsymbol{l}$ 的条件极值，可得

$$\boldsymbol{c}\cdot\boldsymbol{l}_\alpha = \lambda_{l_\alpha}^{-2}\boldsymbol{l}_\alpha(\text{不对 }\alpha\text{ 求和}) \tag{7.36}$$

式（7.36）也可等价地写为

$$\boldsymbol{B}\cdot\boldsymbol{l}_\alpha = \boldsymbol{c}^{-1}\cdot\boldsymbol{l}_\alpha = \lambda_{l_\alpha}^{2}\boldsymbol{l}_\alpha(\text{不对 }\alpha\text{ 求和}) \tag{7.37}$$

对应于 $\boldsymbol{l}_\alpha$ 的线元长度比等于 λ_{l_α}，称为对应于 $\boldsymbol{l}_\alpha$ 的**主长度比**，其中，$\boldsymbol{l}_\alpha$ 称为**欧拉主方向**。注意到 $\boldsymbol{B} = \boldsymbol{V}^2$，可知 λ_{l_α} 与 $\boldsymbol{l}_\alpha$ 分别为 $\boldsymbol{V}$ 的特征值和单位特征向量。

根据极分解定理可知：右伸长张量 $\boldsymbol{U}$ 与左伸长张量 $\boldsymbol{V}$ 具有相同的特征值。因此，对应于 $\boldsymbol{L}_\alpha$ 的主长度比与对应于 $\boldsymbol{l}_\alpha$ 的主长度比相同，有 $\lambda_\alpha = \lambda_{L_\alpha} = \lambda_{l_\alpha}(\alpha = 1,\ 2,\ 3)$。

采用谱表示，左、右伸长张量可写为

$$\boldsymbol{U} = \sum_{\alpha=1}^{3}\lambda_\alpha\boldsymbol{L}_\alpha\otimes\boldsymbol{L}_\alpha,\quad \boldsymbol{V} = \sum_{\alpha=1}^{3}\lambda_\alpha\boldsymbol{l}_\alpha\otimes\boldsymbol{l}_\alpha \tag{7.38}$$

式中，欧拉主方向与拉格朗日主方向之间相差一个刚体转动

$$\boldsymbol{l}_\alpha = \boldsymbol{R}\cdot\boldsymbol{L}_\alpha(\alpha = 1,\ 2,\ 3) \tag{7.39}$$

式中，$\boldsymbol{R}$ 为转动张量，可表示为 $\boldsymbol{R} = \sum_{\alpha=1}^{3}\boldsymbol{l}_\alpha\otimes\boldsymbol{L}_\alpha$。变形梯度 $\boldsymbol{F}$ 及其逆 $\boldsymbol{F}^{-1}$ 可写为

$$\begin{cases}\boldsymbol{F} = \boldsymbol{R}\cdot\boldsymbol{U} = \boldsymbol{V}\cdot\boldsymbol{R} = \sum_{\alpha=1}^{3}\lambda_\alpha\boldsymbol{l}_\alpha\otimes\boldsymbol{L}_\alpha\\ \boldsymbol{F}^{-1} = \boldsymbol{U}^{-1}\cdot\boldsymbol{R}^T = \boldsymbol{R}^T\cdot\boldsymbol{V}^{-1} = \sum_{\alpha=1}^{3}\lambda_\alpha^{-1}\boldsymbol{L}_\alpha\otimes\boldsymbol{l}_\alpha\end{cases} \tag{7.40}$$

4. 应变椭球

现在来考察在参考构形中以 $\boldsymbol{X}$ 点为中心的圆球面

$$\mathrm{d}s_0^2 = \mathrm{d}\boldsymbol{X}\cdot\mathrm{d}\boldsymbol{X} = G_{AB}\mathrm{d}X^A\mathrm{d}X^B = k^2 \tag{7.41}$$

式中，$k>0$，为常数，可写为

$$\mathrm{d}\boldsymbol{X}\cdot\mathrm{d}\boldsymbol{X} = (\boldsymbol{F}^{-1}\cdot\mathrm{d}\boldsymbol{x})\cdot(\boldsymbol{F}^{-1}\cdot\mathrm{d}\boldsymbol{x}) = \mathrm{d}\boldsymbol{x}\cdot\boldsymbol{c}\cdot\mathrm{d}\boldsymbol{x} = c_{ij}\mathrm{d}x^i\mathrm{d}x^j = k^2 \tag{7.42}$$

式中，c_{ij} 是对称正定张量 $\boldsymbol{c}$ 在坐标系 $\{x^i\}$ 中的协变分量。式（7.42）表示的是在当前构形中以 $\boldsymbol{x}$ 为中心的椭球面。这说明，在 $\boldsymbol{X}$ 点邻域以其为中心的圆球在变形后变

为以 $\boldsymbol{x}$ 为中心的椭球，这样的椭球称为**应变物质椭球**。

同理，在当前构形以 $\boldsymbol{x}$ 为中心的圆球面 $\mathrm{d}s^2 = \mathrm{d}\boldsymbol{x}\cdot\mathrm{d}\boldsymbol{x} = g_{ij}\mathrm{d}x^i\mathrm{d}x^j = k^2$，在变形前将对应于参考构形中以 $\boldsymbol{X}$ 点为中心的椭球面 $\mathrm{d}\boldsymbol{X}\cdot\boldsymbol{C}\cdot\mathrm{d}\boldsymbol{X} = C_{AB}\mathrm{d}X^A\mathrm{d}X^B = k^2$，称为**应变空间椭球**。

其次，我们来考察参考构形中沿任意两个相互垂直的**拉格朗日主方向** $\boldsymbol{L}_\alpha$ 和 $\boldsymbol{L}_\beta(\alpha \neq \beta)$ 的线元 $\mathrm{d}\boldsymbol{X}_\alpha$ 和 $\mathrm{d}\boldsymbol{X}_\beta$。在变形后，这两个线元分别变为 $\mathrm{d}\boldsymbol{x}_\alpha = \boldsymbol{F}\cdot\mathrm{d}\boldsymbol{X}_\alpha$ 和 $\mathrm{d}\boldsymbol{x}_\beta = \boldsymbol{F}\cdot\mathrm{d}\boldsymbol{X}_\beta$，它们的点积为 $(\boldsymbol{F}\cdot\mathrm{d}\boldsymbol{X}_\alpha)\cdot(\boldsymbol{F}\cdot\mathrm{d}\boldsymbol{X}_\beta) = \mathrm{d}\boldsymbol{X}_\alpha\cdot\boldsymbol{C}\cdot\mathrm{d}\boldsymbol{X}_\beta$。由 $\mathrm{d}\boldsymbol{X}_\alpha \perp \mathrm{d}\boldsymbol{X}_\beta$ 可得 $\mathrm{d}\boldsymbol{X}_\alpha\cdot\boldsymbol{C}\cdot\mathrm{d}\boldsymbol{X}_\beta = 0$。这表示：在参考构形中沿三个相互垂直的主方向的线元，在变形后仍是相互垂直的，它们实际上就是**应变物质椭球的主轴**。

根据以上分析，连续体中任一点邻域的变形可看作是：先沿三个正交拉格朗日主方向 $\boldsymbol{L}_\alpha(\alpha = 1, 2, 3)$ 伸长 λ_α，即 $\boldsymbol{U}\cdot\boldsymbol{L}_\alpha = \lambda_\alpha\boldsymbol{L}_\alpha$；然后作刚体旋转 $\boldsymbol{R}$，即 $\boldsymbol{R}\cdot\boldsymbol{L}_\alpha = \boldsymbol{l}_\alpha$。或者先作刚体转动 $\boldsymbol{R}$，然后沿三个正交欧拉主方向 $\boldsymbol{l}_\alpha(\alpha = 1, 2, 3)$ 伸长 λ_α。

例 7.2 在直角坐标系中，变形梯度 $\boldsymbol{F}$ 用矩阵表示为

$$\boldsymbol{F} = \begin{bmatrix} 2 & 2 & 0 \\ -1 & 1 & 0 \\ 0 & 0 & -1 \end{bmatrix}$$

试对 $\boldsymbol{F}$ 作极分解。

解： 首先，计算 $\boldsymbol{U}^2$

$$\boldsymbol{U}^2 = \boldsymbol{F}^{\mathrm{T}}\cdot\boldsymbol{F} = \begin{bmatrix} 5 & 3 & 0 \\ 3 & 5 & 0 \\ 0 & 0 & 1 \end{bmatrix}$$

然后，计算 $\boldsymbol{U}^2$ 的特征值与单位特征向量，得到

$$\begin{cases} \lambda_1 = 8 \\ \lambda_2 = 2 \\ \lambda_3 = 1 \end{cases} \text{与} \begin{cases} \boldsymbol{n}_1 = \{\sqrt{2}/2 \quad \sqrt{2}/2 \quad 0\}^{\mathrm{T}} \\ \boldsymbol{n}_2 = \{\sqrt{2}/2 \quad -\sqrt{2}/2 \quad 0\}^{\mathrm{T}} \\ \boldsymbol{n}_3 = \{0 \quad 0 \quad 1\}^{\mathrm{T}} \end{cases}$$

根据谱定理，有

$$\boldsymbol{U}=\sqrt{8}\begin{Bmatrix}\sqrt{2}/2\\\sqrt{2}/2\\0\end{Bmatrix}\begin{Bmatrix}\sqrt{2}/2\\\sqrt{2}/2\\0\end{Bmatrix}^{\mathrm{T}}+\sqrt{2}\begin{Bmatrix}\sqrt{2}/2\\-\sqrt{2}/2\\0\end{Bmatrix}\begin{Bmatrix}\sqrt{2}/2\\-\sqrt{2}/2\\0\end{Bmatrix}^{\mathrm{T}}+\begin{Bmatrix}0\\0\\1\end{Bmatrix}\begin{Bmatrix}0\\0\\1\end{Bmatrix}^{\mathrm{T}}$$

$$=\begin{bmatrix}3\sqrt{2}/2 & \sqrt{2}/2 & 0\\\sqrt{2}/2 & 3\sqrt{2}/2 & 0\\0 & 0 & 1\end{bmatrix}$$

由极分解表达式可得

$$\boldsymbol{R}=\boldsymbol{F}\cdot\boldsymbol{U}^{-1}=\begin{bmatrix}\sqrt{2}/2 & \sqrt{2}/2 & 0\\-\sqrt{2}/2 & \sqrt{2}/2 & 0\\0 & 0 & -1\end{bmatrix}$$

$$\boldsymbol{V}=\boldsymbol{R}\cdot\boldsymbol{U}\cdot\boldsymbol{R}^{\mathrm{T}}=\begin{bmatrix}2\sqrt{2} & 0 & 0\\0 & \sqrt{2} & 0\\0 & 0 & 1\end{bmatrix}$$

左拉伸张量的矩阵是一个对角阵。因此，如果先作左极分解可以避免特征值问题的计算。

例 7.3 现考虑圆柱体的扭转变形，物质坐标系 $\{X^A\}$ 和空间坐标系 $\{x^i\}$ 都取圆柱坐标，即 $\{X^A\}=\{R,\ \Theta,\ Z\}$，$\{x^i\}=\{r,\ \theta,\ z\}$，并取圆柱体的轴线与 Z 轴和 z 轴相重合。柱体扭转满足关系

$$x^1=X^1,\ x^2=X^2+kX^3,\ x_3=X_3$$

显然，在以上变形中，每一个横截面仍变为原来的横截面，但绕 Z 轴旋转了一个角度 kZ，其中，k 为单位长度的扭转角，如图 7.4 所示。试求左右变形张量及芬格应变张量的表达式。

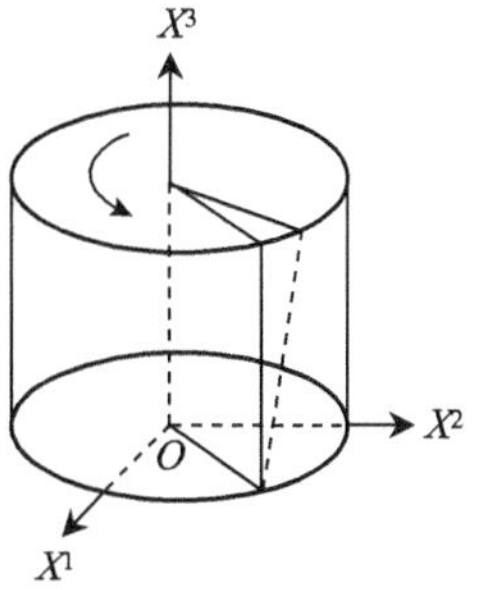

图 7.4 圆柱体的扭转

解：对应坐标系 $\{X^A\}$ 和 $\{x^i\}$，它们的度量张量分量的矩阵表示为

$$[G_{AB}]=\begin{bmatrix}1&0&0\\0&R^2&0\\0&0&1\end{bmatrix},\quad [G^{AB}]=\begin{bmatrix}1&0&0\\0&1/R^2&0\\0&0&1\end{bmatrix}$$

$$[g_{ij}]=\begin{bmatrix}1&0&0\\0&r^2&0\\0&0&1\end{bmatrix},\quad [g^{ij}]=\begin{bmatrix}1&0&0\\0&1/r^2&0\\0&0&1\end{bmatrix}$$

变形梯度 $\boldsymbol{F}=\beta_A^k\boldsymbol{g}_k\otimes\boldsymbol{G}^A=\dfrac{\partial x^k}{\partial X^A}\boldsymbol{g}_k\otimes\boldsymbol{G}^A$ 及其逆 $\boldsymbol{F}^{-1}=\dfrac{\partial X^A}{\partial x^i}\boldsymbol{G}_A\otimes\boldsymbol{g}^k$，用矩阵表示为

$$\left[\frac{\partial x^k}{\partial X^A}\right]=\begin{bmatrix}1&0&0\\0&1&k\\0&0&1\end{bmatrix},\quad \left[\frac{\partial X^A}{\partial x^i}\right]=\begin{bmatrix}1&0&0\\0&1&-k\\0&0&1\end{bmatrix}$$

可令 $\boldsymbol{C}=\boldsymbol{F}^{\mathrm{T}}\cdot\boldsymbol{F}=C_{AB}\boldsymbol{G}^A\otimes\boldsymbol{G}^B$ 和 $\boldsymbol{b}=\boldsymbol{F}\cdot\boldsymbol{F}^{\mathrm{T}}=b^{ij}\boldsymbol{g}_i\otimes\boldsymbol{g}_j$，将 $\boldsymbol{F}=\beta_A^k\boldsymbol{g}_k\otimes\boldsymbol{G}^A$ 代入，可得它们系数为

$$C_{AB}=\beta_A^i\beta_B^j g_{ij},\quad b^{ij}=\beta_A^i\beta_B^j G^{AB}$$

相应的矩阵表示为

$$[C_{AB}]=[\beta_A^i]^{\mathrm{T}}[g_{ij}][\beta_B^j]=\begin{bmatrix}1&0&0\\0&1&0\\0&k&1\end{bmatrix}\begin{bmatrix}1&0&0\\0&r^2&0\\0&0&1\end{bmatrix}\begin{bmatrix}1&0&0\\0&1&k\\0&0&1\end{bmatrix}=\begin{bmatrix}1&0&0\\0&R^2&R^2k\\0&R^2k&1+R^2k^2\end{bmatrix}$$

$$[b^{ij}]=[\beta_A^i][G^{AB}][\beta_B^j]^{\mathrm{T}}=\begin{bmatrix}1&0&0\\0&1&k\\0&0&1\end{bmatrix}\begin{bmatrix}1&0&0\\0&\dfrac{1}{R^2}&0\\0&0&1\end{bmatrix}\begin{bmatrix}1&0&0\\0&1&0\\0&k&1\end{bmatrix}=\begin{bmatrix}1&0&0\\0&\dfrac{1}{r^2}+k^2&k\\0&k&1\end{bmatrix}$$

由 $\boldsymbol{c}=\boldsymbol{b}^{-1}=\boldsymbol{F}^{-\mathrm{T}}\cdot\boldsymbol{F}^{-1}=c_{ij}\boldsymbol{g}^i\otimes\boldsymbol{g}^j$ 可得

$$c_{ij}=\beta_i^A\beta_j^B G_{AB}$$

$$[c_{ij}]=[\beta_i^A]^{\mathrm{T}}[G_{AB}][\beta_j^B]=\begin{bmatrix}1&0&0\\0&r^2&-r^2k^2\\0&-r^2k^2&1+r^2k^2\end{bmatrix}$$

通过角标的上升，也可写为 $c = c^{ij}\boldsymbol{g}_i \otimes \boldsymbol{g}_j$，从而求得 $c^{ij} = g^{ik}c_{kl}g^{lj}$，其矩阵表示为

$$[c^{ij}] = \begin{bmatrix} 1 & 0 & 0 \\ 0 & 1/r^2 & -k \\ 0 & -k & 1+r^2k^2 \end{bmatrix}$$

在以上各式中，应用了 $r = R$。

7.4 应变张量

前面的分析表明：在代表性物质点处，沿任意方向的线元长度变换，经过该点的线元夹角以及该点邻域任意面元与线元的变换，均可以由变形张量完备地表征出来。而这些变化完全由主长度比 $\lambda_\alpha(\alpha = 1, 2, 3)$ 和相应的主方向 $\boldsymbol{L}_\alpha(\alpha = 1, 2, 3)$ 所确定。因此，任何一个能够确定这些主长度比 λ_α 与主方向 $\boldsymbol{L}_\alpha$ 的张量，都可以作为应变的度量。希尔（Hill）曾建议，当采用物质描述时，可将应变定义为

$$\boldsymbol{E} = \sum_{\alpha=1}^{3} f(\lambda_\alpha)\boldsymbol{L}_\alpha \otimes \boldsymbol{L}_\alpha \tag{7.43}$$

式中，$f(\lambda)$ 是某一给定的单调可微函数，且满足

$$f(1) = 0,\ f'(1) = 1,\ f'(\lambda) > 0$$

式中的第一个式子保证未变形时的应变度量值为零的要求；第二个式子保证与经典小变形下的应变张量定义相一致，即

$$f(1 + \mathrm{d}\lambda) = f(1 + \mathrm{d}\lambda) - f(1) = \mathrm{d}f|_{\lambda=1} = \mathrm{d}\lambda = \mathrm{d}\lambda/\lambda|_{\lambda=1}$$

第三个式子保证其为单增函数，即较大的主长度比对应较大的应变。

特别地，对任意实数 n，可选取 $f(\lambda) = (\lambda^{2n} - 1)/2n$，相应的应变称为**塞思（Seth）应变度量**，形式如下

$$\boldsymbol{E}^{(n)} = \frac{1}{2n}\sum_{\alpha=1}^{3}(\lambda_\alpha^{2n} - 1)\boldsymbol{L}_\alpha \otimes \boldsymbol{L}_\alpha = \frac{1}{2n}(\boldsymbol{U}^{2n} - \boldsymbol{I}) \tag{7.44}$$

显然，$\boldsymbol{E}^{(n)}$ 的特征值为 $\frac{1}{2n}(\lambda_\alpha^{2n} - 1)$，单位特征向量为 $\boldsymbol{L}_\alpha(\alpha = 1, 2, 3)$。当 $\boldsymbol{U} = \boldsymbol{I}$ 时，$\boldsymbol{E}^{(n)} = \boldsymbol{0}$。因此，$\boldsymbol{E}^{(n)}$ 被称为广义应变。

当 $n=0$ 时，由 $\lim\limits_{n\to0}\frac{1}{2n}(\lambda^{2n}-1)=\ln\lambda$ 可得所谓的**对数应变或亨基**（Hencky）**应变张量**

$$\boldsymbol{E}^{(0)}=\sum_{\alpha=1}^{3}\ln\lambda_\alpha\boldsymbol{L}_\alpha\otimes\boldsymbol{L}_\alpha=\ln(\boldsymbol{U}) \tag{7.45}$$

当 $n=1/2$ 时，可得**工程应变或毕奥**（Biot）**应变张量**

$$\boldsymbol{E}^{(\frac{1}{2})}=\sum_{\alpha=1}^{3}\lambda_\alpha\boldsymbol{L}_\alpha\otimes\boldsymbol{L}_\alpha=\boldsymbol{U}-\boldsymbol{I} \tag{7.46}$$

当 $n=1$ 时，可得**格林**（Green）**应变张量**

$$\boldsymbol{E}=\frac{1}{2}(\boldsymbol{U}^2-\boldsymbol{I})=\frac{1}{2}(\boldsymbol{C}-\boldsymbol{I}) \tag{7.47}$$

当 $(\lambda-1)$ 是小量时，$f(\lambda)$ 可在 $\lambda=1$ 处展开为 $f(\lambda)=(\lambda-1)+\frac{1}{2}f''(1)(\lambda-1)^2+\cdots$。因此，当主长度比 λ_α 与 1 相差很小时，式（7.43）可展开为

$$\boldsymbol{E}=(\boldsymbol{U}-\boldsymbol{I})+\frac{1}{2}f''(1)(\boldsymbol{U}-\boldsymbol{I})^2+\cdots \tag{7.48}$$

同样，基于欧拉描述的应变如下

$$\boldsymbol{e}^{(n)}=\frac{1}{2n}\sum_{\alpha=1}^{3}(1-\lambda_\alpha^{-2n})\boldsymbol{l}_\alpha\otimes\boldsymbol{l}_\alpha=\frac{1}{2n}(\boldsymbol{I}-\boldsymbol{V}^{-2n}) \tag{7.49}$$

特别地，当 $n=-1$ 时，$\boldsymbol{e}^{(-1)}=\frac{1}{2n}(\boldsymbol{B}-\boldsymbol{I})$；当 $n=1$ 时，就得到所谓的**阿尔曼西**（Almansi）**应变张量**

$$\boldsymbol{e}=\frac{1}{2}(\boldsymbol{I}-\boldsymbol{V}^{-2})=\frac{1}{2}(\boldsymbol{I}-\boldsymbol{c}) \tag{7.50}$$

根据式（7.8）、式（7.24）、式（7.25）、式（7.47）、式（7.50），可以得到

$$\begin{aligned}\mathrm{d}s^2-\mathrm{d}s_0^2&=\mathrm{d}\boldsymbol{x}\cdot\mathrm{d}\boldsymbol{x}-\mathrm{d}\boldsymbol{X}\cdot\mathrm{d}\boldsymbol{X}\\&=\mathrm{d}\boldsymbol{X}\cdot(\boldsymbol{C}-\boldsymbol{I})\cdot\mathrm{d}\boldsymbol{X}=2\mathrm{d}\boldsymbol{X}\cdot\boldsymbol{E}\cdot\mathrm{d}\boldsymbol{X}\\&=\mathrm{d}\boldsymbol{x}\cdot(\boldsymbol{I}-\boldsymbol{c})\cdot\mathrm{d}\boldsymbol{x}=2\mathrm{d}\boldsymbol{x}\cdot\boldsymbol{e}\cdot\mathrm{d}\boldsymbol{x}\end{aligned} \tag{7.51}$$

式（7.51）表明：如果连续介质中某点的格林应变张量 $\boldsymbol{E}$ 或阿尔曼西张量 $\boldsymbol{e}$ 已知，

则过该点的任意线元在变形前后的长度的平方差便可确定。因此这两个应变张量是以后常用的应变张量。

例 7.4 某一物体变形满足如下形式

$$x_1 = X_1 + aX_2,\quad x_2 = -aX_1 + X_2,\quad x_3 = X_3.$$

试求解以下问题：

(1) 变形梯度张量 $\boldsymbol{F}$；

(2) 格林应变张量 $\boldsymbol{E}$；

(3) 左右伸长张量和旋转张量；

(4) 线元伸长比的最大值和最小值；

(5) 初始构形中的单位圆 $X_1^2 + X_2^2 = 1$ 变形后的形状。

解：(1) 由给定的运动方程可得变形梯度张量 $\boldsymbol{F}$ 为

$$\boldsymbol{F} = \left[\frac{\partial x_i}{\partial X_j}\right] = \begin{bmatrix} 1 & a & 0 \\ -a & 1 & 0 \\ 0 & 0 & 1 \end{bmatrix}$$

(2) 由应变张量 $\boldsymbol{E}$ 的定义可知

$$\boldsymbol{E} = \frac{1}{2}(\boldsymbol{F}^{\mathrm{T}}\cdot\boldsymbol{F} - \boldsymbol{I}) = \frac{1}{2}\left(\begin{bmatrix} 1 & -a & 0 \\ a & 1 & 0 \\ 0 & 0 & 1 \end{bmatrix}\begin{bmatrix} 1 & a & 0 \\ -a & 1 & 0 \\ 0 & 0 & 1 \end{bmatrix} - \begin{bmatrix} 1 & 0 & 0 \\ 0 & 1 & 0 \\ 0 & 0 & 1 \end{bmatrix}\right) = \begin{bmatrix} a^2/2 & 0 & 0 \\ 0 & a^2/2 & 0 \\ 0 & 0 & 0 \end{bmatrix}$$

(3) 由左右伸长张量的定义可得

$$\boldsymbol{V} = \sqrt{\boldsymbol{F}\cdot\boldsymbol{F}^{\mathrm{T}}} = \sqrt{\begin{bmatrix} 1 & a & 0 \\ -a & 1 & 0 \\ 0 & 0 & 1 \end{bmatrix}\begin{bmatrix} 1 & -a & 0 \\ a & 1 & 0 \\ 0 & 0 & 1 \end{bmatrix}} = \begin{bmatrix} \sqrt{1 + a^2/2} & 0 & 0 \\ 0 & \sqrt{1 + a^2/2} & 0 \\ 0 & 0 & 0 \end{bmatrix}$$

$$\boldsymbol{U} = \sqrt{\boldsymbol{F}^{\mathrm{T}}\cdot\boldsymbol{F}} = \sqrt{\begin{bmatrix} 1 & -a & 0 \\ a & 1 & 0 \\ 0 & 0 & 1 \end{bmatrix}\begin{bmatrix} 1 & a & 0 \\ -a & 1 & 0 \\ 0 & 0 & 1 \end{bmatrix}} = \begin{bmatrix} \sqrt{1 + a^2/2} & 0 & 0 \\ 0 & \sqrt{1 + a^2/2} & 0 \\ 0 & 0 & 1 \end{bmatrix}$$

根据旋转张量的定义可得

$$R = F \cdot U^{-1} = \begin{bmatrix} 1 & a & 0 \\ -a & 1 & 0 \\ 0 & 0 & 1 \end{bmatrix} \begin{bmatrix} \sqrt{1 + a^2/2} & 0 & 0 \\ 0 & \sqrt{1 + a^2/2} & 0 \\ 0 & 0 & 1 \end{bmatrix}^{-1} = \begin{bmatrix} \dfrac{1}{\sqrt{1 + a^2/2}} & \dfrac{a}{\sqrt{1 + a^2/2}} & 0 \\ \dfrac{-a}{\sqrt{1 + a^2/2}} & \dfrac{1}{\sqrt{1 + a^2/2}} & 0 \\ 0 & 0 & 1 \end{bmatrix}$$

（4）对于任意线元 $\mathrm{d}\boldsymbol{x}$，根据右伸长张量的性质可得

$$|\mathrm{d}\boldsymbol{x}| = |\boldsymbol{U} \cdot \mathrm{d}\boldsymbol{X}|$$

进而可得

$$\frac{|\mathrm{d}\boldsymbol{x}|}{|\mathrm{d}\boldsymbol{X}|} = \frac{|\boldsymbol{U} \cdot \mathrm{d}\boldsymbol{X}|}{|\mathrm{d}\boldsymbol{X}|} = |\boldsymbol{U} \cdot \boldsymbol{L}|$$

因此，最大和最小的伸长比均为伸长张量的主值，所以可得最大伸长和最小伸长分别为 $\sqrt{1 + a^2/2}$ 和 1。

（5）由运动学方程可得

$$X_1 = \frac{ax_1 + x_2}{1 + a^2}, \quad X_2 = \frac{x_1 - ax_2}{1 + a^2}.$$

代入圆的方程，进而可得

$$\left(\frac{a\,x_1 + x_2}{1 + a^2}\right)^2 + \left(\frac{x_1 - a\,x_2}{1 + a^2}\right)^2 = 1$$

可进一步得到

$$x_1^2 + x_2^2 = 1 + a^2$$

该单位圆变成了半径为 $\sqrt{1 + a^2}$ 的圆。

7.5 几何方程

位移是描述运动和变形的基本量，连续介质中的物质点从初始构形到当前构形的位移由矢量 $\boldsymbol{u}$ 表示，如图 7.1 所示。同一物质点 $\boldsymbol{X}$ 在当前构形和初始构形中的位置差定义为该物质点的位移，即

$$\boldsymbol{u}(\boldsymbol{X}, t) = \boldsymbol{x}(\boldsymbol{X}, t) - \boldsymbol{X} \tag{7.52}$$

代入变形梯度 $\boldsymbol{F}$ 可得

$$F = x(X,\ t)\nabla_0 = [u(X,\ t) + X]\nabla_0 = I + u\nabla_0 \tag{7.53}$$

代入右柯西-格林张量 $\boldsymbol{C}$ 可得

$$\begin{aligned} C &= U^2 = F^T \cdot F = (I + \nabla_0 u)\cdot(I + u\nabla_0) \\ &= I + \nabla_0 u + u\nabla_0 + (\nabla_0 u)\cdot(u\nabla_0) \end{aligned} \tag{7.54}$$

由式（7.54）可得

$$U = \sqrt{I + \nabla_0 u + u\nabla_0 + (\nabla_0 u)\cdot(u\nabla_0)} \tag{7.55}$$

显然，利用此式可以建立各类广义应变张量与位移梯度关联的几何方程。代入格林应变张量 $\boldsymbol{E}$ 可得

$$E = \frac{1}{2}[\nabla_0 u + u\nabla_0 + (\nabla_0 u)\cdot(u\nabla_0)] \tag{7.56}$$

式（7.56）也被称为连续介质力学的**几何方程**，它建立了格林应变张量与位移梯度的联系。

接下来可以写出它们的分量形式

$$C = F^{\mathrm{T}} \cdot F = g_{MN}\, G^M \otimes G^N \tag{7.57}$$

$$E = \frac{1}{2}[u_{M;\,N} + u_{N;\,M} + u_{L;\,M}\, u^{L}_{;\,N}]\, G^M \otimes G^N \tag{7.58}$$

式中，$(\ )_{;\,N}$ 表示协变导数。当已知某个物质点的三个位置坐标 x^i 或三个位移分量 u_M 时，由式（7.57）与式（7.58）可确定六个变形张量的分量 C_{MN} 或六个应变张量分量 E_{MN} 。反之，若给定全部六个分量 C_{MN} 或 E_{MN} 时，由于方程的数目多于未知量的数目，要确定出三个坐标 x^i 或位移分量 u_M ，则需要 C_{MN} 或 E_{MN} 满足一定条件。这个条件，从微分方程的角度看就是可积性条件，从几何角度看就是变形协调条件，其表达式为

$$R_{IJKL} = 0 \tag{7.59}$$

式中，R_{IJKL} 为**黎曼-克里斯托费尔张量**。

如果连续介质的变形满足 $|\nabla_0 u| \ll 1$ 的条件，则这种变形称为**小变形**。当连续介质发生小变形时，对式 (7.55) 可进行泰勒展开近似

$$U = I + \frac{1}{2}(\nabla_0 \otimes u + u \otimes \nabla_0) \tag{7.60}$$

同样，利用泰勒级数对广义应变 $E^{(n)}$ 展开，由式（7.48）可得

$$E^{(n)} = \begin{cases} (U - I) - \frac{1}{2}(U - I)^2 + \cdots, & n = 0 \\ (U - I) + \frac{2n-1}{2}(U - I)^2 + \cdots, & n = 1, 2, 3, \cdots \end{cases} \tag{7.61}$$

由于 $|\nabla_0 u| \ll 1$，由式（7.60）可知 $|U - I| \ll 1$。略去高阶项，式（7.61）可化简为

$$E^{(n)} = U - I = \frac{1}{2}(\nabla_0 \otimes u + u \otimes \nabla_0) \tag{7.62}$$

式（7.62）表明，小变形的拉格朗日应变测度可由式（7.62）统一表示。

类似地，我们也可推导小变形的欧拉应变张量。以当前构形为参考构形，位移可表示为 $u(x, t) = x - X(x, t)$，可得变形梯度的逆 F^{-1} 的位移形式

$$F^{-1} = X(x, t)\nabla = I - u\nabla \tag{7.63}$$

V^{-1} 可用位移表示为

$$V^{-1} = \sqrt{F^{-T} \cdot F^{-1}} = \sqrt{I - \nabla u - u\nabla + (\nabla u) \cdot (u\nabla)} \tag{7.64}$$

代入阿尔曼西应变张量，得

$$e = \frac{1}{2}(I - V^{-2}) = \frac{1}{2}[\nabla u + u\nabla - (\nabla u) \cdot (u\nabla)] \tag{7.65}$$

如前所述，∇_0 与 ∇ 不同，但在小变形条件下即 $|\nabla_0 u| \ll 1$，由于

$$u\nabla_0 = (u\nabla) \cdot F = (u\nabla) \cdot (I + u\nabla_0) \approx u\nabla \tag{7.66}$$

式中应用了 $\nabla_0 = \frac{\partial}{\partial X} = \frac{\partial}{\partial x} \cdot \frac{dx}{dX} = \nabla \cdot F$。则小变形情形下有 $|\nabla u| \ll 1$，因此有

$$e = \frac{1}{2}[\nabla u + u\nabla]$$

将式（7.64）代入式（7.49），可得小变形下欧拉应变张量统一表达式

$$e^{(n)} = I - V^{-1} = \frac{1}{2}(\nabla u + u\nabla) \tag{7.67}$$

因此，拉格朗日应变张量 $E^{(n)}$ 与欧拉应变张量 $e^{(n)}$ 在小变形条件下没有差别，

可以统一记作 $\boldsymbol{\varepsilon}$ 。于是，此时的几何方程可以不加区分地表示为

$$\boldsymbol{\varepsilon} = \frac{1}{2}(\boldsymbol{\nabla} \otimes \boldsymbol{u} + \boldsymbol{u} \otimes \boldsymbol{\nabla}) \tag{7.68}$$

显然，小变形的计算不必考虑参考构形的选择。但线性应变 $\boldsymbol{\varepsilon}$ 并不是纯变形的精确测度，所以不能用于描述大变形。

例 7.5 下面我们仅就如图 7.5 所示的杆件单向拉伸变形，来比较前面介绍的各种应变度量结果。

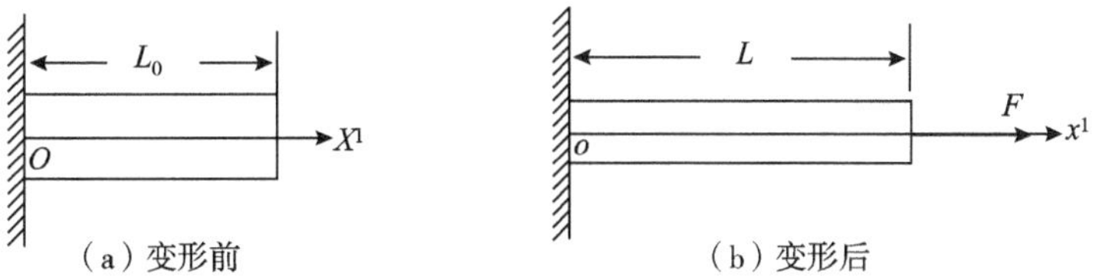

图 7.5 杆件单向拉伸变形

此种情况下，式（7.2）可具体表示为 $x^1 = \lambda_1 X^1$ ，其中，$\lambda_1 = L/L_0$ 是变形后与变形前的长度比。容易看出 $F = U = V = \lambda_1$ 。因此，根据式（7.44）与式（7.46），此时几种典型的应变表示式化简为

$$E^{(0)} = \ln(\lambda_1),\ E^{(1)} = \lambda_1 - 1,\ E = \frac{1}{2}(\lambda_1^2 - 1)$$

$$e^{(0)} = \ln(\lambda_1),\ e^{(1)} = 1 - \lambda_1^{-1},\ e = \frac{1}{2}(1 - \lambda_1^{-2})$$

作为一个直观性算例，当 λ_1 分别取 1.01，1.05，1.10，1.50，2.00，5.00 时，由上述公式计算的各个应变值如表 7.1 所示。

表 7.1 单轴拉伸应变度量的比较

λ_1	1.01	1.05	1.10	1.50	2.0	5.0
$E^{(0)}$	0.00995	0.04879	0.09531	0.405	0.693	1.6
$E^{(1)}$	0.01	0.05	0.1	0.5	1	4
E	0.0105	0.05125	0.105	0.625	1.5	12
$e^{(0)}$	0.00995	0.04879	0.09531	0.405	0.693	1.6
$e^{(1)}$	0.0099	0.04762	0.0909	0.333	0.5	0.8
e	0.00985	0.04649	0.08678	0.278	0.375	0.48

工程上，如果最大的应变值不超过10%，即可视为小变形。从表7.1中可以看出，发生小变形时，不同应变测度计算值之间的差别都可以忽略不计，这和7.4节的理论分析一致。然而，对于大变形，不同应变测度的计算值具有显著差别。

例7.6 如图7.6所示，一个无穷小的正方形薄片受面内载荷变形为一个长方形。试根据图中几何形状与尺寸，确定点 $\boldsymbol{X}(X_1, X_2)$ 处的变形梯度 $\boldsymbol{F}$、右变形张量 $\boldsymbol{C}$、格林应变张量 $\boldsymbol{E}$。

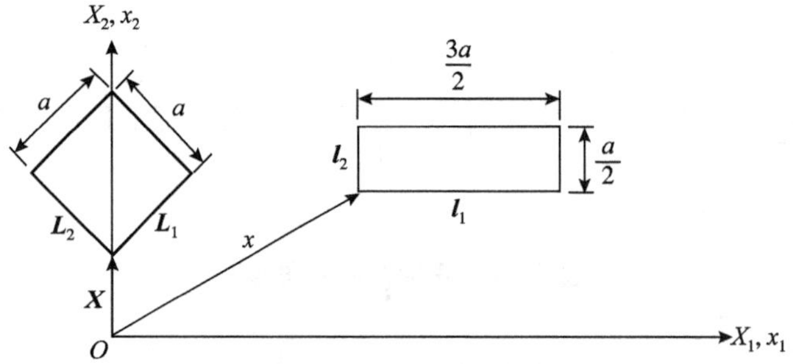

图7.6 点 X 处的变形示意图

解：由题意可知：在初始构形点 $\boldsymbol{X}(X_1, X_2)$ 处两个主方向上

$$L_1 = \frac{\sqrt{2}}{2}E_1 + \frac{\sqrt{2}}{2}E_2, \quad L_2 = -\frac{\sqrt{2}}{2}E_1 + \frac{\sqrt{2}}{2}E_2$$

变形后的方向为

$$\boldsymbol{l}_1 = \boldsymbol{e}_1, \quad \boldsymbol{l}_2 = \boldsymbol{e}_2$$

相应的主长度比分别为

$$\lambda_1 = \frac{3}{2}, \quad \lambda_2 = \frac{1}{2}$$

根据变形梯度极分解 $\boldsymbol{F} = \boldsymbol{R} \cdot \boldsymbol{U} = \boldsymbol{V} \cdot \boldsymbol{R}$ 中旋转张量与伸长张量的物理意义，可知

$$\boldsymbol{U} = \sum_{\alpha=1}^{2} \lambda_\alpha \boldsymbol{L}_\alpha \otimes \boldsymbol{L}_\alpha = \frac{3}{2}\boldsymbol{L}_1 \otimes \boldsymbol{L}_1 + \frac{1}{2}\boldsymbol{L}_2 \otimes \boldsymbol{L}_2$$

$$= \boldsymbol{E}_1 \otimes \boldsymbol{E}_1 + \frac{1}{2}\boldsymbol{E}_1 \otimes \boldsymbol{E}_2 + \frac{1}{2}\boldsymbol{E}_2 \otimes \boldsymbol{E}_1 + \boldsymbol{E}_2 \otimes \boldsymbol{E}_2$$

$$\boldsymbol{V} = \sum_{\alpha=1}^{2} \lambda_\alpha \boldsymbol{l}_\alpha \otimes \boldsymbol{l}_\alpha = \frac{3}{2}\boldsymbol{e}_1 \otimes \boldsymbol{e}_1 + \frac{1}{2}\boldsymbol{e}_2 \otimes \boldsymbol{e}_2$$

另外，由 $\boldsymbol{R}=\sum_{\alpha=1}^{2}\boldsymbol{l}_\alpha\otimes\boldsymbol{L}_\alpha$ 可得

$$\boldsymbol{R}=\sum_{\alpha=1}^{2}\boldsymbol{l}_\alpha\otimes\boldsymbol{L}_\alpha=\boldsymbol{e}_1\otimes\left(\frac{\sqrt{2}}{2}\boldsymbol{E}_1+\frac{\sqrt{2}}{2}\boldsymbol{E}_2\right)+\boldsymbol{e}_2\otimes\left(-\frac{\sqrt{2}}{2}\boldsymbol{E}_1+\frac{\sqrt{2}}{2}\boldsymbol{E}_2\right)$$

$$=\frac{\sqrt{2}}{2}(\boldsymbol{e}_1\otimes\boldsymbol{E}_1+\boldsymbol{e}_1\otimes\boldsymbol{E}_2-\boldsymbol{e}_2\otimes\boldsymbol{E}_1+\boldsymbol{e}_2\otimes\boldsymbol{E}_2)$$

代入 $\boldsymbol{F}=\boldsymbol{R}\cdot\boldsymbol{U}=\boldsymbol{V}\cdot\boldsymbol{R}$ 可得变形梯度的表达式

$$\boldsymbol{F}=\boldsymbol{V}\cdot\boldsymbol{R}=\frac{\sqrt{2}}{4}(3\boldsymbol{e}_1\otimes\boldsymbol{e}_1+\boldsymbol{e}_2\otimes\boldsymbol{e}_2)\cdot(\boldsymbol{e}_1\otimes\boldsymbol{E}_1+\boldsymbol{e}_1\otimes\boldsymbol{E}_2-\boldsymbol{e}_2\otimes\boldsymbol{E}_1+\boldsymbol{e}_2\otimes\boldsymbol{E}_2)$$

$$=\frac{\sqrt{2}}{4}(3\boldsymbol{e}_1\otimes\boldsymbol{E}_1+3\boldsymbol{e}_1\otimes\boldsymbol{E}_2-\boldsymbol{e}_2\otimes\boldsymbol{E}_1+\boldsymbol{e}_2\otimes\boldsymbol{E}_2)$$

右变形张量 $\boldsymbol{C}$ 及格林应变张量 $\boldsymbol{E}$ 则可代入公式 $\boldsymbol{C}=\boldsymbol{F}^{\mathrm{T}}\cdot\boldsymbol{F}$ 与 $\boldsymbol{E}=\frac{1}{2}(\boldsymbol{C}-\boldsymbol{I})$ 求出，这里不再赘述。

7.6 本章主要符号与公式

当前构形： Ω

欧拉或空间坐标系 $\{x^k\}$：坐标 x^k，矢径 $\boldsymbol{x}$，基向量 $\boldsymbol{g}_i$ 与 $\boldsymbol{g}^i$，有向线元 $\mathrm{d}\boldsymbol{x}$，有向面元 $\mathrm{d}\boldsymbol{S}=\boldsymbol{n}\mathrm{d}S$，体元 $\mathrm{d}V$，梯度算子 $\boldsymbol{\nabla}=\boldsymbol{g}^i\partial_i$

初始构形： Ω_0

拉格朗日或物质坐标系 $\{X^A\}$：坐标 X^A，矢径 $\boldsymbol{X}$，基向量 $\boldsymbol{G}_A$ 与 $\boldsymbol{G}^A$，有向线元 $\mathrm{d}\boldsymbol{X}$，有向面元 $\mathrm{d}\boldsymbol{S}_0=N\mathrm{d}\boldsymbol{S}_0$，体元 $\mathrm{d}V_0$，梯度算子 $\nabla_0=\boldsymbol{G}^A\partial_A$

位移： $\boldsymbol{u}(\boldsymbol{X},t)=\boldsymbol{x}(\boldsymbol{X},t)-\boldsymbol{X}$

变形梯度： $\boldsymbol{F}=\boldsymbol{x}\boldsymbol{\nabla}_0=\boldsymbol{I}+\boldsymbol{u}\boldsymbol{\nabla}_0$，$\boldsymbol{F}^{-1}=\boldsymbol{X}\boldsymbol{\nabla}$，$J=\det(\boldsymbol{F})$

极分解式： $\boldsymbol{F}=\boldsymbol{R}\cdot\boldsymbol{U}=\boldsymbol{V}\cdot\boldsymbol{R}=\sum_{\alpha=1}^{3}\lambda_\alpha\boldsymbol{l}_\alpha\otimes\boldsymbol{L}_\alpha$

右伸长张量： $\boldsymbol{U}=\sqrt{\boldsymbol{F}^{\mathrm{T}}\cdot\boldsymbol{F}}=\sum_{\alpha=1}^{3}\lambda_\alpha\boldsymbol{L}_\alpha\otimes\boldsymbol{L}_\alpha$

左伸长张量： $\boldsymbol{V}=\sqrt{\boldsymbol{F}\cdot\boldsymbol{F}^{\mathrm{T}}}=\sum_{\alpha=1}^{3}\lambda_\alpha\boldsymbol{l}_\alpha\otimes\boldsymbol{l}_\alpha$

正交旋转张量： $\boldsymbol{R} = \sum_{\alpha=1}^{3} \boldsymbol{l}_\alpha \otimes \boldsymbol{L}_\alpha$

其中，$\boldsymbol{L}_\alpha$ 为拉格朗日主方向，$\boldsymbol{l}_\alpha$ 为欧拉主方向，$\boldsymbol{\lambda}_\alpha$ 为主长度比

右变形张量或右柯西－格林张量： $\boldsymbol{C} = \boldsymbol{U}^2 = \boldsymbol{F}^{\mathrm{T}} \cdot \boldsymbol{F}$

左变形张量或左柯西－格林张量： $\boldsymbol{b} = \boldsymbol{V}^2 = \boldsymbol{F} \cdot \boldsymbol{F}^{\mathrm{T}}$

皮奥拉应变张量： $\boldsymbol{C}^{-1} = \boldsymbol{U}^{-2} = \boldsymbol{F}^{-1} \cdot \boldsymbol{F}^{-\mathrm{T}}$

芬格应变张量： $\boldsymbol{c} = \boldsymbol{b}^{-1} = \boldsymbol{V}^{-2} = \boldsymbol{F}^{-\mathrm{T}} \cdot \boldsymbol{F}^{-1}$

格林应变张量： $\boldsymbol{E} = \frac{1}{2}(\boldsymbol{U}^2 - \boldsymbol{I}) = \frac{1}{2}[\nabla_0 \boldsymbol{u} + \boldsymbol{u}\nabla_0 + (\nabla_0 \boldsymbol{u}) \cdot (\boldsymbol{u}\nabla_0)]$

阿尔曼西应变张量： $\boldsymbol{e} = \frac{1}{2}(\boldsymbol{I} - \boldsymbol{V}^{-2})$

7.7 习题

7.1 连续介质的运动方程如下：

$$x_1 = X_1 + 0.25(9 - 3X_1 - 5X_2 - X_1 X_2)t, \quad x_2 = X_2 + (4 + 2X_1)t$$

试计算 $t = 1$ 时（0，0）处的变形梯度 $\boldsymbol{F}$ 、右拉伸张量 $\boldsymbol{U}$ 、右变形张量 $\boldsymbol{C}$ 、格林应变张量 $\boldsymbol{E}$ 。

7.2 一般情况下，线元的夹角在变形前后会发生改变。试回答以下问题：

（1）在什么条件下，线元的夹角不会改变；

（2）对变形张量作怎样的分解，可以将连续体的形状改变与长度改变进行解耦描述。

7.3 试证明左伸长张量 $\boldsymbol{V}$ 和左变形张量 $\boldsymbol{b}$ 能够有效地描述材料的变形。

7.4 在物体的一点处，已知主应变为 $E_1 = 3k$，$E_2 = -3k$，$E_3 = 7k$ 。试确定：

（1）应变的主不变量；

（2）该点处的最大剪应变及其方向。

7.5 通过在树脂中埋入两组不可伸长的纤维制成纤维增强复合材料。假定埋入后每组中的纤维都保持平直且相互平行，这两组纤维方向的单位向量在某一直角坐标系基向量 $\{\boldsymbol{e}_1, \boldsymbol{e}_2, \boldsymbol{e}_3\}$ 上的投影为 $\{\cos\theta, \pm\sin\theta, 0\}(0 < \theta < \pi/2)$ ，制成

后的材料无残余变形。现在该材料上沿三个基向量的方向施加均匀伸长，每单位的大小分别为 $\lambda^{-1/2}\alpha$，$\lambda^{-1/2}\alpha^{-1}$，$\lambda$，试确定 α，λ 与 θ 之间的关系。

7.6　试采用矩阵格式计算例 7.6 中的变形梯度 $\boldsymbol{F}$、右变形张量 $\boldsymbol{C}$、格林应变张量 $\boldsymbol{E}$。

7.7　对格林应变张量 $\boldsymbol{E}$ 进行球分解 $\boldsymbol{E}=\boldsymbol{E}^{o}+\boldsymbol{E}^{d}$，$\boldsymbol{E}^{o}=\frac{1}{3}(\mathrm{tr}\,\boldsymbol{A})\boldsymbol{I}$。试说明其有迹部分 $\boldsymbol{E}^{o}$ 仅与体积变形有关。

第 8 章

变形运动分析

第 7 章从几何学角度分析连续介质的变形度量问题，本章将考虑时间因素的变形演变过程，讨论变形速率的度量；最后介绍输运定理及其典型应用。

8.1 物质导数、速度、加速度场

物体的运动可以看作是以时间 t 为参数的物体的整个变形过程，它可以通过运动方程式（7.1）或式（7.2）来表示。考察某物理量为一个张量 $\boldsymbol{\varphi}$，采用物质描述法，张量场函数可表示为

$$\boldsymbol{\varphi} = \boldsymbol{\varphi}(\boldsymbol{X},\ t) \tag{8.1}$$

当 t 固定时，式（8.1）表征了所有物质点上的场变量在该时刻的分布；当 $\boldsymbol{X}$ 固定时，它反映了该点处的场变量随时间的变换。$\boldsymbol{\varphi}$ 跟随物体中某一固定的物质点一起运动的时间变化率，可由固定 $\boldsymbol{X}$ 对 t 求偏导数得到，称为 $\boldsymbol{\varphi}$ 的**物质导数**，又称为**物质时间导数**，表示为

$$\frac{\mathrm{D}\boldsymbol{\varphi}}{\mathrm{D}t} = \dot{\boldsymbol{\varphi}} = \frac{\partial \boldsymbol{\varphi}(\boldsymbol{X},\ t)}{\partial t} \triangleq \left(\frac{\partial \boldsymbol{\varphi}(\boldsymbol{X},\ t)}{\partial t}\right)_X \tag{8.2}$$

因此，物质导数代表了物质点上场的时间变化率，也称为**总导数**。

在空间描述法中，张量场函数 $\boldsymbol{\varphi}$ 可表示为

$$\boldsymbol{\varphi} = \boldsymbol{\varphi}(\boldsymbol{x},\ t) \tag{8.3}$$

与物质导数一样，在空间描述中可按式（8.4）定义空间点上场变量时间变化率

$$\frac{\partial \boldsymbol{\varphi}}{\partial t} = \frac{\partial \boldsymbol{\varphi}(\boldsymbol{x},\ t)}{\partial t} \triangleq \left(\frac{\partial \boldsymbol{\varphi}(\boldsymbol{x},\ t)}{\partial t}\right)_x \tag{8.4}$$

称为**局部导数或空间时间导数**。物质导数是和物质点一起移动的观察者所感受到的场变化，局部导数是站在固定位置不动的观察者所感受到的场变化。

在空间描述法中，由运动方程 $\boldsymbol{x} = \boldsymbol{x}(\boldsymbol{X}, t)$ 将式（8.3）改写为 $\boldsymbol{\varphi} = \boldsymbol{\varphi}[\boldsymbol{x}(\boldsymbol{X}, t), t]$，利用复合函数求导法则也可计算场变量的物质导数

$$\dot{\boldsymbol{\varphi}} = \frac{\mathrm{D}\boldsymbol{\varphi}}{\mathrm{D}t} = \frac{\partial \boldsymbol{\varphi}(\boldsymbol{x}, t)}{\partial t} + \frac{\partial \boldsymbol{\varphi}(\boldsymbol{x}, t)}{\partial \boldsymbol{x}} \cdot \frac{\partial \boldsymbol{x}(\boldsymbol{X}, t)}{\partial t} = \frac{\partial \boldsymbol{\varphi}}{\partial t} + (\boldsymbol{\varphi}\boldsymbol{\nabla}) \cdot \boldsymbol{v} \tag{8.5}$$

式中，$\boldsymbol{v} = \dot{\boldsymbol{x}}(\boldsymbol{X}, t)$ 代表物质点 $\boldsymbol{X}$ 的速度。式（8.5）的第一部分是由速度场（时间域）的非定常性引起，称为**局部导数**；第二部分是由速度场（空间域）的非均匀性引起，称为**对流导数或迁移导数**。

采用物质描述法，连续介质中物质点 $\boldsymbol{X}$ 的速度和加速度可由运动方程的物质导数得到

$$\begin{cases} \boldsymbol{v}(\boldsymbol{X}, t) = \dot{\boldsymbol{x}}(\boldsymbol{X}, t) \\ \boldsymbol{a}(\boldsymbol{X}, t) = \dot{\boldsymbol{v}}(\boldsymbol{X}, t) = \ddot{\boldsymbol{x}}(\boldsymbol{X}, t) \end{cases} \tag{8.6}$$

式中，$\boldsymbol{v}$ 与 $\boldsymbol{a}$ 分别表示物质点的速度和加速度。

在当前构形中应用空间描述法，则速度场记作 $v(x, t)$ 。由式（8.5）可得

$$\boldsymbol{a}(\boldsymbol{x}, t) = \dot{\boldsymbol{v}}(\boldsymbol{x}, t) = \frac{\partial \boldsymbol{v}(\boldsymbol{x}, t)}{\partial t} + (\boldsymbol{v} \otimes \boldsymbol{\nabla}) \cdot \boldsymbol{v} \tag{8.7}$$

对于给定的物质点 $\boldsymbol{X}$ ，$\boldsymbol{x} = \boldsymbol{x}(\boldsymbol{X}, t)$ 可看作是在空间中以 t 为参数的一条曲线，描述了物质点 $\boldsymbol{X}$ 的运动路径，我们称这样的曲线为 $\boldsymbol{X}$ 点的**轨线**。

另一方面，对于某一给定时刻 t ，在空间坐标系 $\{x^i\}$ 中，速度矢量 $\boldsymbol{v} = \boldsymbol{v}(\boldsymbol{x}, t)$ 是一个连续分布的矢量场。在空间中，每一点都与速度矢量相切的曲线称为流线。如果以上连续分布的矢量场不随时间变化，仅仅由空间位置 $\boldsymbol{x}$ 决定，即 $\boldsymbol{v} = \boldsymbol{v}(\boldsymbol{x})$，则称这样的运动为定常运动。

在定常运动中，轨线与流线相重合。这是因为轨线并不依赖于时间 t ，在定常运动中，流线也不随时间 t 变化。此外，当物质点 $\boldsymbol{X}$ 在某一时刻位于 $\boldsymbol{x}$ 点处时，其速度方向既沿该物质点过 $\boldsymbol{x}$ 的轨线方向，又沿过 $\boldsymbol{x}$ 的流线方向。因此，在 $\boldsymbol{x}$ 点处，物质点的轨线与流线相切。但需要指出，轨线与流线相重合的运动并不一定就是定

常运动。

下面讨论物质坐标系 $\{X^A\}$ 与空间坐标系 $\{x^i\}$ 中的基向量的物质导数。

因为当 $\boldsymbol{X}$ 固定后，$\boldsymbol{X}$ 与 $\boldsymbol{G}_A=\dfrac{\partial \boldsymbol{X}}{\partial X^A}$ 都不随时间变化，所以基向量 $\boldsymbol{G}_A$，$\boldsymbol{G}^A$，G_{AB} 的物质导数等于零

$$\dot{\boldsymbol{G}}_A=\dot{\boldsymbol{G}}^A=\boldsymbol{0},\quad \dot{G}_{AB}=0$$

因此，单位仿射量和置换张量的物质导数也都等于零。

同理，当 $\boldsymbol{x}$ 固定后，$\boldsymbol{x}$ 与 $\boldsymbol{g}_i=\dfrac{\partial x}{\partial x^i}$ 都不随时间变化，所以基向量 $\boldsymbol{g}_i$，$\boldsymbol{g}^i$ 与 g_{ij} 的局部导数等于零

$$\frac{\partial \boldsymbol{g}_i}{\partial t}=\frac{\partial \boldsymbol{g}^i}{\partial t}=\boldsymbol{0},\quad \frac{\partial g_{ij}}{\partial t}=0$$

因此，由式（8.5）可得 $\boldsymbol{g}_i$ 的物质导数为

$$\dot{\boldsymbol{g}}_i=\frac{\mathrm{D}\boldsymbol{g}_i}{\mathrm{D}t}=\frac{\partial \boldsymbol{g}_i}{\partial t}+(\boldsymbol{g}_i\boldsymbol{\nabla})\cdot\boldsymbol{v}=(\boldsymbol{g}_i\boldsymbol{\nabla})\cdot v=\frac{\partial \boldsymbol{g}_i}{\partial x^r}v^r=v^r\Gamma_{ri}^s\boldsymbol{g}_s \tag{8.8}$$

利用 $\dfrac{\mathrm{D}}{\mathrm{D}t}(\boldsymbol{g}_i\cdot\boldsymbol{g}^j)=0$，有

$$\dot{\boldsymbol{g}}^i=-v^r\Gamma_{rs}^i\boldsymbol{g}^s \tag{8.9}$$

式中，Γ_{rk}^s 是空间坐标系 $\{x^i\}$ 中的第二类克里斯托费尔符号。

度量张量 g_{ij} 的物质导数为

$$\begin{aligned}\dot{g}_{ij}&=\frac{\mathrm{D}}{\mathrm{D}t}(\boldsymbol{g}_i\cdot\boldsymbol{g}_j)=\dot{\boldsymbol{g}}_i\cdot\boldsymbol{g}_j+\boldsymbol{g}_i\cdot\dot{\boldsymbol{g}}_j\\&=v^r(\Gamma_{ri}^s g_{sj}+\Gamma_{rj}^s g_{si})=v^r(\Gamma_{rij}+\Gamma_{rji})\end{aligned} \tag{8.10}$$

此外，注意到 $\dfrac{1}{g}\dfrac{\partial g}{\partial g_{ij}}=g^{ij}$，$g=\det(g_{ij})$ 的物质导数可写为

$$\dot{g}=gg^{ji}\dot{g}_{ij}=gg^{ji}v^r(\Gamma_{rij}+\Gamma_{rji})=2g\,v^r\Gamma_{rk}^k \tag{8.11}$$

根据以上关于基向量的物质导数的计算，可以很容易写出任意阶张量 φ 在不同基向量下的物质导数表达式，例如三阶张量 $\boldsymbol{\varphi}=\varphi^{ij}_{\cdot\cdot k}\boldsymbol{g}_i\otimes\boldsymbol{g}_j\otimes\boldsymbol{g}^k$ 的物质导数可写为

$$\dot{\varphi} = \left[\left(\frac{\partial \varphi^{ij}_{\cdot\cdot k}}{\partial t}\right)_X + \varphi^{sj}_{\cdot\cdot k} v^r \Gamma^i_{rs} + \varphi^{is}_{\cdot\cdot k} v^r \Gamma^j_{rs} - \varphi^{ij}_{\cdot\cdot s} v^r \Gamma^s_{rk}\right] \boldsymbol{g}_i \otimes \boldsymbol{g}_j \otimes \boldsymbol{g}^k$$

$$= \left[\left(\frac{\partial \varphi^{ij}_{\cdot\cdot k}}{\partial t}\right)_x + \varphi^{ij}_{\cdot\cdot k}|_r v^r\right] \boldsymbol{g}_i \otimes \boldsymbol{g}_j \otimes \boldsymbol{g}^k$$

8.2 速度梯度

考察连续体当前构形中两邻近点 $\boldsymbol{x}$ 与 $\boldsymbol{x}+\mathrm{d}\boldsymbol{x}$ 的速度变化，其相对运动速度为

$$\mathrm{d}\boldsymbol{v} = v(\boldsymbol{x}+\mathrm{d}\boldsymbol{x}) - v(\boldsymbol{x}) = \boldsymbol{v}\boldsymbol{\nabla}\cdot\mathrm{d}\boldsymbol{x} \triangleq L\cdot\mathrm{d}\boldsymbol{x} \tag{8.12}$$

其中，我们称 $\boldsymbol{L}\triangleq\boldsymbol{v}\boldsymbol{\nabla}$ 为**速度梯度**。$\boldsymbol{\nabla}$ 为空间坐标系 $\{x^i\}$ 中的哈密顿算子。式（8.12）表明，在当前构形中相距 $\mathrm{d}\boldsymbol{x}$ 的两点之间的相对运动速度完全由速度梯度 L 确定。因此，速度梯度刻画了当前构形中速度场的空间分布变化。进一步由变形梯度式（7.8）可得

$$\mathrm{d}\boldsymbol{v} = \boldsymbol{L}\cdot\mathrm{d}\boldsymbol{x} = (\boldsymbol{L}\cdot\boldsymbol{F})\cdot\mathrm{d}\boldsymbol{X} \tag{8.13}$$

这意味着物质点之间的相对运动速度由速度梯度 $\boldsymbol{L}$ 与变形梯度 $\boldsymbol{F}$ 共同确定。

接下来计算变形梯度 $\boldsymbol{F}$ 的物质导数

$$\dot{\boldsymbol{F}} = \dot{\boldsymbol{x}}\boldsymbol{\nabla}_0 = \boldsymbol{v}\boldsymbol{\nabla}_0 = \boldsymbol{v}\boldsymbol{\nabla}\cdot\boldsymbol{F} = \boldsymbol{L}\cdot\boldsymbol{F} \tag{8.14}$$

式中，$\boldsymbol{\nabla}_0 = \boldsymbol{\nabla}\cdot\boldsymbol{F}$。因此，式（8.13）可改写为

$$\mathrm{d}\boldsymbol{v} = \boldsymbol{L}\cdot\mathrm{d}\boldsymbol{x} = \dot{\boldsymbol{F}}\cdot\mathrm{d}\boldsymbol{X} \tag{8.15}$$

由 $\dot{\boldsymbol{F}} = \boldsymbol{L}\cdot\boldsymbol{F}$ 与 $\boldsymbol{F}\cdot\boldsymbol{F}^{-1} = \boldsymbol{I}$ 的物质导数为零的条件，可得

$$\begin{cases} \dot{\boldsymbol{F}}^{\mathrm{T}} = \boldsymbol{F}^{\mathrm{T}}\cdot\boldsymbol{L}^{\mathrm{T}},\ \dot{\boldsymbol{F}}^{-1} = \boldsymbol{F}^{-1}\cdot\boldsymbol{L}^{-1} \\ (\dot{\boldsymbol{F}^{-1}}) = \dfrac{\mathrm{D}(\boldsymbol{F}^{-1})}{\mathrm{D}t} = -\boldsymbol{F}^{-1}\cdot\boldsymbol{L},\ \dfrac{\mathrm{Ddet}(\boldsymbol{F})}{\mathrm{D}t} = \det(\boldsymbol{F})\mathrm{tr}(\boldsymbol{L}) \end{cases} \tag{8.16}$$

式中，最后一个式子利用 $\dfrac{\mathrm{d}[\det(\boldsymbol{F})]}{\mathrm{d}\boldsymbol{F}} = \det(\boldsymbol{F})\boldsymbol{F}^{-\mathrm{T}}$，推导过程如下

$$\frac{\mathrm{Ddet}(\boldsymbol{F})}{\mathrm{D}t} = \frac{\mathrm{d}[\det(\boldsymbol{F})]}{\mathrm{d}\boldsymbol{F}} : \frac{\mathrm{D}\boldsymbol{F}}{\mathrm{D}t} = \det(\boldsymbol{F})\boldsymbol{F}^{-\mathrm{T}} : (\boldsymbol{L}\cdot\boldsymbol{F})$$

$$= \det(\boldsymbol{F})(\boldsymbol{F}\cdot\boldsymbol{F}^{-1}) : \boldsymbol{L} = \det(\boldsymbol{F})\boldsymbol{I} : \boldsymbol{L} = \det(\boldsymbol{F})\mathrm{tr}(\boldsymbol{L})$$

利用式（8.16），可得到线元 d$\boldsymbol{x}$ 、面元 d$\boldsymbol{S}$ 、体元 dV 的物质导数

$$(\mathrm{d}\dot{\boldsymbol{x}}) = \frac{\mathrm{D}(\mathrm{d}\boldsymbol{x})}{\mathrm{D}t} = \mathrm{d}\boldsymbol{v} = \dot{\boldsymbol{F}} \cdot \mathrm{d}\boldsymbol{X} = \boldsymbol{L} \cdot \mathrm{d}\boldsymbol{x} \tag{8.17}$$

$$(\mathrm{d}\dot{\boldsymbol{S}}) = \frac{\mathrm{D}(\mathrm{d}\boldsymbol{S})}{\mathrm{D}t} = \det(\boldsymbol{F})[\mathrm{tr}(\boldsymbol{L})\boldsymbol{I} - \boldsymbol{L}^{\mathrm{T}}] \cdot \boldsymbol{F}^{-\mathrm{T}} \cdot \mathrm{d}\boldsymbol{S}_0 = [\mathrm{tr}(\boldsymbol{L})\boldsymbol{I} - \boldsymbol{L}^{\mathrm{T}}] \cdot \mathrm{d}\boldsymbol{S} \tag{8.18}$$

$$(\mathrm{d}\dot{V}) = \frac{\mathrm{D}(\mathrm{d}V)}{\mathrm{D}t} = \mathrm{tr}(\boldsymbol{L})\det(\boldsymbol{F})\mathrm{d}V_0 = \mathrm{tr}(\boldsymbol{L})\mathrm{d}V \tag{8.19}$$

式（8.17）~（8.19）表明，当前构形中的基本几何单元的时间变化率都可通过速度梯度 $\boldsymbol{L}$ 确定。因此，速度梯度 $\boldsymbol{L}$ 是表征连续介质变形运动学的基本量。

记**加速度梯度**为 $\boldsymbol{a}\nabla = \dot{\boldsymbol{v}}\nabla$，不难得到其与变形梯度 $\boldsymbol{F}$ 的两次物质导数的关系式

$$\ddot{\boldsymbol{F}} = (\boldsymbol{a}\nabla) \cdot \boldsymbol{F},\ \boldsymbol{a}\nabla = \ddot{\boldsymbol{F}} \cdot \boldsymbol{F}^{-1} \tag{8.20}$$

8.3 变形率与旋率

由式（8.14）可得 $\boldsymbol{L} = \dot{\boldsymbol{F}} \cdot \boldsymbol{F}^{-1}$ ，可以推测，与位移梯度 $\boldsymbol{F}$ 类似，速度梯度 $\boldsymbol{L}$ 中也包含了与刚体运动有关的冗余信息。如何从速度梯度中分离出纯变形的时间变化率呢？为了弄清楚这个问题，我们首先来计算只与纯变形相关的基本几何量的变化率。为此，利用式（8.17）~式（8.19），可以推得**长度变化率**

$$\begin{aligned}\frac{|\mathrm{d}\dot{\boldsymbol{x}}|}{|\mathrm{d}\boldsymbol{x}|} &= \frac{\sqrt{\mathrm{d}\boldsymbol{x} \cdot \mathrm{d}\boldsymbol{x}}^{\boldsymbol{\cdot}}}{|\mathrm{d}\boldsymbol{x}|} = \frac{(\mathrm{d}\dot{\boldsymbol{x}}) \cdot \mathrm{d}\boldsymbol{x} + \mathrm{d}\boldsymbol{x} \cdot (\mathrm{d}\dot{\boldsymbol{x}})}{2|\mathrm{d}\boldsymbol{x}|^2} \\ &= \frac{(\boldsymbol{L} \cdot \mathrm{d}\boldsymbol{x}) \cdot \mathrm{d}\boldsymbol{x} + \mathrm{d}\boldsymbol{x} \cdot (\boldsymbol{L} \cdot \mathrm{d}\boldsymbol{x})}{2|\mathrm{d}\boldsymbol{x}|^2} = \frac{\mathrm{d}\boldsymbol{x} \cdot (\boldsymbol{L}^{\mathrm{T}} + \boldsymbol{L}) \cdot \mathrm{d}\boldsymbol{x}}{2|\mathrm{d}\boldsymbol{x}|^2} = \boldsymbol{l} \cdot \boldsymbol{D} \cdot \boldsymbol{l}\end{aligned} \tag{8.21}$$

面积变化率

$$\begin{aligned}\frac{|\mathrm{d}\dot{\boldsymbol{S}}|}{|\mathrm{d}\boldsymbol{S}|} &= \frac{\sqrt{\mathrm{d}\boldsymbol{S} \cdot \mathrm{d}\boldsymbol{S}}^{\boldsymbol{\cdot}}}{|\mathrm{d}\boldsymbol{S}|} = \frac{(\mathrm{d}\dot{\boldsymbol{S}}) \cdot \mathrm{d}\boldsymbol{S} + \mathrm{d}\boldsymbol{S} \cdot (\mathrm{d}\dot{\boldsymbol{S}})}{2|\mathrm{d}\boldsymbol{S}|^2} \\ &= \frac{\mathrm{d}\boldsymbol{S} \cdot [2\mathrm{tr}(\boldsymbol{L})\boldsymbol{I} - \boldsymbol{L} - \boldsymbol{L}^{\mathrm{T}}] \cdot \mathrm{d}\boldsymbol{S}}{2|\mathrm{d}\boldsymbol{S}|^2} \\ &= \mathrm{tr}(\boldsymbol{L}) - \boldsymbol{n} \cdot \boldsymbol{D} \cdot \boldsymbol{n} = \mathrm{tr}(\boldsymbol{D}) - \boldsymbol{n} \cdot \boldsymbol{D} \cdot \boldsymbol{n}\end{aligned} \tag{8.22}$$

体积变化率

$$\frac{(\dot{\mathrm{d}V})}{\mathrm{d}V}=\mathrm{tr}(\boldsymbol{L})=\nabla\cdot\boldsymbol{v}=\mathrm{tr}(\boldsymbol{D}) \tag{8.23}$$

式中，$\boldsymbol{D}=\frac{1}{2}(\boldsymbol{L}+\boldsymbol{L}^{\mathrm{T}})$ 。可以发现，只依赖于纯变形的基本几何量的变化率由速度梯度的对称部分 $\boldsymbol{D}$ 唯一决定。因而它代表了纯变形的变化速率，称为**变形率张量**。考虑小应变张量 $\boldsymbol{\varepsilon}=\frac{1}{2}(\nabla\otimes\boldsymbol{u}+\boldsymbol{u}\otimes\nabla)$ ，进一步分析可以发现 $\boldsymbol{D}=\frac{1}{2}(\dot{\boldsymbol{u}}\nabla+\nabla\dot{\boldsymbol{u}})=\dot{\boldsymbol{\varepsilon}}$ 。为了避免与三阶置换张量混淆，我们用 $\boldsymbol{D}$ 表示。

因此，可以将速度梯度进行分解成对称部分与反对称部分

$$\boldsymbol{L}=\boldsymbol{D}+\boldsymbol{W} \tag{8.24}$$

式中，$\boldsymbol{W}$ 是速度梯度的反对称部分，表达式为

$$\boldsymbol{W}=\frac{1}{2}(\boldsymbol{L}-\boldsymbol{L}^{\mathrm{T}}) \tag{8.25}$$

称为**旋率张量**。假设 $\boldsymbol{D}=0$ ，由式（8.15）有

$$\mathrm{d}\boldsymbol{v}=\boldsymbol{W}\cdot\mathrm{d}\boldsymbol{x}=\frac{1}{2}(\boldsymbol{L}-\boldsymbol{L}^{\mathrm{T}})\cdot\mathrm{d}\boldsymbol{x} \tag{8.26}$$

用 $\mathrm{d}\boldsymbol{x}$ 点乘式（8.26）可得

$$\mathrm{d}\boldsymbol{x}\cdot\mathrm{d}\boldsymbol{v}=\mathrm{d}\boldsymbol{x}\cdot\boldsymbol{W}\cdot\mathrm{d}\boldsymbol{x}=\frac{1}{2}\mathrm{d}\boldsymbol{x}\cdot(\boldsymbol{L}-\boldsymbol{L}^{\mathrm{T}})\cdot\mathrm{d}\boldsymbol{x}=0 \tag{8.27}$$

刚体运动的速度投影定理告诉我们：一个做刚体运动的物体上任意两点之间的相对速度在这两点连线上的投影为零，反之亦然。因此，式（8.27）说明旋率张量是刚体运动的一个特征表示。根据张量代数理论，反对称张量的对偶矢量可写为

$$\boldsymbol{\omega}=-\frac{1}{2}\boldsymbol{\varepsilon}:\boldsymbol{W} \tag{8.28}$$

式中，$\boldsymbol{\varepsilon}$ 是爱丁顿张量。根据旋率张量与速度梯度的定义，可得

$$\boldsymbol{\omega}=-\frac{1}{4}\boldsymbol{\varepsilon}:(\boldsymbol{L}-\boldsymbol{L}^{\mathrm{T}})=\frac{1}{2}\boldsymbol{\varepsilon}:(\nabla\otimes\boldsymbol{v})=\frac{1}{2}\boldsymbol{v}\cdot\boldsymbol{\varepsilon}\cdot\nabla=\frac{1}{2}\nabla\times\boldsymbol{v} \tag{8.29}$$

这进一步说明旋率张量表征的是变形体中刚体转动的角速度。

应当注意，变形体中的刚体转动与刚体的转动不同，其区别在于：变形体中的

刚体转动总是与纯变形耦合在一起的。因此，过一点并围绕该点转动的不同微线段的角速度矢量不同。而在刚体转动中，其上所有的线段都具有相同的角速度。

由等式

$$(\boldsymbol{v}\otimes\boldsymbol{\nabla})\cdot\boldsymbol{v}=\frac{1}{2}\boldsymbol{\nabla}(\boldsymbol{v}\cdot\boldsymbol{v})+(\boldsymbol{\nabla}\times\boldsymbol{v})\times\boldsymbol{v}$$

$$(\boldsymbol{\nabla}\times\boldsymbol{v})\times\boldsymbol{v}=2\boldsymbol{\omega}\times\boldsymbol{v}=2\boldsymbol{W}\cdot\boldsymbol{v}$$

可知，加速度表达式（8.7）还可以写为

$$\begin{aligned}\boldsymbol{a}(\boldsymbol{x},\ t)&=\frac{\partial\boldsymbol{v}(\boldsymbol{x},\ t)}{\partial t}+(\boldsymbol{v}\boldsymbol{\nabla})\cdot\boldsymbol{v}=\frac{\partial\boldsymbol{v}(\boldsymbol{x},\ t)}{\partial t}+\frac{1}{2}\boldsymbol{\nabla}(\boldsymbol{v}\cdot\boldsymbol{v})+(\boldsymbol{\nabla}\times\boldsymbol{v})\times\boldsymbol{v}\\&=\frac{\partial\boldsymbol{v}(\boldsymbol{x},\ t)}{\partial t}+\frac{1}{2}\boldsymbol{\nabla}(\boldsymbol{v}\cdot\boldsymbol{v})+2\boldsymbol{W}\cdot\boldsymbol{v}\end{aligned}\tag{8.30}$$

利用定义，容易证明

$$\dot{\boldsymbol{E}}=\frac{1}{2}\dot{\boldsymbol{C}}=\boldsymbol{F}^{\mathrm{T}}\cdot\boldsymbol{D}\cdot\boldsymbol{F}\tag{8.31}$$

$$\dot{\boldsymbol{e}}=-\frac{1}{2}\dot{\boldsymbol{c}}=\boldsymbol{D}-(\boldsymbol{e}\cdot\boldsymbol{L}+\boldsymbol{L}^{\mathrm{T}}\cdot\boldsymbol{e})\tag{8.32}$$

式（8.31）与式（8.32）建立了变形张量与应变张量的物质导数与变形率张量之间的联系。但我们看到，单凭变形率张量不足以确定这两类量的物质导数，还必须根据参考构形分别计入，以及考虑变形梯度与速度梯度的影响。

8.4 输运定理

考虑时刻 t_0 参考构形中由物质点 $\boldsymbol{X}$ 所形成的物质曲线 Γ_0 、物质曲面 S_0 、体积 Ω_0 ，它们在时刻 t 分别变成曲线 Γ 、曲面 S 、体积 Ω 。接下来，计算一个连续可微的张量场 $\boldsymbol{\varphi}(\boldsymbol{x},\ t)$ 分别在 Γ ， S ， Ω 上积分的时间变化率。这些积分的积分区域在任何时刻都由相同的物质点组成，所以称为**物质积分**。物质积分的特征在于其积分域随时间而变，但始终对应同一物质区域，也就是初始构形中的物质曲线、曲面、体积。

首先考虑曲线 Γ 上的物质积分的时间变化率。设曲线 Γ 的参数方程为 $\boldsymbol{x}=$

$\boldsymbol{x}[\boldsymbol{X}(s),\ t]$，其中，参数的取值范围 $s \in [s_0,\ s_1]$。用 $\mathrm{d}\boldsymbol{x}$ 表示沿曲线 Γ 的有向线元，则其上的物质积分可写为 $\int_\Gamma \boldsymbol{\varphi}(\boldsymbol{x},\ t) \cdot \mathrm{d}\boldsymbol{x}$。由式（8.17），其对时间变化率可写为

$$\frac{\mathrm{D}}{\mathrm{D}t}\int_\Gamma \boldsymbol{\varphi}(\boldsymbol{x},\ t) \cdot \mathrm{d}\boldsymbol{x} = \int_\Gamma \frac{\mathrm{D}}{\mathrm{D}t}[\boldsymbol{\varphi}(\boldsymbol{x},\ t) \cdot \mathrm{d}\boldsymbol{x}] = \int_\Gamma \left(\frac{\mathrm{D}\boldsymbol{\varphi}}{\mathrm{D}t} + \boldsymbol{\varphi} \cdot \boldsymbol{L}\right) \cdot \mathrm{d}\boldsymbol{x} \tag{8.33}$$

特别地，当 $\boldsymbol{\varphi}$ 为速度场 $\boldsymbol{v}$ 时，注意到 $\boldsymbol{L} \cdot \mathrm{d}\boldsymbol{x} = \boldsymbol{v}\boldsymbol{\nabla} \cdot \mathrm{d}\boldsymbol{x} = \mathrm{d}\boldsymbol{v}$，代入式（8.33）有

$$\frac{\mathrm{D}}{\mathrm{D}t}\int_\Gamma \boldsymbol{v} \cdot \mathrm{d}\boldsymbol{x} = \int_\Gamma \left(\frac{\mathrm{D}\boldsymbol{v}}{\mathrm{D}t} + \boldsymbol{v} \cdot \boldsymbol{L}\right) \cdot \mathrm{d}\boldsymbol{x} = \int_\Gamma \boldsymbol{a} \cdot \mathrm{d}\boldsymbol{x} + \int_\Gamma \boldsymbol{v} \cdot \mathrm{d}\boldsymbol{v} = \int_\Gamma \boldsymbol{a} \cdot \mathrm{d}\boldsymbol{x} + \frac{1}{2}\int_\Gamma \mathrm{d}(\boldsymbol{v} \cdot \boldsymbol{v})$$

可见，当 Γ 为封闭曲线时，有

$$\oint_\Gamma \boldsymbol{v} \cdot \boldsymbol{L} \cdot \mathrm{d}\boldsymbol{x} = \frac{1}{2}\oint_\Gamma \mathrm{d}(\boldsymbol{v} \cdot \boldsymbol{v}) = 0$$

因此可得

$$\frac{\mathrm{D}}{\mathrm{D}t}\oint_\Gamma \boldsymbol{v} \cdot \mathrm{d}\boldsymbol{x} = \oint_\Gamma \boldsymbol{a} \cdot \mathrm{d}\boldsymbol{x} \tag{8.34}$$

式（8.34）也称为**环量传输定理**。

接下来讨论曲面 S 上的物质积分的时间变化率。假定曲面 S 上的单位法向量为 $\boldsymbol{n}$，有向面元为 $\mathrm{d}\boldsymbol{S} = \boldsymbol{n}\mathrm{d}S$ 则相应的物质积分可写为 $\int_S \boldsymbol{\varphi}(\boldsymbol{x},t) \cdot \mathrm{d}\boldsymbol{S}$，利用 $(\dot{\mathrm{d}\boldsymbol{S}}) = [\mathrm{tr}(\boldsymbol{L})\boldsymbol{I} - \boldsymbol{L}^{\mathrm{T}}] \cdot \mathrm{d}\boldsymbol{S}$ 与 $\mathrm{tr}(\boldsymbol{L}) = \boldsymbol{\nabla} \cdot \boldsymbol{v}$ 可得

$$\begin{aligned}\frac{\mathrm{D}}{\mathrm{D}t}\int_S \boldsymbol{\varphi}(\boldsymbol{x},t) \cdot \mathrm{d}\boldsymbol{S} &= \int_\Gamma \left\{\frac{\mathrm{D}\boldsymbol{\varphi}}{\mathrm{D}t} + \boldsymbol{\varphi} \cdot [\mathrm{tr}(\boldsymbol{L})\boldsymbol{I} - \boldsymbol{L}^{\mathrm{T}}]\right\} \cdot \mathrm{d}\boldsymbol{S} \\ &= \int_\Gamma \left[\frac{\mathrm{D}\boldsymbol{\varphi}}{\mathrm{D}t} + \boldsymbol{\varphi}(\boldsymbol{\nabla} \cdot \boldsymbol{v}) - \boldsymbol{\varphi} \cdot \boldsymbol{L}^{\mathrm{T}}\right] \cdot \mathrm{d}\boldsymbol{S}\end{aligned} \tag{8.35}$$

特别地，当 $\boldsymbol{\varphi}$ 为光滑向量场 $\boldsymbol{q}$ 时，代入式（8.35），并考虑恒等式

$$\boldsymbol{\nabla} \times (\boldsymbol{q} \times \boldsymbol{v}) + \boldsymbol{v}(\boldsymbol{\nabla} \cdot \boldsymbol{q}) = (\boldsymbol{q}\boldsymbol{\nabla}) \cdot \boldsymbol{v} + \boldsymbol{q}(\boldsymbol{\nabla} \cdot \boldsymbol{v}) - \boldsymbol{q} \cdot (\boldsymbol{\nabla}\boldsymbol{v})$$

以及 $\dot{\boldsymbol{q}} = \dfrac{\partial \boldsymbol{q}}{\partial t} + \boldsymbol{q}\boldsymbol{\nabla} \cdot \boldsymbol{v}$，其中 $\dfrac{\partial \boldsymbol{q}}{\partial t}$ 为局部导数，可得

$$\frac{\mathrm{D}}{\mathrm{D}t}\int_S \boldsymbol{q}(\boldsymbol{x},\ t) \cdot \mathrm{d}\boldsymbol{S} = \int_\Gamma \left[\frac{\partial \boldsymbol{q}}{\partial t} + \boldsymbol{\nabla} \times (\boldsymbol{q} \times \boldsymbol{v}) + \boldsymbol{v}(\boldsymbol{\nabla} \cdot \boldsymbol{q})\right] \cdot \mathrm{d}\boldsymbol{S} \tag{8.36}$$

由此可得**佐洛斯基**（Zorawski）**准则**：对于穿过每一个由物质曲面 S_0 所形成的曲面 S 上的向量流（通量）$\int_S \boldsymbol{q} \cdot \boldsymbol{n}\mathrm{d}S$，它不随时间变化的充要条件是

$$\frac{\partial \boldsymbol{q}}{\partial t}+\boldsymbol{\nabla}\times(\boldsymbol{q}\times\boldsymbol{v})+\boldsymbol{v}(\boldsymbol{\nabla}\cdot\boldsymbol{q})=\boldsymbol{0} \tag{8.37}$$

最后考虑体积 Ω 上的物质积分 $\int_\Omega \boldsymbol{\varphi}(\boldsymbol{x},t)\mathrm{d}V$ 的时间变化率。由式 $(\mathrm{d}\dot{V})=(\boldsymbol{\nabla}\cdot\boldsymbol{v})\mathrm{d}V$ 可得该物质积分的物质导数

$$\frac{\mathrm{D}}{\mathrm{D}t}\int_\Omega \boldsymbol{\varphi}(\boldsymbol{x},t)\mathrm{d}V=\int_\Omega[\dot{\boldsymbol{\varphi}}+\boldsymbol{\varphi}(\boldsymbol{\nabla}\cdot\boldsymbol{v})]\mathrm{d}V \tag{8.38}$$

进一步考虑等式 $\boldsymbol{\nabla}\cdot(\boldsymbol{AB})=(\boldsymbol{\nabla}\cdot\boldsymbol{A})\boldsymbol{B}+(\boldsymbol{B\nabla})\cdot\boldsymbol{A}$，并应用散度定理，将式（8.38）改写为

$$\begin{aligned}\frac{\mathrm{D}}{\mathrm{D}t}\int_\Omega \boldsymbol{\varphi}(\boldsymbol{x},t)\mathrm{d}V&=\int_\Omega\left[\frac{\partial\boldsymbol{\varphi}}{\partial t}+(\boldsymbol{\varphi\nabla})\cdot v+\boldsymbol{\varphi}(\boldsymbol{\nabla}\cdot\boldsymbol{v})\right]\mathrm{d}V\\&=\int_\Omega\left[\frac{\partial\boldsymbol{\varphi}}{\partial t}+(\boldsymbol{\varphi}\otimes\boldsymbol{v})\cdot\boldsymbol{\nabla}\right]\mathrm{d}V\\&=\int_\Omega\frac{\partial\boldsymbol{\varphi}}{\partial t}\mathrm{d}V+\int_{\partial\Omega}(\boldsymbol{\varphi}\otimes\boldsymbol{v})\cdot\mathrm{d}\boldsymbol{S}\end{aligned} \tag{8.39}$$

式（8.39）表明：张量场 $\boldsymbol{\varphi}(\boldsymbol{x},t)$ 在当前构形上的物质积分的时间变化率由两部分组成，一部分来自张量场的时间变化率，另一部分来自边界流入的通量。式（8.38）与（8.39）通常也被称为**雷诺输运定理**（Reynolds' transport theorem）。

例 8.1 设平面连续介质的运动方程如下

$$x_1=(1+t)X_1-0.8X_2,\quad x_2=4X_1+(1+3.4t)X_2$$

试确定当 $t=1$ 时，平面连续介质的速度、速度梯度、变形率、旋率。

解：由已知条件，可直接计算各物质点的速度

$$v_1=\dot{x}_1=X_1,\quad v_2=\dot{x}_2=3.4X_2$$

应当注意：由于 X_1，X_2 是物质坐标，上面两式关于 X_1 与 X_2 求导数得到的结果并不是速度梯度。为了求速度梯度，首先计算

$$\boldsymbol{F}=\boldsymbol{x}\boldsymbol{\nabla}_0=\begin{bmatrix}1+t & -0.8\\ 4 & 1+3.4t\end{bmatrix},\quad \dot{\boldsymbol{F}}=\begin{bmatrix}1 & 0\\ 0 & 3.4\end{bmatrix}$$

$$\boldsymbol{F}^{-1}=\frac{1}{4.2+4.4t+3.4t^2}\begin{bmatrix}1+3.4t & 0.8\\ -4 & 1+t\end{bmatrix}$$

$$\boldsymbol{L} = \dot{\boldsymbol{F}} \cdot \boldsymbol{F}^{-1} = \frac{1}{4.2 + 4.4t + 3.4t^2}\begin{bmatrix} 1 + 3.4t & 0.8 \\ -13.6 & 3.4 + 3.4t \end{bmatrix}$$

当 $t = 1$ 时，可得

$$\boldsymbol{L} = \begin{bmatrix} \frac{11}{30} & \frac{1}{15} \\ -\frac{17}{15} & \frac{17}{30} \end{bmatrix}, \quad \boldsymbol{D} = \begin{bmatrix} \frac{11}{30} & -\frac{8}{15} \\ -\frac{8}{15} & \frac{17}{30} \end{bmatrix}, \quad \boldsymbol{W} = \begin{bmatrix} 0 & \frac{9}{15} \\ -\frac{9}{15} & 0 \end{bmatrix}$$

也可以先求出欧拉描述的运动方程，再利用 $\boldsymbol{L} = \boldsymbol{v}\boldsymbol{\nabla}$ 求出速度梯度，读者可自行推导。

例 8.2 在空间描述中的一个速度场为 $\boldsymbol{v} = \boldsymbol{c}(\boldsymbol{p} \otimes \boldsymbol{q})\boldsymbol{x}$ 的运动称为简单剪切运动。式中，c 为正的常数，$\boldsymbol{p}$ 和 $\boldsymbol{q}$ 为正交单位向量。试确定该运动的主伸长率、伸长率主轴、角速度。

解： 这是一个定常运动。在运动过程中，质点的流线始终为沿着 $\boldsymbol{p}$ 所定义的方向的直线，且垂直于 $\boldsymbol{q}$ 的物质平面不变性地相互滑动，可以得到

$$\boldsymbol{L} = \boldsymbol{v}\boldsymbol{\nabla} = c(\boldsymbol{p} \otimes \boldsymbol{q})$$

然后可得

$$\boldsymbol{D} = \frac{1}{2}(\boldsymbol{L} + \boldsymbol{L}^{\mathrm{T}}) = \frac{1}{2}c(\boldsymbol{p} \otimes \boldsymbol{q} + \boldsymbol{q} \otimes \boldsymbol{p})$$

$$\boldsymbol{W} = \frac{1}{2}(\boldsymbol{L} - \boldsymbol{L}^{\mathrm{T}}) = \frac{1}{2}c(\boldsymbol{p} \otimes \boldsymbol{q} - \boldsymbol{q} \otimes \boldsymbol{p})$$

上述伸长率可以写成以下形式

$$\boldsymbol{D} = \frac{c}{4}(\boldsymbol{p} + \boldsymbol{q}) \otimes (\boldsymbol{p} + \boldsymbol{q}) - \frac{c}{4}(\boldsymbol{p} - \boldsymbol{q}) \otimes (\boldsymbol{p} - \boldsymbol{q})$$

由此可以看出，主伸长率为 $c/4$，$-c/4$，0，且定义伸长率主轴的标准正交矢量为 $(\boldsymbol{p} + \boldsymbol{q})$、$(\boldsymbol{p} - \boldsymbol{q})$、$\boldsymbol{r}$。其中，$\boldsymbol{r}$ 与 $\boldsymbol{p}$，$\boldsymbol{q}$ 正交。由于主伸长率之和为零，$\mathrm{tr}\,\boldsymbol{D} = \mathrm{tr}\,\boldsymbol{L} = \boldsymbol{0}$，这意味该运动是等容的。

为确定起见，假定在 $\mathbb{E}^3$ 中有右手系标准正交基 $\{\boldsymbol{p}, \boldsymbol{q}, \boldsymbol{r}\}$。令 $\boldsymbol{a}$ 为一个任意矢量，于是

$$\boldsymbol{W}\cdot\boldsymbol{a}=\frac{1}{2}c(\boldsymbol{p}\otimes\boldsymbol{q}-\boldsymbol{q}\otimes\boldsymbol{p})\cdot\boldsymbol{a}$$

$$=-\frac{1}{2}c\boldsymbol{r}\times[(\boldsymbol{a}\cdot\boldsymbol{p})\boldsymbol{p}+(\boldsymbol{a}\cdot\boldsymbol{q})\boldsymbol{q}+(\boldsymbol{a}\cdot\boldsymbol{r})\boldsymbol{r}]$$

$$=-\frac{1}{2}c\boldsymbol{r}\times\boldsymbol{a}$$

由此可见，$-\frac{1}{2}c\boldsymbol{r}$ 作为自旋张量 $\boldsymbol{W}$ 的轴矢量，就是要求的角速度。

8.5 本章主要符号与公式

场变量的物质导数：$\dot{\varphi}=\frac{\mathrm{D}\varphi}{\mathrm{D}t}=\frac{\partial\varphi}{\partial t}+(\varphi\boldsymbol{\nabla})\cdot\boldsymbol{v}$

式中，$\boldsymbol{v}=\dot{\boldsymbol{x}}(\boldsymbol{X},t)$ 为物质点 $\boldsymbol{X}$ 的速度，$\frac{\partial\varphi}{\partial t}$ 为局部导数，$(\varphi\boldsymbol{\nabla})\cdot\boldsymbol{v}$ 为对流导数。

速度梯度：$\boldsymbol{L}=\boldsymbol{v}\boldsymbol{\nabla}$

线元 $\mathrm{d}\boldsymbol{x}$、面元 $\mathrm{d}\boldsymbol{a}$、体元 $\mathrm{d}V$ 的物质导数：

$$(\dot{\mathrm{d}\boldsymbol{x}})=L\cdot\mathrm{d}\boldsymbol{x},\ (\dot{\mathrm{d}\boldsymbol{S}})=[\mathrm{tr}(\boldsymbol{L})\boldsymbol{I}-\boldsymbol{L}^{\mathrm{T}}]\cdot\mathrm{d}\boldsymbol{S},\ (\dot{\mathrm{d}V})=\mathrm{tr}(\boldsymbol{L})\mathrm{d}V$$

变形梯度 F 的物质导数：$\dot{\boldsymbol{F}}=\dot{\boldsymbol{x}}\boldsymbol{\nabla}_0=\boldsymbol{v}\boldsymbol{\nabla}_0=\boldsymbol{L}\cdot\boldsymbol{F}$

变形率张量：$\boldsymbol{D}=\frac{1}{2}(\boldsymbol{L}+\boldsymbol{L}^{\mathrm{T}})=\frac{1}{2}(\dot{\boldsymbol{u}}\boldsymbol{\nabla}+\boldsymbol{\nabla}\dot{\boldsymbol{u}})$

旋率张量：$\boldsymbol{W}=\frac{1}{2}(\boldsymbol{L}-\boldsymbol{L}^{\mathrm{T}})$

对偶矢量：$\boldsymbol{\omega}=-\frac{1}{2}\boldsymbol{\varepsilon}:\boldsymbol{W},\ \boldsymbol{\omega}=\frac{1}{2}\boldsymbol{\nabla}\times\boldsymbol{v}$

应变张量的物质导数：$\dot{\boldsymbol{E}}=\frac{1}{2}\dot{\boldsymbol{C}}=\boldsymbol{F}^{\mathrm{T}}\cdot\boldsymbol{D}\cdot\boldsymbol{F},\ \dot{\boldsymbol{e}}=-\frac{1}{2}\dot{\boldsymbol{c}}=\boldsymbol{D}-(\boldsymbol{e}\cdot\boldsymbol{L}+\boldsymbol{L}^{\mathrm{T}}\cdot\boldsymbol{e})$

雷诺输运定理：$\frac{\mathrm{D}}{\mathrm{D}t}\int_{\Omega}\varphi(\boldsymbol{x},t)\mathrm{d}V=\int_{\Omega}[\dot{\varphi}(\boldsymbol{x},t)+\varphi(\boldsymbol{x},t)(\boldsymbol{\nabla}\cdot\boldsymbol{v})]\mathrm{d}V$

8.6 习题

8.1 试证明加速度梯度及其反对称部分的表达式

$$\boldsymbol{a}\boldsymbol{\nabla}=\ddot{\boldsymbol{F}}\cdot\boldsymbol{F}^{-1},\ \frac{1}{2}(\boldsymbol{a}\boldsymbol{\nabla}-\boldsymbol{\nabla}\boldsymbol{a})=\dot{\boldsymbol{W}}+\boldsymbol{D}\cdot\boldsymbol{W}+\boldsymbol{W}\cdot\boldsymbol{D}$$

8.2 试证明 $\dot{\boldsymbol{E}} = \boldsymbol{F}^{\mathrm{T}} \cdot \boldsymbol{D} \cdot \boldsymbol{F}$ 与 $\dot{\boldsymbol{e}} = \boldsymbol{D} - (\boldsymbol{e} \cdot \boldsymbol{L} + \boldsymbol{L}^{\mathrm{T}} \cdot \boldsymbol{e})$。

8.3 通过转化为欧拉描述的运动方程，求解例 8.1。

8.4 试说明速度梯度中的刚体转动因素，为什么不能采用极分解进行分离。

8.5 连续介质的运动方程如下：

$$x_1 = X_1 + X_2 t + X_3 t^2,\quad x_2 = X_2 + X_3 t + X_1 t^2,\quad x_3 = X_3 + X_1 t + X_2 t^2$$

试确定在 $t = 0$ 时刻，位于点（1, 1, 1）处的物质点的速度、加速度、速度梯度、加速度梯度、变形率、旋率。

8.6 连续介质做定常运动，在欧拉描述中，其速度场为

$$\boldsymbol{v} = 3 x_1^2 x_2 \boldsymbol{e}_1 + 2 x_2^2 x_3 \boldsymbol{e}_2 + x_1 x_2 x_3^2 \boldsymbol{e}_3$$

试确定在点（1, 1, 1）处沿 $l = (3\boldsymbol{e}_1 - 4\boldsymbol{e}_3)/5$ 方向的伸长率、面积变化率、体积变化率。

第9章

应力分析

外力作用于物体，会导致其产生运动与变形；变形会引起物体内部各物质点距离发生变化，从而产生附加的相互作用力。应力分析部分就是定量描述这种由外力引起的物体内部附加相互作用的。本章讨论连续体发生有限变形时的应力理论。

9.1 应力矢量

施加在物体上的外力可分为**体力**（body force）与**面力**（traction）。体力分布于物体的内部区域，面力作用于物体表面。体力通常定义为物体内点 $\boldsymbol{x}$ 处单位质量上的作用力，其定义式为

$$\boldsymbol{f} = \boldsymbol{f}(\boldsymbol{x}) = \lim_{\Delta m \to 0} \frac{\Delta \boldsymbol{F}}{\Delta m} \tag{9.1}$$

这样，物体所受总的体力可以通过积分得到，即

$$\boldsymbol{F} = \int \boldsymbol{f}(\boldsymbol{x}) \mathrm{d}m = \int_{\Omega} \boldsymbol{f}(\boldsymbol{x}) \rho \mathrm{d}V \tag{9.2}$$

式中，ρ 是质量密度，$\boldsymbol{F}$ 表示总体力。体力一般是长程力，是物质点在某类物理场（引力场、电磁场等）中所受到的力。

面力定义为物体边界上点 $\boldsymbol{x}$ 处单位面积上的作用力，其定义式为

$$\boldsymbol{t} = \boldsymbol{t}(\boldsymbol{x}) = \lim_{\Delta S \to 0} \frac{\Delta \boldsymbol{T}}{\Delta S} \tag{9.3}$$

因此，物体表面所受总的面力可以通过式（9.4）得到

$$\boldsymbol{T} = \int_{\partial\Omega} \boldsymbol{t}(\boldsymbol{x}) \mathrm{d}S \tag{9.4}$$

物理上面力表现为接触相互作用，是一种短程力。

外力作用于物体上，会引起内部相互作用的改变，从而导致变形。内部相互作用即内力，也可分为长程力与接触力两类。内部长程力也可用体力、体力偶来表示，它们通常与当前构形中点与点之间的距离有关。由于作用与反作用定律，全体内部长程力之和为零。内部接触力是物体的任意部分和其余部分通过交界面产生的相互作用，为了描述它，作出如下假定：

①物体一部分对另一部分的相互作用可等价为交界面上的接触力，称之为**应力矢量**。

②应力矢量依赖于交界面的单位法向量，与交界面的形状无关。

这就是**柯西应力假设**。根据该假设，为了确定物体现时构形内的一点 $\boldsymbol{x}$ 处的应力矢量，如图 9.1 所示，过该点作一个剖面，并在该面上围绕 $\boldsymbol{x}$ 点取一有向面元 $\boldsymbol{n}\Delta S$，$\boldsymbol{n}$ 为面元的单位法向量，作用于 ΔS 上的接触力可用合力 $\Delta\boldsymbol{T}_n$ 表示。

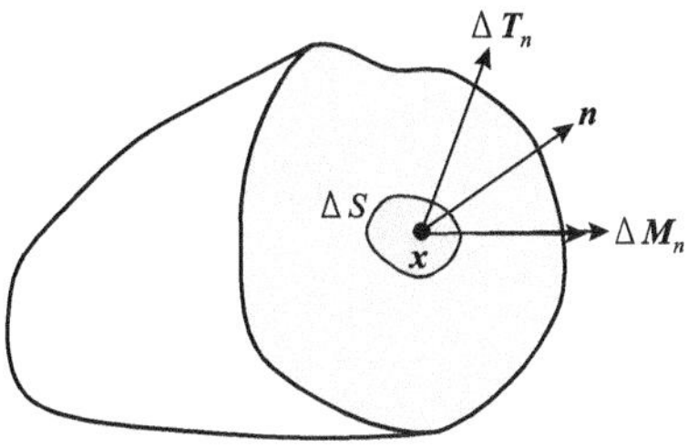

图 9.1　应力矢量与偶应力矢量

则该面元 $\boldsymbol{n}\Delta S$ 上的应力矢量可定义为

$$\boldsymbol{t}_n = \lim_{\Delta S\to 0}\frac{\Delta\boldsymbol{T}_n(\boldsymbol{x})}{\Delta S} \tag{9.5}$$

根据柯西应力假设，应力矢量不仅与所在点的位置有关，还依赖于面元的单位法矢量 $\boldsymbol{n}$，也就是 $\boldsymbol{t}_n = \boldsymbol{t}_n(\boldsymbol{x}, \boldsymbol{n})$。

9.2 柯西应力张量

由于过物体内部任意一点可以作无穷多个剖面，而每一个剖面上都对应一个应力矢量 $\boldsymbol{t}_n$，所以直接用应力矢量 $\boldsymbol{t}_n$ 描述物体内部的受力状态是极不方便的。能否找到一个包含全部应力矢量信息的数学量来表征物体内部的受力状态呢？这就是应力张量的作用。

为了描述连续体当前构形中某物质点的受力状态，如图 9.2 所示，在该点局部标架 $\{\boldsymbol{g}_1,\ \boldsymbol{g}_2,\ \boldsymbol{g}_3\}$ 上截取一个四面体微元，3 条棱边矢量分别为 $\Delta x^1\boldsymbol{g}_1$，$\Delta x^2\boldsymbol{g}_2$，$\Delta x^3\boldsymbol{g}_3$。记各侧面面积与单位法向量为 ΔS^i 与$\boldsymbol{n}_i(i=1,\ 2,\ 3)$；底面面积与单位法向量为 ΔS 与 $\boldsymbol{n}$。四面体的高为 Δh，体积为 ΔV。

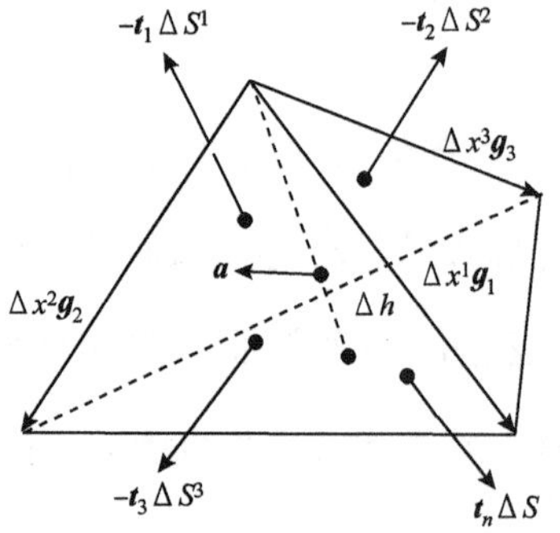

图 9.2　四面体微元的几何参数与受力情况

设作用在四面体微元上的体力为$\boldsymbol{f}$，质心加速度为$\boldsymbol{a}$，当前构形物体密度为ρ；记$\boldsymbol{t}_i$ 与 $\boldsymbol{t}_n$ 分别三个坐标面及底面上的应力矢量，根据牛顿运动定律，有

$$\boldsymbol{t}_n\Delta S-\boldsymbol{t}_k\Delta S^k+\rho\Delta V\boldsymbol{f}=\rho\Delta V\boldsymbol{a} \tag{9.6}$$

考虑到 $\Delta V=\dfrac{1}{3}\Delta h\Delta S$，有

$$\boldsymbol{t}_n-\frac{\Delta S^k}{\Delta S}\boldsymbol{t}_k=\frac{1}{3}\rho\Delta h(\boldsymbol{a}-\boldsymbol{f}) \tag{9.7}$$

当四面体尺度趋于零时，即 $\Delta h\to 0$，有

$$\boldsymbol{t}_n=\frac{\Delta S^k}{\Delta S}\boldsymbol{t}_k \tag{9.8}$$

由以下几何关系式

$$\begin{cases}\boldsymbol{n}_i\Delta S^i=\dfrac{1}{2}(\Delta x^{i+1}\boldsymbol{g}_{i+1})\times(\Delta x^{i+2}\boldsymbol{g}_{i+2}),\ (i=1,\ 2,\ 3,\ \text{不对}\ i\ \text{求和})\\ \boldsymbol{n}\Delta S=\dfrac{1}{2}\displaystyle\sum_{i=1}^{3}(\Delta x^{i+1}\boldsymbol{g}_{i+1})\times(\Delta x^{i+2}\boldsymbol{g}_{i+2}),\ (4\to 1,\ 5\to 2)\end{cases}$$

可以得到

$$n\Delta S = n_k \Delta S^k, \ \Delta S^k = (n \cdot n^k)\Delta S \tag{9.9}$$

式中，$\boldsymbol{n}^k$ 是 $\boldsymbol{n}_k$ 的逆矢量。将式（9.9）代入式（9.8）可得

$$\boldsymbol{t}_n = (\boldsymbol{n} \cdot \boldsymbol{n}^k)\boldsymbol{t}_k = (\boldsymbol{t}_k \otimes \boldsymbol{n}^k) \cdot \boldsymbol{n} = \boldsymbol{\sigma} \cdot \boldsymbol{n} \tag{9.10}$$

式中引入的 $\boldsymbol{\sigma} \triangleq \boldsymbol{t}_k \otimes \boldsymbol{n}^k$ 称为**柯西应力张量（真应力张量）**。由商法则可知，柯西应力张量是二阶张量，因此可以写为

$$\boldsymbol{\sigma} = \sigma_{ij}\boldsymbol{g}^i \otimes \boldsymbol{g}^j = \sigma^{ij}\boldsymbol{g}_i \otimes \boldsymbol{g}_j = \sigma_i^{\cdot j}\boldsymbol{g}^i \otimes \boldsymbol{g}_j = \boldsymbol{\sigma}_{\cdot j}^{i}\boldsymbol{g}_i \otimes \boldsymbol{g}^i \tag{9.11}$$

只要知道柯西应力张量，根据式（9.10）即可确定过物质点任何剖面上的应力矢量。

9.3 主应力与剪应力

利用柯西应力公式，可计算连续介质内部任意剖面上的正应力值 σ_n 与剪应力值 τ_n

$$\begin{cases} \sigma_n = \boldsymbol{n} \cdot \boldsymbol{t}_n = \boldsymbol{n} \cdot \boldsymbol{\sigma} \cdot \boldsymbol{n} \\ \tau_n = \sqrt{(\boldsymbol{t}_n)^2 - (\boldsymbol{\sigma}_n)^2} = \sqrt{\boldsymbol{n} \cdot \boldsymbol{\sigma}^{\mathrm{T}} \cdot \boldsymbol{\sigma} \cdot \boldsymbol{n} - (\boldsymbol{n} \cdot \boldsymbol{\sigma} \cdot \boldsymbol{n})^2} \end{cases} \tag{9.12}$$

既然过某点任何剖面上的正应力值与剖面的单位法向量 $\boldsymbol{n}$ 有关，必然存在某特定方位，使得剖面上的正应力值最大与最小。数学上归纳为 σ_n 在约束条件 $\boldsymbol{n} \cdot \boldsymbol{n} = 1$ 下的极值问题。利用拉格朗日乘子法，转变为求函数 $\sigma_n(\boldsymbol{n}) = \boldsymbol{n} \cdot \boldsymbol{\sigma} \cdot \boldsymbol{n} - \lambda(\boldsymbol{n} \cdot \boldsymbol{n} - 1)$ 的无约束极值问题。由函数极值存在的必要条件 $\dfrac{\mathrm{d}\sigma_n(\boldsymbol{n})}{\mathrm{d}\boldsymbol{n}} = 0$ 可得

$$(\boldsymbol{\sigma} - \lambda \boldsymbol{I}) \cdot \boldsymbol{n} = 0 \tag{9.13}$$

显然这是一个特征值方程，方程存在非零解的充分必要条件是

$$\det(\boldsymbol{\sigma} - \lambda \boldsymbol{I}) = 0 \tag{9.14}$$

展开后可表示为

$$\lambda^3 - I_1(\boldsymbol{\sigma})\lambda^2 + I_2(\boldsymbol{\sigma})\lambda - I_3(\boldsymbol{\sigma}) = 0 \tag{9.15}$$

式中

$$I_1(\boldsymbol{\sigma}^s)=\operatorname{tr}\boldsymbol{\sigma},\quad I_2(\boldsymbol{\sigma})=\frac{1}{2}[(\operatorname{tr}\boldsymbol{\sigma})^2-\operatorname{tr}(\boldsymbol{\sigma})^2],\quad I_3(\boldsymbol{\sigma})=\det(\boldsymbol{\sigma}) \tag{9.16}$$

为 $\boldsymbol{\sigma}$ 的第一、第二、第三主不变量。考虑经典连续介质力学理论的应力张量 $\boldsymbol{\sigma}$ 为对称仿射量（由动量矩定律可证明其对称性）可知：其必存在三个实特征值 λ_1，λ_2，λ_3（$\lambda_1 \geqslant \lambda_2 \geqslant \lambda_3$），也就是 $\boldsymbol{\sigma}$ 的三个**主应力**；对应的单位特征向量称为 $\boldsymbol{\sigma}$ 的三个**主方向**矢量 $\boldsymbol{n}_1$，$\boldsymbol{n}_2$，$\boldsymbol{n}_3$，这个三个主方向矢量彼此正交；与主方向矢量垂直的平面称为**主应力平面**。这样根据谱定理，$\boldsymbol{\sigma}$ 可以写为

$$\boldsymbol{\sigma}=\sum_{k=1}^{3}\lambda_k\boldsymbol{n}_k\otimes\boldsymbol{n}_k \tag{9.17}$$

代入式（9.16），可得

$$\begin{cases}I_1(\boldsymbol{\sigma})=\lambda_1+\lambda_2+\lambda_3\\I_2(\boldsymbol{\sigma})=\lambda_1\lambda_2+\lambda_2\lambda_3+\lambda_3\lambda_1\\I_3(\boldsymbol{\sigma})=\lambda_1\lambda_2\lambda_3\end{cases} \tag{9.18}$$

根据式（9.12）可计算主平面上的剪应力（切应力）值为

$$\tau_{n_k}=\sqrt{\boldsymbol{n}_{\underline{k}}\cdot\boldsymbol{\sigma}^{\mathrm{T}}\cdot\boldsymbol{\sigma}\cdot\boldsymbol{n}_{\underline{k}}-(\boldsymbol{n}_{\underline{k}}\cdot\boldsymbol{\sigma}\cdot\boldsymbol{n}_{\underline{k}})^2}=0 \tag{9.19}$$

式（9.19）表明，当柯西应力对称时，此时主应力平面上切应力等于零。

9.4 名义应力张量

柯西应力是当前构形中物体单位面积上的作用力，是物体受到的真实作用力。然而，当前构形的边界位置是预先不知道的，当求解边界值问题时，又必须先在边界上给出定解条件，所以直接使用柯西应力很不方便。由于初始构形是已知的，更自然的想法是在初始构形上采用物质描述来定义应力。

在当前构形中，任取一个有向面元 $\mathrm{d}\boldsymbol{S}=\boldsymbol{n}\mathrm{d}S$，设其对应于初始构形中面元 $\mathrm{d}\boldsymbol{S}_0=\boldsymbol{N}\mathrm{d}S_0$，二者存在面元变换公式 $\mathrm{d}\boldsymbol{S}=J\boldsymbol{F}^{-\mathrm{T}}\cdot\mathrm{d}\boldsymbol{S}_0$。由柯西应力定义可知，作用在变形后面元 $\mathrm{d}S$ 上的真实作用力 $\mathrm{d}\boldsymbol{t}_n=\boldsymbol{t}_n\mathrm{d}S$。假定某虚拟面力 $\boldsymbol{p}_N$ 作用在变形前面元 $\mathrm{d}S_0$ 上的力等于 $\mathrm{d}\boldsymbol{t}_n$，则有

$$\mathrm{d}\boldsymbol{t}_n = \boldsymbol{t}_n \mathrm{d}S = \boldsymbol{p}_N \mathrm{d}S_0 \tag{9.20}$$

这样，类似柯西应力定义引入参考初始构形的应力张量 $\boldsymbol{\pi}$ ，要求满足 $\boldsymbol{p}_N = \boldsymbol{\pi}\cdot\boldsymbol{N}$ ，代入式（9.20），有

$$\boldsymbol{\sigma}\cdot\boldsymbol{n}\mathrm{d}S = \boldsymbol{\pi}\cdot\boldsymbol{N}\mathrm{d}S_0 \tag{9.21}$$

考虑面元变换的南森公式，有

$$\boldsymbol{\sigma}\cdot\mathrm{d}\boldsymbol{S} = \boldsymbol{\sigma}\cdot(J\boldsymbol{F}^{-\mathrm{T}}\cdot\mathrm{d}\boldsymbol{S}_0) = (\boldsymbol{\sigma}\cdot J\boldsymbol{F}^{-\mathrm{T}})\cdot\mathrm{d}\boldsymbol{S}_0 = \boldsymbol{\pi}\cdot\mathrm{d}\boldsymbol{S}_0 \tag{9.22}$$

从而得到应力张量 $\boldsymbol{\pi}$ 与柯西应力张量 $\boldsymbol{\sigma}$ 的关系式

$$\boldsymbol{\pi} = J\boldsymbol{\sigma}\cdot\boldsymbol{F}^{-\mathrm{T}} \tag{9.23}$$

这个参考初始构形的 $\boldsymbol{\pi}$ 被称为**第一类皮奥拉－基尔霍夫（PK1）应力张量**。它是在当前构形上的真实作用力虚拟分布于变形前面元上的名义应力，并不真实存在。考虑 $\boldsymbol{F}^{-T} = \boldsymbol{g}^k\otimes\boldsymbol{G}_k$ ，代入式（9.23）可得

$$\begin{aligned}\boldsymbol{\pi} &= J\sigma^{ij}\boldsymbol{g}_i\otimes\boldsymbol{g}_j\cdot(\boldsymbol{g}^k\otimes\boldsymbol{G}_k)\\ &= J\sigma^{ij}\boldsymbol{g}_i\otimes\boldsymbol{G}_j = J\sigma^{ij}\beta_j^A\boldsymbol{g}_i\otimes\boldsymbol{G}_A\end{aligned} \tag{9.24}$$

式（9.24）表明：PK1 应力张量 $\boldsymbol{\pi}$ 是非对称两点张量，而 PK1 应力矢量 $\boldsymbol{p}_N$ 仍是当前构形上的矢量。

类似地，可以假定某虚拟面力 $\boldsymbol{P}_N$ 作用在变形前面元 $\mathrm{d}S_0$ 上的力矢量为 $\mathrm{d}\boldsymbol{T}_N$ ，在经过和有向线元 $\mathrm{d}\boldsymbol{X}$ 一样的变形后，得到当前构形中的真实力元 $\mathrm{d}\boldsymbol{t}_n$，即

$$\mathrm{d}\boldsymbol{t}_n = \boldsymbol{F}\cdot\mathrm{d}\boldsymbol{T}_N = \boldsymbol{F}\cdot\boldsymbol{P}_N\mathrm{d}S_0 \tag{9.25}$$

引入参考初始构形的应力张量 $\boldsymbol{\Sigma}$ ，要求满足 $\boldsymbol{P}_N = \boldsymbol{\Sigma}\cdot\boldsymbol{N}$ ，代入式（9.25）有

$$\boldsymbol{\sigma}\cdot\mathrm{d}\boldsymbol{S} = \boldsymbol{\pi}\cdot\mathrm{d}\boldsymbol{S}_0 = \boldsymbol{F}\cdot\boldsymbol{\Sigma}\cdot\mathrm{d}\boldsymbol{S}_0 \tag{9.26}$$

从而得到应力张量 $\boldsymbol{\Sigma}$ 与 $\boldsymbol{\pi}$，$\boldsymbol{\sigma}$ 的关系

$$\boldsymbol{\Sigma} = \boldsymbol{F}^{-1}\cdot\boldsymbol{\pi} = J\boldsymbol{F}^{-1}\cdot\boldsymbol{\sigma}\cdot\boldsymbol{F}^{-\mathrm{T}} \tag{9.27}$$

$\boldsymbol{\Sigma}$ 称为**第二类皮奥拉－基尔霍夫（PK2）应力张量**。进一步分析可得

$$\begin{aligned}\boldsymbol{\Sigma} &= J\boldsymbol{F}^{-1}\cdot\boldsymbol{\sigma}\cdot\boldsymbol{F}^{-\mathrm{T}} = J(\boldsymbol{G}_m\otimes\boldsymbol{g}^m)\cdot\sigma^{ij}\boldsymbol{g}_i\otimes\boldsymbol{g}_j\cdot(\boldsymbol{g}^k\otimes\boldsymbol{G}_k)\\ &= J\sigma^{ij}\boldsymbol{G}_i\otimes\boldsymbol{G}_j = J\sigma^{ij}\beta_i^A\beta_j^B\boldsymbol{G}_A\otimes\boldsymbol{G}_B = \Sigma^{AB}\boldsymbol{G}_A\otimes\boldsymbol{G}_B\end{aligned} \tag{9.28}$$

可知 $\boldsymbol{\Sigma}$ 是完全定义于初始构形上的应力张量。在传统的连续介质力学理论中，$\boldsymbol{\sigma}$ 是

对称张量，与之对应的 $\boldsymbol{\Sigma}$ 也是对称的。这种假设初始面元上的力矢量经历与线元矢量同样变形看上去并不自然，然而具有物理基础。后文将会证明：通过这种假设得到的 PK2 应力与格林应力在能量上是共轭的。此外，它具有一个十分重要的性质：标架变换不变性，或者说客观性。

还有一种常见的应力张量，称为**基尔霍夫应力张量**，其定义如下

$$\boldsymbol{\tau} = J\boldsymbol{\sigma} = \boldsymbol{F} \cdot \boldsymbol{\Sigma} \cdot \boldsymbol{F}^{\mathrm{T}} \tag{9.29}$$

它也是一种名义应力。

9.5 偶应力矢量与偶应力张量

在刚体力学中，除了力，力偶是表征机械相互作用的另一个基本量。它独立于力，仅引起刚体旋转运动的变化，而不改变刚体平移运动状态。力偶在刚体力学中被定义为一对大小相等、方向相反的非共线力。然而，将这个定义直接应用于确定变形体中的体力偶和面力偶时，会遇到概念上的佯谬。即在取极限过程中，随着表示单元尺寸趋向于一点，在力保持为有限值时，力偶矩将变为零，从而导致力偶定义的失效。

为了在连续介质力学中引入体力偶和面力偶，美国力学家**爱林根**（Eringen）于 1982 年采取了一种实用主义的态度。他认为连续介质力学中的物质点并非几何意义上的点，而是“宏观无限小，微观有限大”的微元体。因此，仍可引入体力偶和面力偶。事实上，连续介质是基于连续化处理后的一种平均场，其上的力偶和力一样，是一种“先验”预定的基本物理量。因此，**体力偶** $\boldsymbol{c}$ 与**面力偶** $\boldsymbol{m}$ 可以用取极限的办法直接定义为

$$\boldsymbol{c} = \boldsymbol{c}(\boldsymbol{x}) = \lim_{\Delta m \to 0} \frac{\Delta \boldsymbol{C}}{\Delta m}, \quad \boldsymbol{m} = \boldsymbol{m}(\boldsymbol{x}) = \lim_{\Delta S \to 0} \frac{\Delta \boldsymbol{M}}{\Delta S} \tag{9.30}$$

任选一点 O 作为矩心，则物体上总的力矩 $\boldsymbol{M}_O$ 为

$$\boldsymbol{M}_O = \int_{\Omega} [\boldsymbol{r} \times \rho \boldsymbol{f}(\boldsymbol{x}) + \rho \boldsymbol{c}(\boldsymbol{x})] \mathrm{d}V + \int_{\partial\Omega} [\boldsymbol{r} \times \boldsymbol{p}(\boldsymbol{x}) + \boldsymbol{m}(\boldsymbol{x})] \mathrm{d}S \tag{9.31}$$

式中，$\boldsymbol{r}$ 为矩心 O 到力的作用点的向径。显然，$\boldsymbol{M}_O$ 中包含了两个部分：一部分是依赖于矩心的力矩，另一部分是与矩心无关的力偶。

最初的柯西应力假设并没有涉及接触力偶，但它可以直接被推广到考虑接触力偶的情况。我们可同样定义偶应力矢量 $\boldsymbol{m}_n$

$$\boldsymbol{m}_n = \boldsymbol{m}_n(\boldsymbol{x}, \boldsymbol{n}) = \lim_{\Delta S \to 0} \frac{\Delta \boldsymbol{M}_n(\boldsymbol{x})}{\Delta S} \tag{9.32}$$

类似柯西应力张量的推导过程，考虑如图 9.2 所示的四面体微元各侧面上存在偶面力情况，根据动量矩定理，也可以得到相应的**偶应力张量** $\boldsymbol{\mu}$ 定义及其底面上偶面力的计算式

$$\boldsymbol{\mu} = \boldsymbol{m}_k \otimes \boldsymbol{n}^k, \quad \boldsymbol{m}_n = \boldsymbol{\mu} \cdot \boldsymbol{n} \tag{9.33}$$

需要注意的是：当考虑存在偶应力情况时，柯西应力张量不再是对称的。

例 9.1 在直角坐标系中，一个连续介质中的应力场表示为

$$\boldsymbol{\sigma} = 3x_1x_2\boldsymbol{e}_1 \otimes \boldsymbol{e}_1 + 5x_2^2(\boldsymbol{e}_1 \otimes \boldsymbol{e}_2 + \boldsymbol{e}_2 \otimes \boldsymbol{e}_1) + 2x_3^2(\boldsymbol{e}_2 \otimes \boldsymbol{e}_3 + \boldsymbol{e}_3 \otimes \boldsymbol{e}_3)$$

试计算平面 $2x_1 + 5x_2 + \sqrt{3}x_3 = 12$ 上点 $(2, 1, \sqrt{3})$ 处的应力矢量、正应力、剪应力。

解：点 $(2, 1, \sqrt{3})$ 处的应力 $\boldsymbol{\sigma}$ 与平面 $2x_1 + 5x_2 + \sqrt{3}x_3 = 12$ 的单位法线矢量 $\boldsymbol{n}$ 可写为下面的矩阵形式

$$\boldsymbol{\sigma} = \begin{bmatrix} 6 & 5 & 0 \\ 5 & 0 & 6 \\ 0 & 6 & 0 \end{bmatrix}, \quad \boldsymbol{n} = \begin{Bmatrix} \sqrt{2}/4 \\ 5\sqrt{2}/8 \\ \sqrt{6}/8 \end{Bmatrix}$$

根据柯西应力公式，计算应力矢量如下

$$\boldsymbol{t}_n = \boldsymbol{\sigma} \cdot \boldsymbol{n} = \begin{bmatrix} 6 & 5 & 0 \\ 5 & 0 & 6 \\ 0 & 6 & 0 \end{bmatrix} \begin{Bmatrix} \sqrt{2}/4 \\ 5\sqrt{2}/8 \\ \sqrt{6}/8 \end{Bmatrix} = \begin{Bmatrix} 6.54 \\ 3.60 \\ 5.30 \end{Bmatrix}$$

正应力与剪应力分别为

$$\sigma_n = \boldsymbol{n} \cdot \boldsymbol{\sigma} \cdot \boldsymbol{n} = \begin{Bmatrix} \sqrt{2}/4 \\ 5\sqrt{2}/8 \\ \sqrt{6}/8 \end{Bmatrix}^{\mathrm{T}} \begin{bmatrix} 6 & 5 & 0 \\ 5 & 0 & 6 \\ 0 & 6 & 0 \end{bmatrix} \begin{Bmatrix} \sqrt{2}/4 \\ 5\sqrt{2}/8 \\ \sqrt{6}/8 \end{Bmatrix} = 7.12$$

$$\tau_n = \sqrt{\boldsymbol{n}\cdot\boldsymbol{\sigma}^{\mathrm{T}}\cdot\boldsymbol{\sigma}\cdot\boldsymbol{n} - (\boldsymbol{n}\cdot\boldsymbol{\sigma}\cdot\boldsymbol{n})^2}$$

$$= \sqrt{\begin{Bmatrix}\sqrt{2}/4\\5\sqrt{2}/8\\\sqrt{6}/8\end{Bmatrix}^{\mathrm{T}}\begin{bmatrix}6&5&0\\5&0&6\\0&6&0\end{bmatrix}^2\begin{Bmatrix}\sqrt{2}/4\\5\sqrt{2}/8\\\sqrt{6}/8\end{Bmatrix} - 7.12^2} = 5.76$$

例 9.2 若连续介质中某一点处的应力矢量 $\boldsymbol{t}_n$ 不依赖于过该点截面的法线方向 $\boldsymbol{n}$，而沿着某一固定方向，则该点处的应力是单向的，称之为单向应力或单轴应力。设这个固定方向由单位向量 $\boldsymbol{q}$ 表示，试证明：单轴应力可表示为 $\boldsymbol{\sigma} = p\boldsymbol{q}\otimes\boldsymbol{q}$，其中，$p$ 是一个标量，且该处的最大剪应力值为 $|p|/2$。

证明：不失一般性。依题意可以设 $\boldsymbol{t}_n = p\boldsymbol{q}$，由柯西应力公式可得

$$\boldsymbol{\sigma}\cdot\boldsymbol{q} = \boldsymbol{t}_n = p\boldsymbol{q}$$

可见，p 与 $\boldsymbol{q}$ 是 $\boldsymbol{\sigma}$ 的一个特征值与对应的特征向量。设 $\boldsymbol{\sigma}$ 的另外两个特征值为 λ_1 与 λ_2，与它们对应的特征向量分别为 $\boldsymbol{r}_1$ 与 $\boldsymbol{r}_2$，则容易得到

$$\lambda_1\boldsymbol{r}_1 = \boldsymbol{\sigma}\cdot\boldsymbol{r}_1 = \boldsymbol{t}_n = p\boldsymbol{q},\quad \lambda_2\boldsymbol{r}_2 = \boldsymbol{\sigma}\cdot\boldsymbol{r}_2 = \boldsymbol{t}_n = p\boldsymbol{q}$$

不考虑偶应力效应，则应力张量 σ 是对称的，三个特征向量相互正交，由上面的两式可得

$$\lambda_1 = p\boldsymbol{q}\cdot\boldsymbol{r}_1 = 0,\quad \lambda_2 = p\boldsymbol{q}\cdot\boldsymbol{r}_2 = 0$$

根据谱定理，即得 $\boldsymbol{\sigma} = p\boldsymbol{q}\otimes\boldsymbol{q}$。令 $\cos\theta = \boldsymbol{q}\cdot\boldsymbol{n}$，由剪应力公式得

$$\tau_n = \sqrt{p^2(\boldsymbol{q}\cdot\boldsymbol{n})^2 - p^2(\boldsymbol{q}\cdot\boldsymbol{n})^4} = \frac{1}{2}|p||\sin 2\theta|$$

即可得最大剪应力值为 $|p|/2$。

例 9.3 设某圆柱体变形前的坐标为 $\{R,\ \Theta,\ Z\}$，变形后相应点的坐标为 $\{r,\ \theta,\ z\}$，其变形前后的关系为

$$r = R,\quad \theta = \Theta + mZ,\quad z = Z$$

式中，m 为常数。设圆柱体的柯西应力张量可写为 $\boldsymbol{\sigma} = \tau(\boldsymbol{e}_\theta\otimes\boldsymbol{e}_z + \boldsymbol{e}_z\otimes\boldsymbol{e}_\theta)$，试求定义在初始构形上的 PK2 应力张量 $\boldsymbol{\Sigma} = \Sigma^{IJ}\boldsymbol{e}_I\otimes\boldsymbol{e}_J(I, J = R, Z, \Theta)$ 的分量 Σ^{IJ} 表达式。

解：柱坐标系 $\{x^i\}=\{r, \theta, z\}$ 的协变基 $\boldsymbol{g}_i$ 与其单位化基向量 $\boldsymbol{e}_i$ 的关系为

$$\boldsymbol{g}_r=\boldsymbol{e}_r,\ \boldsymbol{g}_\theta=r\boldsymbol{e}_\theta,\ \boldsymbol{g}_z=\boldsymbol{e}_z$$

则柯西应力张量可改写为

$$\boldsymbol{\sigma}=\sigma^{ij}\boldsymbol{e}_i\otimes\boldsymbol{e}_j=\frac{\tau}{r}(\boldsymbol{g}_\theta\otimes\boldsymbol{g}_z+\boldsymbol{g}_z\otimes\boldsymbol{g}_\theta)$$

σ^{ij} 的矩阵形式为

$$[\sigma^{ij}]=\begin{bmatrix}0 & 0 & 0\\ 0 & 0 & \dfrac{\tau}{r}\\ 0 & \dfrac{\tau}{r} & 0\end{bmatrix}$$

变形梯度 $\boldsymbol{F}=\beta_A^k\boldsymbol{g}_k\otimes\boldsymbol{G}^A=\dfrac{\partial x^k}{\partial X^A}\boldsymbol{g}_k\otimes\boldsymbol{G}^A$ 及其逆 $\boldsymbol{F}^{-1}=\dfrac{\partial X^A}{\partial x^i}\boldsymbol{G}_A\otimes\boldsymbol{g}^k$ 用矩阵表示为

$$\left[\frac{\partial x^k}{\partial X^A}\right]=\begin{bmatrix}1 & 0 & 0\\ 0 & 1 & m\\ 0 & 0 & 1\end{bmatrix},\quad \left[\frac{\partial X^A}{\partial x^i}\right]=\begin{bmatrix}1 & 0 & 0\\ 0 & 1 & -m\\ 0 & 0 & 1\end{bmatrix}$$

接下来求雅可比 $J=\det(\boldsymbol{F})$。由 $\sqrt{g}=[\boldsymbol{g}_r, \boldsymbol{g}_\theta, \boldsymbol{g}_z]=r$，$\sqrt{G}=[\boldsymbol{G}_R, \boldsymbol{G}_\Theta, \boldsymbol{G}_Z]=R$，$\det(\dfrac{\partial x^k}{\partial X^A})=1$ 代入，可得

$$J=\det(\boldsymbol{F})=\sqrt{\frac{g}{G}}\det\left(\frac{\partial x^k}{\partial X^A}\right)=\frac{r}{R}$$

根据 $\boldsymbol{\Sigma}=\Sigma^{AB}\boldsymbol{G}_A\otimes\boldsymbol{G}_B=J\boldsymbol{F}^{-1}\cdot\boldsymbol{\sigma}\cdot\boldsymbol{F}^{-T}$ 可得 Σ^{AB} 的矩阵形式

$$[\Sigma^{AB}]=\frac{r}{R}\begin{bmatrix}1 & 0 & 0\\ 0 & 1 & -m\\ 0 & 0 & 1\end{bmatrix}\begin{bmatrix}0 & 0 & 0\\ 0 & 0 & \dfrac{\tau}{r}\\ 0 & \dfrac{\tau}{r} & 0\end{bmatrix}\begin{bmatrix}1 & 0 & 0\\ 0 & 1 & 0\\ 0 & -m & 1\end{bmatrix}=\frac{\tau}{R}\begin{bmatrix}0 & 0 & 0\\ 0 & -2m & 1\\ 0 & 1 & 0\end{bmatrix}$$

亦即 $\boldsymbol{\Sigma}=\Sigma^{AB}\boldsymbol{G}_A\otimes\boldsymbol{G}_B=\dfrac{\tau}{R}(-2m\boldsymbol{G}_\Theta\otimes\boldsymbol{G}_\Theta+\boldsymbol{G}_\Theta\otimes\boldsymbol{G}_Z+\boldsymbol{G}_Z\otimes\boldsymbol{G}_\Theta)$。考虑柱坐标系 $\{X^A\}=\{R, \Theta, Z\}$ 的协变基 $\boldsymbol{G}_A$ 与其单位化基向量 $\boldsymbol{e}_A$ 的关系为

$$\boldsymbol{G}_R = \boldsymbol{e}_R,\quad \boldsymbol{G}_\Theta = R\boldsymbol{e}_\Theta,\quad \boldsymbol{G}_Z = \boldsymbol{e}_Z$$

代入可得

$$\boldsymbol{\Sigma} = \Sigma^{IJ}\boldsymbol{e}_I \otimes \boldsymbol{e}_J = \tau(\boldsymbol{e}_\Theta \otimes \boldsymbol{e}_Z + \boldsymbol{e}_Z \otimes \boldsymbol{e}_\Theta) - 2mR\tau\, \boldsymbol{e}_\Theta \otimes \boldsymbol{e}_\Theta$$

从而求得其各分量为 $\Sigma^{\Theta\Theta} = -2mR\tau$，$\Sigma^{\Theta Z} = \Sigma^{Z\Theta} = \tau$，其余等于 0。

9.6 本章主要符号与公式

体力： $\boldsymbol{f} = \boldsymbol{f}(\boldsymbol{x}) = \lim\limits_{\Delta m \to 0} \dfrac{\Delta \boldsymbol{F}}{\Delta m}$

面力： $\boldsymbol{t} = \boldsymbol{t}(\boldsymbol{x}) = \lim\limits_{\Delta S \to 0} \dfrac{\Delta \boldsymbol{T}}{\Delta S}$

柯西应力张量： $\boldsymbol{\sigma} = \boldsymbol{p}_k \otimes \boldsymbol{n}^k \boldsymbol{\sigma} = \sigma_{ij}\boldsymbol{g}^i \otimes \boldsymbol{g}^j = \sigma_{ij}\boldsymbol{e}_i \otimes \boldsymbol{e}_j = \sum\limits_{k=1}^{3} \lambda_k \boldsymbol{n}_k \otimes \boldsymbol{n}_k$

式中，λ_1，λ_2，$\lambda_3(\lambda_1 \geqslant \lambda_2 \geqslant \lambda_3)$ 为 $\boldsymbol{\sigma}$ 三个主应力；$\boldsymbol{n}_1$，$\boldsymbol{n}_2$，$\boldsymbol{n}_3$ 为 $\boldsymbol{\sigma}$ 的三个主方向矢量

三个主不变量： $I_1(\boldsymbol{\sigma}) = \lambda_1 + \lambda_2 + \lambda_3$，$I_2(\boldsymbol{\sigma}) = \lambda_1\lambda_2 + \lambda_2\lambda_3 + \lambda_3\lambda_1$，$I_3(\boldsymbol{\sigma}) = \lambda_1\lambda_2\lambda_3$

柯西应力矢量： $\boldsymbol{t}_n = \boldsymbol{\sigma} \cdot \boldsymbol{n}$

第一类皮奥拉－基尔霍夫应力张量： $\boldsymbol{\pi} = J\boldsymbol{\sigma} \cdot \boldsymbol{F}^{-\mathrm{T}}$

PK1 应力矢量： $\boldsymbol{p}_N = \boldsymbol{\pi} \cdot \boldsymbol{N}$

第二类皮奥拉－基尔霍夫应力张量： $\boldsymbol{\Sigma} = \boldsymbol{F}^{-1} \cdot \boldsymbol{\pi} = J\boldsymbol{F}^{-1} \cdot \boldsymbol{\sigma} \cdot \boldsymbol{F}^{-\mathrm{T}}$

PK2 应力矢量： $\boldsymbol{P}_N = \boldsymbol{\Sigma} \cdot \boldsymbol{N}$

三个应力矢量关系： $\boldsymbol{p}_n \mathrm{d}S = \boldsymbol{p}_N \mathrm{d}S_0 = \boldsymbol{F} \cdot \boldsymbol{P}_N \mathrm{d}S_0$

基尔霍夫应力张量： $\boldsymbol{\tau} = J\boldsymbol{\sigma} = \boldsymbol{F} \cdot \boldsymbol{\Sigma} \cdot \boldsymbol{F}^{\mathrm{T}}$

9.7 习题

9.1 根据动量矩定理，推导偶应力张量 $\boldsymbol{\mu}$ 表达式。

9.2 在直角坐标系中，连续介质中某点处的应力可表示为

$$\boldsymbol{\sigma} = 3\boldsymbol{e}_1 \otimes \boldsymbol{e}_1 + 4\boldsymbol{e}_2 \otimes \boldsymbol{e}_2 + 2\boldsymbol{e}_3 \otimes \boldsymbol{e}_3 + 2(\boldsymbol{e}_1 \otimes \boldsymbol{e}_2 + \boldsymbol{e}_2 \otimes \boldsymbol{e}_1) + 2(\boldsymbol{e}_1 \otimes \boldsymbol{e}_3 + \boldsymbol{e}_3 \otimes \boldsymbol{e}_1)$$

试计算：（1）该点处截面 $x_1+2x_2+x_3=1$ 上的应力矢量、正应力、剪应力；（2）该点处的球应力与偏应力、主应力、主方向。

9.3 如果某物体变形前后所占体积分别为 V_0 与 V，在静力平衡条件下，试证：

（1）当前构形 Ω 中柯西应力 $\boldsymbol{\sigma}$ 的平均值可写为

$$\frac{1}{V}\int_{\Omega}\boldsymbol{\sigma}\mathrm{d}V=\frac{1}{2V}\left[\int_{\partial\Omega}(\boldsymbol{x}\otimes\boldsymbol{\sigma}\cdot\boldsymbol{n}+\boldsymbol{n}\cdot\boldsymbol{\sigma}\otimes\boldsymbol{x})\mathrm{d}S+\int_{\Omega}\rho(\boldsymbol{x}\otimes\boldsymbol{f}+\boldsymbol{f}\otimes\boldsymbol{x})\mathrm{d}V\right]$$

（2）初始构形 Ω_0 中第一类皮奥拉－基尔霍夫应力 $\boldsymbol{\pi}$ 的平均值可写为

$$\frac{1}{V_0}\int_{\Omega_0}\boldsymbol{\pi}\mathrm{d}V_0=\frac{1}{V_0}\left[\int_{\partial\Omega_0}(\boldsymbol{X}\otimes\boldsymbol{\pi}\cdot\boldsymbol{N})\mathrm{d}S_0+\int_{\Omega_0}\rho_0(\boldsymbol{X}\otimes\boldsymbol{f})\mathrm{d}V_0\right]$$

9.4 试证：$\boldsymbol{U}\cdot\boldsymbol{\Sigma}\cdot\boldsymbol{U}$ 的主方向 $\boldsymbol{L}_{\alpha}(\boldsymbol{\sigma})$ 与柯西应力 $\boldsymbol{\sigma}$ 的主方向 $\boldsymbol{l}_{\alpha}(\boldsymbol{\sigma})$ 之间相差一个刚体转动：$\boldsymbol{l}_{\alpha}(\boldsymbol{\sigma})=\boldsymbol{R}\cdot\boldsymbol{L}_{\alpha}(\boldsymbol{\sigma})$。其中，$\boldsymbol{\Sigma}$ 为第二类皮奥拉－基尔霍夫应力，$\boldsymbol{U}$ 和 $\boldsymbol{R}$ 分别为变形梯度 $\boldsymbol{F}$ 极分解中的右伸长张量和正交张量。

第10章

守恒定律与能量原理

质量、动量、动量矩、能量守恒定律、熵不等式是自然界的普遍规律，所有的物理过程都受它们支配，固体材料的大变形也不例外。本章主要讨论它们在连续介质中的表示及推论。

10.1 质量守恒定律

考虑定义在当前构形 Ω 上的质量密度 $\rho = \rho(\boldsymbol{x}, t)$ 。对于一个封闭系统，其总质量 $m = \int_{\Omega} \rho dV$ 不随时间而改变，这就是**质量守恒定律**。根据输运定理式（8.38）

$$\frac{\mathrm{D}}{\mathrm{D}t}\int_{\Omega}\boldsymbol{\varphi}(\boldsymbol{x},t)\,\mathrm{d}V = \int_{\Omega}[\dot{\boldsymbol{\varphi}} + \boldsymbol{\varphi}(\nabla\cdot\boldsymbol{v})]\,\mathrm{d}V = \int_{\Omega}\frac{\partial\boldsymbol{\varphi}}{\partial t}\mathrm{d}V + \int_{\partial\Omega}(\boldsymbol{\varphi}\otimes\boldsymbol{v})\cdot\mathrm{d}S$$

用 ρ 替代式中的 $\boldsymbol{\varphi}$ ，可得

$$\dot{m} = \frac{\mathrm{D}}{\mathrm{D}t}\int_{\Omega}\rho\mathrm{d}V = \int_{\Omega}[\dot{\rho} + \rho(\boldsymbol{\nabla}\cdot\boldsymbol{v})]\,\mathrm{d}V = 0 \tag{10.1}$$

式中，$\boldsymbol{v} = \boldsymbol{v}(\boldsymbol{x}, t)$ 是速度矢量。

在连续介质力学中，**局部化假设**是从整体过渡到局部的一个假设：认为积分方程在其积分区域的任意子区域均成立，从而得出对应的微分方程。其数学描述为：若 $\boldsymbol{\Psi}(\boldsymbol{x}, t)$ 是 Ω 上的连续函数，且对任意的 $\widehat{\Omega} \subset \Omega$ ，方程 $\int_{\widehat{\Omega}}\boldsymbol{\Psi}(\boldsymbol{x}, t)\mathrm{d}V = 0$ 恒成立，则必有 $\boldsymbol{\Psi}(\boldsymbol{x}, t) = 0$ 。

采用局部化假设，由质量守恒的积分式（10.1）可得其微分形式

$$\dot{\rho} + \rho(\boldsymbol{\nabla}\cdot\boldsymbol{v}) = 0 \tag{10.2}$$

由物质导数公式 $\dot{\rho} = \frac{\partial \rho}{\partial t} + (\rho \otimes \boldsymbol{\nabla}) \cdot \boldsymbol{v}$ 与导数运算法则 $\boldsymbol{\nabla} \cdot (\rho \boldsymbol{v}) = (\rho \otimes \boldsymbol{\nabla}) \cdot \boldsymbol{v} + \rho(\boldsymbol{\nabla} \cdot \boldsymbol{v})$，式（10.2）也可写为

$$\frac{\partial \rho}{\partial t} + \boldsymbol{\nabla} \cdot (\rho \boldsymbol{v}) = 0 \tag{10.3}$$

式（10.2）与式（10.3）又被称为**欧拉型连续性方程**。

基于拉格朗日描述，质量守恒定律可以表示为

$$\int_{\Omega_0} \rho_0(\boldsymbol{X},\ t)\,\mathrm{d}V_0 = \int_{\Omega} \rho(\boldsymbol{x},\ t)\,\mathrm{d}V \tag{10.4}$$

式中，$\rho_0(\boldsymbol{X},\ t)$ 是初始构形中的质量密度。利用式 $\mathrm{d}V = J\mathrm{d}V_0$ 可得

$$\int_{\Omega_0} [\rho_0(\boldsymbol{X},\ t) - \rho J]\,\mathrm{d}V_0 = 0 \tag{10.5}$$

在局部化假设下，可得到质量守恒定律的另一种形式

$$\rho_0 = J\rho \tag{10.6}$$

结合输运定理式（8.38）与连续性方程式（10.2），可以得到一个重要的恒等式

$$\frac{\mathrm{D}}{\mathrm{D}t}\int_{\Omega} \rho \boldsymbol{\varphi}\,\mathrm{d}V = \int_{\Omega} \left[\frac{\mathrm{D}(\rho \boldsymbol{\varphi})}{\mathrm{D}t} + (\rho \boldsymbol{\varphi})(\nabla \cdot \boldsymbol{v}) \right] \mathrm{d}V = \int_{\Omega} \rho\,\dot{\boldsymbol{\varphi}}\,\mathrm{d}V \tag{10.7}$$

式中，$\boldsymbol{\varphi} = \boldsymbol{\varphi}(\boldsymbol{x},\ t)$ 为任意的张量值函数。该式也被称为**雷诺输运定理**。

特别地，当 $\boldsymbol{\varphi}$ 取为速度矢量 $\boldsymbol{v}$，即 $\boldsymbol{\varphi} = \boldsymbol{v}$，代入式（10.7）则得动量 $\boldsymbol{v}\mathrm{d}m$ 的变化率为

$$\frac{\mathrm{D}}{\mathrm{D}t}\int_{\Omega} \boldsymbol{v} \rho\,\mathrm{d}V = \int_{\Omega} \boldsymbol{a} \rho\,\mathrm{d}V \tag{10.8}$$

式中，$\boldsymbol{a}$ 为微元 $\mathrm{d}V$ 的加速度。若取 $\boldsymbol{\varphi} = \boldsymbol{r} \times \boldsymbol{v}$，则对向径 $\boldsymbol{r}$ 的矢端的动量矩 $\boldsymbol{r} \times \boldsymbol{v}\mathrm{d}m$ 的变化率可表示为

$$\frac{\mathrm{D}}{\mathrm{D}t}\int_{\Omega} \boldsymbol{r} \times \boldsymbol{v} \rho\,\mathrm{d}V = \int_{\Omega} \boldsymbol{r} \times \boldsymbol{a} \rho\,\mathrm{d}V \tag{10.9}$$

例 10.1 试证明运动物体的密度 ρ、速度 $\boldsymbol{v}$、加速度 $\boldsymbol{a}$ 之间存在如下关系式

$$\rho \boldsymbol{a} = \frac{\partial}{\partial t}(\rho \boldsymbol{v}) + \mathrm{div}(\rho \boldsymbol{v} \otimes \boldsymbol{v})$$

证明：在物体当前构形中任取规则子域 Ω。$\boldsymbol{v}$ 为一个连续可微的速度场，考虑

$\int_{\Omega}\rho\boldsymbol{v}\mathrm{d}V$ 的时间变化率，由式（10.8）可得

$$\frac{\mathrm{D}}{\mathrm{D}t}\int_{\Omega}\rho\boldsymbol{v}\mathrm{d}V=\int_{\Omega}\rho\boldsymbol{a}\mathrm{d}V$$

另外，由输运定理式（8.39）$\frac{\mathrm{D}}{\mathrm{D}t}\int_{\Omega}\boldsymbol{\varphi}(\boldsymbol{x},\ t)\mathrm{d}V=\int_{\Omega}\frac{\partial\boldsymbol{\varphi}}{\partial t}\mathrm{d}V+\int_{\partial\Omega}(\boldsymbol{\varphi}\otimes v)\cdot\mathrm{d}\boldsymbol{S}$，并且应用散度定理可得

$$\begin{aligned}\frac{\mathrm{D}}{\mathrm{D}t}\int_{\Omega}\rho\boldsymbol{v}\mathrm{d}V=\int_{\Omega}\rho\boldsymbol{a}\mathrm{d}V&=\int_{\Omega}\frac{\partial(\rho\boldsymbol{v})}{\partial t}\mathrm{d}V+\int_{\partial\Omega}((\rho\boldsymbol{v})\otimes\boldsymbol{v})\cdot\mathrm{d}\boldsymbol{S}\\&=\int_{\Omega}\left[\frac{\partial(\rho\boldsymbol{v})}{\partial t}+(\rho\boldsymbol{v}\otimes\boldsymbol{v})\cdot\boldsymbol{\nabla}\right]\mathrm{d}V\end{aligned}$$

由于上式对于任意子域 Ω 均成立，所以可得关系式

$$\rho\boldsymbol{a}=\frac{\partial}{\partial t}(\rho\boldsymbol{v})+\mathrm{div}(\rho\boldsymbol{v}\otimes\boldsymbol{v})$$

10.2 动量与动量矩平衡方程

与刚体类似，在惯性参考系中，连续介质的运动也满足动量定理和动量矩定理这两个基本定理。**动量定理**指一个物体的总动量对时间的变化率，等于作用在该物体上的所有外力的主矢；**动量矩定理**指物体相对于一个固定参考点的总动量矩的时间变化率，等于作用在该物体上所有外力相对于同一点的主矩。这里的物体可以是刚体、变形体、液体、气体等连续介质。作用在物体上的外力包括体力、体力偶、表面力、面力偶等。它们又称为**欧拉第一运动定律与第二运动定律**。

考虑变形体当前构形中的任意子域 Ω，在其内取微元体 $\mathrm{d}V$，设作用在微元上的体力 $\boldsymbol{f}$ 与体力偶 $\boldsymbol{M}$，微元表面力 $\boldsymbol{t}_n$ 与面力偶 $\boldsymbol{m}_n$，质心加速度为 $\boldsymbol{a}$，质量密度为 ρ。应用动量定理与动量矩定理，并考虑式（10.8）与式（10.9），该部分物体的动量变化率可表示为

$$\frac{\mathrm{D}}{\mathrm{D}t}\int_{\Omega}\rho\boldsymbol{v}\mathrm{d}V=\int_{\Omega}\rho\boldsymbol{a}\mathrm{d}V=\int_{\Omega}\rho\boldsymbol{f}\mathrm{d}V+\oint_{\partial\Omega}\boldsymbol{t}_n\mathrm{d}S\tag{10.10}$$

该部分物体对固定参考点 $\hat{\boldsymbol{x}}$ 的动量矩变化率可表示为

$$\frac{\mathrm{D}}{\mathrm{D}t}\int_\Omega \boldsymbol{r}\times\rho\boldsymbol{v}\mathrm{d}V=\int_\Omega \boldsymbol{r}\times\rho\boldsymbol{a}\mathrm{d}V=\int_\Omega(\boldsymbol{r}\times\rho\boldsymbol{f}+\rho\boldsymbol{M})\mathrm{d}V+\oint_{\partial\Omega}(\boldsymbol{r}\times\boldsymbol{t}_n+\boldsymbol{m}_n)\mathrm{d}S \tag{10.11}$$

式中，$\boldsymbol{r}=\boldsymbol{x}-\hat{\boldsymbol{x}}$ 表示从固定点 $\hat{\boldsymbol{x}}$ 到外力作用点 $\boldsymbol{x}$ 的矢径。

显然以上两式对物体内任意子域都成立，下面将应用局部化假设将它们写成微分形式。根据柯西应力公式与散度定理，有

$$\oint_{\partial\Omega}\boldsymbol{t}_n\mathrm{d}S=\oint_{\partial\Omega}\boldsymbol{\sigma}\cdot\boldsymbol{n}\mathrm{d}S=\int_\Omega\boldsymbol{\sigma}\cdot\boldsymbol{\nabla}\mathrm{d}V$$

$$\oint_{\partial\Omega}\boldsymbol{m}_n\mathrm{d}S=\oint_{\partial\Omega}\boldsymbol{\mu}\cdot\boldsymbol{n}\mathrm{d}S=\int_\Omega\boldsymbol{\mu}\cdot\boldsymbol{\nabla}\mathrm{d}V$$

$$\oint_{\partial\Omega}(\boldsymbol{r}\times\boldsymbol{t}_n)\mathrm{d}S=\oint_{\partial\Omega}(\boldsymbol{r}\times\boldsymbol{\sigma})\cdot\boldsymbol{n}\mathrm{d}S=\int_\Omega(\boldsymbol{r}\times\boldsymbol{\sigma})\cdot\boldsymbol{\nabla}\mathrm{d}V=\int_\Omega[\boldsymbol{r}\times(\boldsymbol{\sigma}\cdot\boldsymbol{\nabla})-\boldsymbol{\varepsilon}:\boldsymbol{\sigma}]\mathrm{d}V$$

式中，$\boldsymbol{\varepsilon}$ 为爱丁顿张量。将以上三个式子代入式（10.10）与式（10.11），整理后可以得到

$$\int_\Omega\rho\dot{\boldsymbol{v}}\mathrm{d}V=\int_\Omega(\rho\boldsymbol{f}+\boldsymbol{\sigma}\cdot\boldsymbol{\nabla})\mathrm{d}V \tag{10.12}$$

$$\int_\Omega\boldsymbol{r}\times(\rho\dot{\boldsymbol{v}}-\boldsymbol{\sigma}\cdot\boldsymbol{\nabla}-\rho\boldsymbol{f})\mathrm{d}V=\int_\Omega(\boldsymbol{\mu}\cdot\boldsymbol{\nabla}+\rho\boldsymbol{M}-\boldsymbol{\varepsilon}:\boldsymbol{\sigma})\mathrm{d}V \tag{10.13}$$

应用局部化假设即可得动量定理及动量矩定理的微分形式

$$\boldsymbol{\sigma}\cdot\boldsymbol{\nabla}+\rho\boldsymbol{f}=\rho\dot{\boldsymbol{v}}=\rho\boldsymbol{a} \tag{10.14}$$

$$\boldsymbol{\mu}\cdot\boldsymbol{\nabla}+\rho\boldsymbol{M}-\boldsymbol{\varepsilon}:\boldsymbol{\sigma}=\boldsymbol{0} \tag{10.15}$$

式（10.14）与式（10.15）也称为**欧拉动量平衡方程**与**动量矩平衡方程**。它们都是定义在当前构形上的，由于当前构形及其边界位置都是未知的，实际上方程是非线性的。

可以看出，动量矩平衡不涉及加速度，无关连续介质的运动状态。究其原因是在经典连续介质力学中没有考虑物质点的内禀自旋，所以物质点没有内禀角速度与角加速度。在微极连续介质模型中，爱林根等人于 1982 年引入了物质点的内禀自旋，动量矩平衡方程中也就是出现了内禀加速度。特别地，在经典连续介质力学中通常不计体力偶 $\boldsymbol{M}$ 与偶应力 $\boldsymbol{\mu}$，于是式（10.15）退化为

$$\boldsymbol{\varepsilon}:\boldsymbol{\sigma}=\boldsymbol{0} \tag{10.16}$$

即柯西应力张量 $\boldsymbol{\sigma}$ 是对称的，$\boldsymbol{\sigma}^T=\boldsymbol{\sigma}$，也称为切应力互等定理。因此，第二类皮奥拉－基尔霍夫应力张量 $\boldsymbol{\Sigma}$ 也是对称的。本书仅讨论应力对称情况。

应用质量守恒、面元转换、PK1 应力张量 $\boldsymbol{\pi}$，可将式（10.10）转换到初始构形上

$$\begin{aligned}\int_{\Omega}\rho\dot{\boldsymbol{v}}\mathrm{d}V &= \int_{\Omega_0}\rho_0\dot{\boldsymbol{v}}\mathrm{d}V_0 = \oint_{\partial\Omega_0}J\boldsymbol{\sigma}\cdot\boldsymbol{F}^{-\mathrm{T}}\cdot\boldsymbol{N}\mathrm{d}S_0+\int_{\Omega_0}\rho_0\boldsymbol{f}\mathrm{d}V_0\\ &= \oint_{\partial\Omega_0}\boldsymbol{\pi}\cdot\boldsymbol{N}\mathrm{d}S_0+\int_{\Omega_0}\rho_0\boldsymbol{f}\mathrm{d}V_0\\ &= \int_{\Omega_0}\boldsymbol{\pi}\cdot\boldsymbol{\nabla}_0\mathrm{d}V_0+\int_{\Omega_0}\rho_0\boldsymbol{f}\mathrm{d}V_0\end{aligned}\tag{10.17}$$

可得所谓的**布西内斯克（Boussinesq）**动量平衡方程

$$\boldsymbol{\pi}\cdot\boldsymbol{\nabla}_0+\rho_0\boldsymbol{f}(x,t)=\rho_0\dot{\boldsymbol{v}}(x,t)\tag{10.18}$$

进一步利用 $\boldsymbol{\pi}=\boldsymbol{F}\cdot\boldsymbol{\Sigma}$，$\boldsymbol{f}_0(\boldsymbol{X},t)=\boldsymbol{f}[\boldsymbol{x}(\boldsymbol{X},t),t]$ 与 $\dot{\boldsymbol{x}}(\boldsymbol{X},t)=\boldsymbol{v}[\boldsymbol{x}(\boldsymbol{X},t),t]$，式（10.18）可转换成完全建立在初始构形上的**基尔霍夫动量平衡方程**

$$(\boldsymbol{F}\cdot\boldsymbol{\Sigma})\cdot\boldsymbol{\nabla}_0+\rho_0\boldsymbol{f}_0(\boldsymbol{X},t)=\rho_0\ddot{\boldsymbol{x}}(\boldsymbol{X},t)\tag{10.19}$$

式中，$\boldsymbol{\Sigma}$ 为 PK2 应力张量。可以看到，在欧拉描述中隐藏在边界条件与加速度之中的非线性因素，通过构形转换，全部都转移到了基尔霍夫动量平衡方程中应力的散度项上。

10.3 虚功率方程与功共轭

假定变形体当前构形 Ω 中各点的柯西应力满足动量平衡方程式（10.14），边界 S_σ 上给定面力 $\bar{\boldsymbol{t}}_n=\boldsymbol{\sigma}\cdot\boldsymbol{n}$；在物体边界 S_u 上给定速度 $\bar{\boldsymbol{v}}$，假设物体产生一个任意的虚速度场 $\boldsymbol{v}^*$，对式（10.14）两边同时点乘速度矢量 $\boldsymbol{v}$，并在当前构形中积分，得到

$$\int_{\Omega}(\boldsymbol{\sigma}\cdot\boldsymbol{\nabla})\cdot\boldsymbol{v}^*\mathrm{d}V+\int_{\Omega}\rho\boldsymbol{f}\cdot\boldsymbol{v}^*\mathrm{d}V=\int_{\Omega}\rho\dot{\boldsymbol{v}}\cdot\boldsymbol{v}^*\mathrm{d}V\tag{10.20}$$

由 $\boldsymbol{\sigma}^T=\boldsymbol{\sigma}$ 与散度运算法则有

$$(\boldsymbol{\sigma}\cdot\boldsymbol{\nabla})\cdot\boldsymbol{v}=(\boldsymbol{v}\cdot\boldsymbol{\sigma})\cdot\boldsymbol{\nabla}-\boldsymbol{\sigma}:\boldsymbol{\nabla}\otimes\boldsymbol{v}=(\boldsymbol{v}\cdot\boldsymbol{\sigma})\cdot\boldsymbol{\nabla}-\boldsymbol{\sigma}:\boldsymbol{D}$$

代入式（10.20），并应用柯西应力公式与散度定理，可得

$$\int_{\Omega}\rho\boldsymbol{f}\cdot\boldsymbol{v}^*\mathrm{d}V+\int_{S_\sigma}\bar{\boldsymbol{t}}_n\cdot\boldsymbol{v}^*\mathrm{d}S-\int_{\Omega}\rho\dot{\boldsymbol{v}}\cdot\boldsymbol{v}^*\mathrm{d}V=\int_{\Omega}\boldsymbol{\sigma}:\boldsymbol{D}^*\mathrm{d}V\tag{10.21}$$

式中，$\boldsymbol{D}^* = \frac{1}{2}(\boldsymbol{v}^*\nabla + \nabla\boldsymbol{v}^*)$ 为对应于虚速度的虚变形率，而$\boldsymbol{\sigma}:\boldsymbol{D}^*$表示单位体积的**内力功率**，或称为**虚变形功率**。式（10.21）也称为**虚功率方程**。

对于刚体，右端为零，左端代表达朗贝尔（d'Alembert）原理下的有效力（外力+惯性力）的功率，乘以 δt，即刚体力学的**虚功原理**。对于变形体，虚位移 $\delta\boldsymbol{u} = \boldsymbol{v}^*\delta t$ 附加的引起各物质点间相对距离的附加改变，有效力在虚位移上所做的功不再为零，而等于克服内约束力所做的功。因此，$\int_{\Omega}\boldsymbol{\sigma}:\boldsymbol{D}^*\mathrm{d}V$ 可称为**内力功率**。特别地，当 $\boldsymbol{v}^*$ 为真实速度场 $\boldsymbol{v}$ 时，式（10.21）左端为外力的功率 $\dot{W}^e$

$$\dot{W}^e = \int_{\Omega}\rho\boldsymbol{f}\cdot\boldsymbol{v}\mathrm{d}V + \int_{S_\sigma}\bar{\boldsymbol{t}}_n\cdot\boldsymbol{v}\mathrm{d}S \tag{10.22}$$

左端第二项为动能的时间变化率 $\dot{K}$

$$\dot{K} = \int_{\Omega}\rho\dot{\boldsymbol{v}}\cdot\boldsymbol{v}\mathrm{d}V = \frac{D}{Dt}\left(\frac{1}{2}\int_{\Omega}\rho\boldsymbol{v}\cdot\boldsymbol{v}\mathrm{d}V\right) \tag{10.23}$$

此时，式（10.21）化为

$$\int_{\Omega}\boldsymbol{\sigma}:\boldsymbol{D}\mathrm{d}V + \dot{K} = \dot{W}^e \tag{10.24}$$

式（10.24）对物体任意部分均成立，它在初始构形中可以写为

$$\int_{\Omega_0}J\boldsymbol{\sigma}:\boldsymbol{D}\mathrm{d}V_0 + \dot{K} = \dot{W}^e \tag{10.25}$$

式（10.25）表明，全部外力与内力的功率之和等于物体动能的变化率，这就是连续介质力学的**动能定理**表达式。式中，$J\boldsymbol{\sigma}:\boldsymbol{D}$ 表示初始构形中单位体积的变形功率，是坐标变换下的不变量。注意：$\dot{W}^e$ 与 $\dot{K}$ 不依赖于应变度量的选取，所以 $J\boldsymbol{\sigma}:\boldsymbol{D}$ 也与应变度量选取无关。希尔由此来判断一对应变应力张量是否功共轭的。经过以下一系列变换

$$\begin{aligned}
\underline{J\boldsymbol{\sigma}:\boldsymbol{D}} &= J\boldsymbol{\sigma}:\boldsymbol{L} = J\mathrm{tr}(\boldsymbol{\sigma}\cdot\boldsymbol{L}^{\mathrm{T}}) = \mathrm{tr}(\boldsymbol{\pi}\cdot\boldsymbol{F}^{\mathrm{T}}\cdot\boldsymbol{L}^{\mathrm{T}}) \\
&= \boldsymbol{\pi}:(\boldsymbol{L}\cdot\boldsymbol{F}) = \underline{\boldsymbol{\pi}:\dot{\boldsymbol{F}}} \\
&= \boldsymbol{F}\cdot\boldsymbol{\Sigma}:\dot{\boldsymbol{F}} = \mathrm{tr}(\boldsymbol{\Sigma}\cdot\boldsymbol{F}^{\mathrm{T}}\cdot\dot{\boldsymbol{F}}) \\
&= \mathrm{tr}(\boldsymbol{\Sigma}\cdot\boldsymbol{F}^{\mathrm{T}}\cdot\boldsymbol{L}\cdot\boldsymbol{F}) = \boldsymbol{\Sigma}:(\boldsymbol{F}^{\mathrm{T}}\cdot\boldsymbol{L}\cdot\boldsymbol{F}) \\
&= \boldsymbol{\Sigma}:(\boldsymbol{F}^{\mathrm{T}}\cdot\boldsymbol{D}\cdot\boldsymbol{F}) = \underline{\boldsymbol{\Sigma}:\dot{\boldsymbol{E}}}
\end{aligned} \tag{10.26}$$

即得到

$$J\boldsymbol{\sigma}:\boldsymbol{D} = \boldsymbol{\pi}:\dot{\boldsymbol{F}} = \boldsymbol{\Sigma}:\dot{\boldsymbol{E}} \tag{10.27}$$

根据式（10.27），我们称 $\boldsymbol{\pi}$ 与 $\boldsymbol{F}$、$\boldsymbol{\Sigma}$ 与 $\boldsymbol{E}$ 之间相互共轭。因此，式（10.27）表明，尽管应力度量与应变度量方法有很多种，但是它们的选择必须彼此共轭，以保证获得相同的变形能，这就是**功共轭原理**，也称能量共轭原理。

10.4 热力学第一定律、能量守恒方程

在本节，我们仅考虑包含热学与力学两方面因素的热力学过程中的能量转化问题。描述热效应的物理量分为两类：热强度量与热状态量。前者包括热源密度 r 与热流矢量 $\boldsymbol{q}$，热源密度 r 即单位质量物体吸收或放出的热量，而热流矢量 $\boldsymbol{q}$ 是单位时间内流过单位面积的热量，所以热源强度 $s = \dot{r}$ 表示单位时间内单位质量热源产生的热量。状态量包括绝对温度 θ 与熵 η。熵的含义在 10.5 节介绍。由**热动力学第一定律**考虑的热力学过程，以下的能量守恒原理成立：对于当前时刻占据空间区域 Ω 的连续介质系统，其在一个热力学过程中的总能量的变化，等于在此过程中外力所做的功与外界输入的热量的代数和。

系统总能量 P 包括内能 U 和动能 K，可表示为

$$P(t) = U(t) + K(t) = \int_{\Omega}\rho u\mathrm{d}V + \int_{\Omega}\frac{1}{2}\rho\,\boldsymbol{v}^2\mathrm{d}V \tag{10.28}$$

式中，u 代表单位质量上的内能，即内能质量密度或称比能。

连续体外力做的总功率 $\dot{W}^e$ 为式（10.22）：$\dot{W}^e = \int_{\Omega}\rho\boldsymbol{f}\cdot\boldsymbol{v}\mathrm{d}V + \int_{S_\sigma}\bar{\boldsymbol{t}}_n\cdot\boldsymbol{v}\mathrm{d}S$。

由边界热流 $\boldsymbol{q}$ 和体内热源 s 提供的热功率可表示为

$$\dot{W}^h = \int_{\Omega}\rho s\mathrm{d}V - \int_{\partial\Omega}\boldsymbol{q}\cdot\boldsymbol{n}\mathrm{d}S \tag{10.29}$$

式中，$\boldsymbol{q} = -k_{\mathrm{T}}\nabla\theta$，说明边界热流矢量 $\boldsymbol{q}$ 与温度梯度 $\nabla\theta$ 的方向总是相反，k_{T} 为热传导系数，$\nabla\theta$ 为温度梯度。$\boldsymbol{q}\cdot\boldsymbol{n}\mathrm{d}S$ 表示单位时间 $\mathrm{d}S$ 上流出的热量（定义流出为正）。

由热力学第一定律，可得其数学表达式为

$$\frac{\mathrm{D}}{\mathrm{D}t}P(t) = \dot{W}^e + \dot{W}^h \tag{10.30}$$

代入式（10.28）、式（10.29），可得

$$-\int_{\partial\Omega}\boldsymbol{q}\cdot\boldsymbol{n}\mathrm{d}S+\int_{\Omega}\rho s\mathrm{d}V+\dot{W}^{e}=\frac{\mathrm{D}}{\mathrm{D}t}\int_{\Omega}\rho u\mathrm{d}V+\dot{K}$$

利用式（10.22）与式（10.24），上式可化简为

$$\int_{\Omega}(-\boldsymbol{\nabla}\cdot\boldsymbol{q}+\rho s+\boldsymbol{\sigma}:\boldsymbol{D})\mathrm{d}V=\int_{\Omega}\rho\dot{u}\mathrm{d}V \tag{10.31}$$

局部化后可得**能量守恒方程的微分式**

$$-\boldsymbol{\nabla}\cdot\boldsymbol{q}+\rho s+\boldsymbol{\sigma}:\boldsymbol{D}=\rho\dot{u} \tag{10.32}$$

可以发现，若不考虑热效应，内能退化为纯力学过程的能量平衡方程 $\rho\dot{u}=\boldsymbol{\sigma}:\boldsymbol{D}$。

令 $\boldsymbol{q}_0=J\boldsymbol{q}\cdot\boldsymbol{F}^{-\mathrm{T}}$，则有

$$\int_{\Omega}\boldsymbol{\nabla}\cdot\boldsymbol{q}\mathrm{d}V=\int_{\partial\Omega}\boldsymbol{q}\cdot\boldsymbol{n}\mathrm{d}S=\int_{\partial\Omega_0}J\boldsymbol{q}\cdot\boldsymbol{F}^{-\mathrm{T}}\cdot\boldsymbol{N}\mathrm{d}S_0=\int_{\Omega_0}\boldsymbol{\nabla}_0\cdot\boldsymbol{q}_0\mathrm{d}V_0$$

从而可以将式（10.31）变换到初始构形上，有

$$\int_{\Omega_0}(-\boldsymbol{\nabla}_0\cdot\boldsymbol{q}_0+\rho_0 s+\boldsymbol{\Sigma}:\dot{\boldsymbol{E}})\mathrm{d}V_0=\int_{\Omega_0}\rho_0\dot{u}\mathrm{d}V_0 \tag{10.33}$$

局部化即得初始构形上能量守恒方程的微分形式

$$-\boldsymbol{\nabla}_0\cdot\boldsymbol{q}_0+\rho_0 s+\boldsymbol{\Sigma}:\dot{\boldsymbol{E}}=\rho_0\dot{u} \tag{10.34}$$

10.5 热力学第二定律、熵不等式

热动力学第一定律建立了变形过程中机械能与热能之间的相互转换的平衡方程。但它只告诉我们变形前后的系统总能量守恒，不能对变形过程的方向性做出判断。但一切真实的过程都是不可逆的，也就是具有某种方向性。同时，在不可逆变形中，总会伴随着可用能量（可用来做功）的损耗，即能量品质的降低。为了刻画变形过程的不可逆性、方向性及伴随的能量耗散现象，必须借助不等式形式的热力学第二定律。

为此，引入一个新的热力学状态函数熵（Entropy），用于表征不能做功的那一部分能量。在更广泛的意义上，熵是系统无序程度的一种度量，反映系统演化的不可逆性。熵作为热力学广延量，具有可加性。以 $\eta=\eta(\boldsymbol{x},t)$ 表示单位质量上的熵，即熵

的质量密度或称比熵，则在 t 时刻占据空间 Ω 的物质系统所具有的总熵 H 可写为

$$H(t) = \int_{\Omega}\rho(\boldsymbol{x}, t)\eta(\boldsymbol{x}, t)\mathrm{d}V \tag{10.35}$$

熵的热力学定义可表述为：系统在两个状态间的熵变，等于在这两个状态间任意可逆过程的热量与系统的热力学温度之比。单位质量的熵增 $\mathrm{d}\eta$ 可定义为

$$\mathrm{d}\eta = \frac{\delta q}{\theta} \text{ 或 } \dot{\eta} = \frac{\dot{q}}{\theta} \tag{10.36}$$

式中，θ 是绝对温度，q 是单位质量的热量。因为 q 不是状态量，δ 仅表示增量算子，而不是微分符号。式（10.36）说明在热力学过程中可以测量的是熵的增量，而不是熵本身。

热力学第二定律告诉我们：对于一个孤立系统（与外界无物质与能量交换），其熵值只增不减。系统只能朝熵增大方向，即系统无序度增大方向演变。它的时间变化率可用来建立变形过程不可逆的判据。对于闭口系统（与外界无物质交换）的任意热力学过程，**热力学第二定律**可表示为

$$\frac{\mathrm{D}}{\mathrm{D}t}H(t) = \frac{\mathrm{D}}{\mathrm{D}t}\int_{\Omega}\rho\eta\mathrm{d}V \geqslant \int_{\Omega}\frac{\rho s}{\theta}\mathrm{d}V - \int_{\partial\Omega}\frac{\boldsymbol{q}}{\theta}\cdot\boldsymbol{n}\mathrm{d}S \tag{10.37}$$

式子右端为环境供给的外熵输入率，包括边界热流与域内热源提供的熵流。该不等式表明系统的熵增率恒大于或等于外熵的输入率。对于可逆过程，式（10.37）取等号。因此，在自发的热力学过程中，熵总是增加的。热力学第二定律对自发的热力学过程的演化方向施加了一种约束。式（10.37）也称为积分形式的**克劳修斯－杜安（Clausius－Duhem）熵不等式**。

式（10.37）可改写为

$$\Phi(t) = \int_{\Omega}\rho\dot{\eta}\mathrm{d}V - \int_{\Omega}\frac{\rho s}{\theta}\mathrm{d}V + \int_{\partial\Omega}\frac{\boldsymbol{q}}{\theta}\cdot\boldsymbol{n}\mathrm{d}S \geqslant 0 \tag{10.38}$$

以 $\varphi = \varphi(x, t)$ 表示单位质量的内熵生成率，则式（10.38）可表示为

$$\Phi(t) = \int_{\Omega}\rho(\boldsymbol{x}, t)\varphi(\boldsymbol{x}, t)\mathrm{d}V \geqslant 0$$

式中，$\Phi(t)$ 表示内熵生成率，它体现了系统内部的能量耗散机制。对于不可逆的能量耗散过程，内熵生成率总是大于零。考虑到式（10.38），可得积分形式的熵平

衡方程

$$\int_{\Omega}\rho\dot{\eta}\mathrm{d}V = \int_{\Omega}\rho\left(\frac{s}{\theta}+\varphi\right)\mathrm{d}V - \int_{\partial\Omega}\frac{\boldsymbol{q}}{\theta}\cdot\boldsymbol{n}\mathrm{d}S \tag{10.39}$$

应用散度定理与局部化处理，可得微分形式的**熵平衡方程**

$$\rho\dot{\eta}+\boldsymbol{\nabla}\cdot\left(\frac{\boldsymbol{q}}{\theta}\right)-\rho\left(\frac{s}{\theta}+\varphi\right)=0 \tag{10.40}$$

考虑到$\rho > 0$，$\varphi \geqslant 0$，可得**熵不等式**

$$\rho\varphi = \rho\dot{\eta}+\boldsymbol{\nabla}\cdot\left(\frac{\boldsymbol{q}}{\theta}\right)-\frac{\rho s}{\theta}\geqslant 0 \tag{10.41}$$

根据散度运算法则 $\boldsymbol{\nabla}\cdot\left(\frac{\boldsymbol{q}}{\theta}\right)=\frac{\boldsymbol{\nabla}\cdot\boldsymbol{q}}{\theta}-\frac{\boldsymbol{q}\cdot\boldsymbol{\nabla}\theta}{\theta^2}$，代入式（10.41），两边同乘以 θ，可得

$$\theta\rho\varphi = \theta\rho\dot{\eta}+\boldsymbol{\nabla}\cdot\boldsymbol{q}-\rho s-\frac{\boldsymbol{q}\cdot\boldsymbol{\nabla}\theta}{\theta}\geqslant 0 \tag{10.42}$$

结合式（10.32）$-\boldsymbol{\nabla}\cdot\boldsymbol{q}+\rho s=\rho\dot{u}-\boldsymbol{\sigma}:\boldsymbol{D}$，可得

$$\theta\rho\varphi = \theta\rho\dot{\eta}-\rho\dot{u}+\boldsymbol{\sigma}:\boldsymbol{D}-\frac{\boldsymbol{q}\cdot\boldsymbol{\nabla}\theta}{\theta}\geqslant 0 \tag{10.43}$$

这就是**微分形式的克劳修斯－杜安熵不等式**。对式（10.43）两边除以ρ可得

$$\theta\varphi = \theta\dot{\eta}-\dot{u}+\frac{1}{\rho}\boldsymbol{\sigma}:\boldsymbol{D}-\frac{\boldsymbol{q}\cdot\boldsymbol{\nabla}\theta}{\rho\theta}$$

可将式中的单位质量的内熵生成率φ按式（10.44）分成两个部分$\varphi=\varphi_i+\varphi_{th}$

$$\begin{cases}\theta\varphi_i = \theta\dot{\eta}-\dot{u}+\frac{1}{\rho}\boldsymbol{\sigma}:\boldsymbol{D}\\ \theta\varphi_{th} = -\frac{\boldsymbol{q}\cdot\boldsymbol{\nabla}\theta}{\theta}\geqslant 0\end{cases} \tag{10.44}$$

式中，φ_i为由系统的内禀能量耗散机制所导致的内熵生成率；φ_{th}为由不可逆热传导所导致的内熵生成率。由于$\boldsymbol{q}\cdot\boldsymbol{\nabla}T=-k_T(\boldsymbol{\nabla}\theta)\cdot(\boldsymbol{\nabla}\theta)<0$，同时绝对温度$\theta$恒大于零，因此恒有$\varphi_{th}\geqslant 0$。此时，一个热力学过程满足热力学第二定律的充分条件为

$$\theta\varphi_i = \theta\dot{\eta}-\dot{u}+\frac{1}{\rho}\boldsymbol{\sigma}:\boldsymbol{D}\geqslant 0 \tag{10.45}$$

对于可逆过程，则有

$$\theta\rho\dot{\eta} = \rho\dot{u} - \boldsymbol{\sigma}:\boldsymbol{D} \tag{10.46}$$

该式称为**吉布斯**（Gibbs）**方程**。

现引入单位质量上的亥姆霍兹自由能密度作为刻画系统状态的热力学势函数

$$\psi = u - \theta\eta \tag{10.47}$$

对于一个可逆等温过程，它代表的是内能中可用来做功的部分。代入式（10.43），消去 $\rho\dot{u}$ ，可得熵不等式的另一种表示形式

$$\boldsymbol{\sigma}:\boldsymbol{D} - \rho(\eta\dot{\theta} + \dot{\psi}) - \frac{\boldsymbol{q}\cdot\boldsymbol{\nabla}\theta}{\theta} \geqslant 0 \tag{10.48}$$

在初始构形上，各种不同形式的熵不等式可以表示为

$$\rho_0\dot{\eta} \geqslant \frac{\rho_0 s}{\theta} - \boldsymbol{\nabla}_0\cdot\left(\frac{\boldsymbol{q}_0}{\theta}\right) \tag{10.49}$$

$$\rho_0\theta\dot{\eta} \geqslant \rho_0\dot{u} - \boldsymbol{\Sigma}:\dot{\boldsymbol{E}} + \frac{\boldsymbol{q}_0\cdot\boldsymbol{\nabla}_0\theta}{\theta} \tag{10.50}$$

$$\boldsymbol{\Sigma}:\dot{\boldsymbol{E}} - \rho_0(\eta\dot{\theta} + \dot{\psi}) - \frac{\boldsymbol{q}_0\cdot\boldsymbol{\nabla}_0\theta}{\theta} \geqslant 0 \tag{10.51}$$

式中，$\boldsymbol{q}_0 = J\boldsymbol{q}\cdot\boldsymbol{F}^{-\mathrm{T}}$ 与 $\rho_0 = J\rho$ 。

将式（10.47）代入式（10.45），可得

$$\theta\varphi_i = \frac{1}{\rho}\boldsymbol{\sigma}:\boldsymbol{D} - \dot{\psi} - \eta\dot{\theta} \geqslant 0 \tag{10.52}$$

定义**耗散函数** $d_{\mathrm{int}} = \theta\rho\varphi_i$ ，由式（10.45）与式（10.52）可得用亥姆霍兹自由能表示的当前构形中的克劳修斯－普朗克不等式

$$d_{\mathrm{int}} = \boldsymbol{\sigma}:\boldsymbol{D} - \rho(\dot{u} - \theta\dot{\eta}) = \boldsymbol{\sigma}:\boldsymbol{D} - \rho(\eta\dot{\theta} + \dot{\psi}) \geqslant 0 \tag{10.53}$$

相应地，还可得到在初始构形上的克劳修斯－普朗克不等式

$$D_{\mathrm{int}} = \boldsymbol{\Sigma}:\dot{\boldsymbol{E}} - \rho_0(\dot{u} - \theta\dot{\eta}) \geqslant 0 \tag{10.54}$$

式中，D_{int} 为初始构形上的耗散函数。在可逆过程中，$\dot{\eta} = 0$ ，并且不等式变成等式，即无耗散效应的准静态过程。此时，式（10.53）与式（10.54）退化为

$$\rho\dot{u} = \boldsymbol{\sigma}:\boldsymbol{D},\ \rho_0\dot{u} = \boldsymbol{\Sigma}:\dot{\boldsymbol{E}} \tag{10.55}$$

于是得到机械能守恒定律的微分形式，这表明理想的纯变形过程是可逆的，不存在耗散。

热力学第二定律反映了热力学过程的方向性与不可逆性。不可逆过程往往伴随着连续介质内部能量耗散，并常常会引起内部结构的改变，而内部结构的改变必然会对变形产生影响。因此，连续介质力学中，常通过引入所谓的内变量 $\boldsymbol{\alpha}$ 或内状态变量，以唯象的方式定量地描述物质内部微结构的改变，相关理论称为内变量理论。例如，在塑性力学中所引入的等效塑性应变与背应力等。内变量变化的规律称为内变量演化方程，它是本构方程的重要组成部分。为了利用内变量来描述不可逆变形过程所伴随的能量耗散，往往还要引入与内变量功共轭的所谓广义力 $\boldsymbol{\beta}$，相应的能量耗散表示为 $\dot{\boldsymbol{\alpha}} \cdot \boldsymbol{\beta}$。

至此，对于经典的连续介质热力学理论，我们已经建立了包括质量守恒、动量守恒、能量守恒等 5 个方程，基于当前构形的表达式罗列如下

$$\dot{\rho} + \rho(\boldsymbol{\nabla} \cdot \boldsymbol{v}) = 0$$

$$\boldsymbol{\sigma} \cdot \boldsymbol{\nabla} + \rho \boldsymbol{f} = \rho \dot{\boldsymbol{v}} = \rho \boldsymbol{a}$$

$$\rho \theta \dot{\eta} \geqslant \rho \dot{u} - \boldsymbol{\sigma} : \boldsymbol{D} + \frac{\boldsymbol{q} \cdot \boldsymbol{\nabla} \theta}{\theta}$$

这些方程与载荷所作用的具体材料属性无关，待求解的未知变量共 16 个，包括质量密度 ρ、3 个速度分量 v_i 或位移分量 u_i、6 个对称柯西应力分量 σ_{ij}、内能密度 u、绝对温度 θ、3 个热流矢量分量 q_i、比熵 η。因此，还需要补充 11 个方程才能构成适定的数学问题。这 11 个方程将用于描述材料在载荷作用下的响应特性，与材料的固有属性有关，通常称为本构方程或本构关系。

例 10.2 某一维物体受到温度载荷的作用，在 $x_1 = 0$ 和 $x_2 = L$ 处的温度分别为 θ_1 和 θ_2。

（1）根据傅里叶热传导定律 $\boldsymbol{q} = -\kappa \boldsymbol{\nabla} \theta$，其中，$\kappa$ 为常数。求该物体上的温度分布规律。

（2）证明：为了保证熵不等式成立，必须要求 κ 为正值。

解：（1）对于一维物体，其温度分布的控制方程为

$$\boldsymbol{\nabla}^2 \theta = \frac{\partial^2 \theta}{\partial x_1^2} = 0$$

积分并利用 $x_1 = 0$ 和 $x_2 = L$ 处边界条件，有

$$\theta = \frac{\theta_2 - \theta_1}{L} x_1 + \theta_1$$

（2）由已知 $\dot{\eta} = 0$ 和 $s = 0$，则熵不等式 $\rho\dot{\eta} \geqslant \frac{\rho s}{\theta} - \boldsymbol{\nabla} \cdot \left(\frac{\boldsymbol{q}}{\theta}\right)$ 可以写为

$$0 \geqslant -\frac{\mathrm{d}}{\mathrm{d}x_1}\left[\frac{1}{\theta}\left(-\kappa\frac{\mathrm{d}\theta}{\mathrm{d}x_1}\right)\right] = \kappa\frac{\mathrm{d}}{\mathrm{d}x_1}\left[\frac{1}{\theta}\left(\frac{\mathrm{d}\theta}{\mathrm{d}x_1}\right)\right]$$

由于

$$\kappa\frac{\mathrm{d}}{\mathrm{d}x_1}\left[\frac{1}{\theta}\left(\frac{\mathrm{d}\theta}{\mathrm{d}x_1}\right)\right] = -\kappa\frac{1}{\theta^2}\left(\frac{\partial\theta}{\partial x_1}\right)^2$$

可得

$$\kappa\frac{1}{\theta^2}\left(\frac{\partial\theta}{\partial x_1}\right)^2 \geqslant 0$$

因此得到 $\kappa \geqslant 0$。

10.6 本章主要符号与公式

质量守恒的微分形式：$\dot{\rho} + \rho(\boldsymbol{\nabla} \cdot \boldsymbol{v}) = 0$

欧拉型连续性方程：$\frac{\partial\rho}{\partial t} + \boldsymbol{\nabla} \cdot (\rho\boldsymbol{v}) = 0$

质量守恒定律的另一种形式：$\rho_0 = J\rho$

雷诺输运定理：

$$\frac{\mathrm{D}}{\mathrm{D}t}\int_{\Omega}\rho\boldsymbol{\varphi}\mathrm{d}V = \int_{\Omega}\rho\,\dot{\boldsymbol{\varphi}}\mathrm{d}V$$

欧拉动量平衡方程：$\boldsymbol{\sigma} \cdot \boldsymbol{\nabla} + \rho\boldsymbol{f} = \rho\dot{\boldsymbol{v}} = \rho\boldsymbol{a}$

动量矩平衡方程：$\boldsymbol{\mu} \cdot \boldsymbol{\nabla} + \rho\boldsymbol{M} - \boldsymbol{\varepsilon} : \boldsymbol{\sigma} = 0$

切应力互等定理：$\boldsymbol{\varepsilon} : \boldsymbol{\sigma} = 0$，$\boldsymbol{\sigma}^{\mathrm{T}} = \boldsymbol{\sigma}$

布西内斯克动量平衡方程：$\boldsymbol{\pi} \cdot \boldsymbol{\nabla}_0 + \rho_0\boldsymbol{f} = \rho_0\dot{\boldsymbol{v}}$

基尔霍夫动量平衡方程：$(\boldsymbol{F} \cdot \boldsymbol{\Sigma}) \cdot \boldsymbol{\nabla}_0 + \rho_0\boldsymbol{f}_0 = \rho_0\ddot{\boldsymbol{x}}$

虚功率方程：

$$\int_{\Omega}\boldsymbol{\sigma} : \boldsymbol{D}^*\,\mathrm{d}V + \int_{\Omega}\rho\,\dot{\boldsymbol{v}} \cdot \boldsymbol{v}^*\,\mathrm{d}V = \int_{\Omega}\rho\boldsymbol{f} \cdot \boldsymbol{v}^*\,\mathrm{d}V + \int_{S_\sigma}\bar{\boldsymbol{t}}_n \cdot \boldsymbol{v}^*\,\mathrm{d}S$$

连续介质力学的动能定理：

$$\int_{\Omega}\boldsymbol{\sigma}:\boldsymbol{D}\mathrm{d}V+\dot{K}=\int_{\Omega_0}J\boldsymbol{\sigma}:\boldsymbol{D}\mathrm{d}V_0+\dot{K}=\dot{W}^e$$

式中，$\dot{W}^e$ 为外力功率，$\dot{K}$ 为动能的时间变化率。

功共轭应力应变张量：$J\boldsymbol{\sigma}:\boldsymbol{D}=\boldsymbol{\pi}:\dot{\boldsymbol{F}}=\boldsymbol{\Sigma}:\dot{\boldsymbol{E}}$

能量守恒方程的微分式：

$$-\nabla\cdot\boldsymbol{q}+\rho s+\boldsymbol{\sigma}:\boldsymbol{D}=\rho\dot{u}$$

$$-\nabla_0\cdot\boldsymbol{q}_0+\rho_0 s+\boldsymbol{\Sigma}:\dot{\boldsymbol{E}}=\rho_0\dot{u}$$

热力学第二定律：

$$\frac{\mathrm{D}}{\mathrm{D}t}\int_{\Omega}\rho\eta\mathrm{d}V\geqslant\int_{\Omega}\frac{\rho s}{\theta}\mathrm{d}V-\int_{\partial\Omega}\frac{\boldsymbol{q}}{\theta}\cdot\boldsymbol{n}\mathrm{d}S$$

克劳修斯－杜安熵不等式：

$$\rho\theta\dot{\eta}\geqslant\rho\dot{u}-\boldsymbol{\sigma}:\boldsymbol{D}+\frac{\boldsymbol{q}\cdot\nabla\theta}{\theta}$$

亥姆霍兹自由能密度：$\psi=u-\theta\eta$

耗散函数：$d_{\mathrm{int}}=\boldsymbol{\sigma}:\boldsymbol{D}-\rho(\eta\dot{\theta}+\dot{\psi})\geqslant 0$

10.7 习题

10.1 证明：$(\boldsymbol{r}\times\boldsymbol{\sigma})\cdot\nabla=\boldsymbol{r}\times(\boldsymbol{\sigma}\cdot\nabla)-\boldsymbol{\varepsilon}:\boldsymbol{\sigma}$。

10.2 试结合输运定理与连续性方程推导雷诺输运定理。

10.3 推导柱坐标系中的平衡方程。

10.4 从虚功原理可以得到连续介质静力学问题的最小势能原理。试从虚功率方程出发，推导连续介质动力学问题的哈密顿原理。

10.5 证明第二类皮奥拉－基尔霍夫应力 $\boldsymbol{\Sigma}$ 与格林应变率张量 $\dot{\boldsymbol{E}}$ 功共轭。

第 11 章

本构方程原理

用于描述材料在载荷作用下的响应特性与材料的固有属性有关的方程，称为本构方程或本构模型。由于材料属性的复杂性，任何一个本构模型都只是材料属性的某一侧面的近似反映。同许多其他理论和模型一样，本构模型需要从一些带有普遍性的前提出发，通过严格的逻辑推导而获得，还要经过相关试验验证。连续介质力学中，这些普遍性的前提是由一组本构公理构成，包括因果原理、坐标不变性与相容性原理、决定性公理、局部作用原理、客观性公理、减退记忆原理、物质对称性公理、简单性原理、相容性原理等，其中，决定性公理、局部作用原理、客观性公理统称为诺尔（Noll）三公理。下面主要对其中最常用的几个本构公理进行介绍。

11.1 本构公理

1. 因果原理

在物体的每一个热力学状态中，将物质点的运动、温度、电荷看成是自明的可测效应，而将克劳修斯 - 杜安不等式中的其余的量，包括应力张量 $\boldsymbol{\sigma}$ 、热流矢量 $\boldsymbol{q}$ 、内能密度 u 或自由能密度 ψ 、熵密度 η 等，看成是运动、温度、电荷等原因所产生的结果，这些量称为**响应函数**（response functions）或**本构依赖变量**。本构方程将用来确定响应函数与本构变量之间的关联，如何选择本构变量与响应函数是首先遇到的问题。

因果原理的目的是选择变化范围有限的物质的独立变量。例如，在不考虑电磁场、化学场、变形的耦合，仅仅研究连续介质热力学现象时，独立的本构变量只剩

下物质点的运动 $\boldsymbol{x}$ 和温度 θ ，它们是位置矢量和时间的函数，即 $\boldsymbol{x} = \boldsymbol{x}(\boldsymbol{X}, t)$，$\theta = \theta(\boldsymbol{X}, t)$ 。一旦独立的本构变量选定后，其他的依赖变量将随之确定，如速度矢量、变形梯度张量、速度梯度等，密度可由连续性方程得到，在熵生成的表达式中出现的其余函数应力张量 $\boldsymbol{\sigma}$ 、热流矢量 $\boldsymbol{q}$ 、内能密度 u 、熵密度 η ，组成本构变量，并且可用 $\boldsymbol{x}(\boldsymbol{X}, t)$ 和 $\theta(\boldsymbol{X}, t)$ 来表示。

2. 坐标不变性与相容性原理

材料的本构方程能否真实地反映材料的响应特性，首先必须满足**坐标不变性原理**，即本构方程应该与坐标系的选取无关。当采用张量的绝对记法时，这一条件自然满足。同时，本构方程还应该与物理学的基本守恒定律相一致，包括质量守恒定律、动量守恒定律、动量矩守恒定律、能量守恒定律，并满足热力学第二定律所要求的限制条件，即克劳修斯 - 杜安（Clausius - Duhem）不等式，称为**相容性原理**。

3. 决定性公理与局部作用原理

假定某一参考时刻 t_0 ，物体在空间所占据区域对应于参考构形 Ω_0，决定性公理告诉我们：如果在 t_0 时刻，物体中所有物质点的热力学状态已知，则物质点 $\boldsymbol{X}$ 在以后任何时刻 t 的热力学状态完全由所有物质点自时刻 t_0 到时刻 t 的运动历史与温度历史决定。局部作用原理进一步限制其影响区域，认为时刻 t 物质点 $\boldsymbol{X}$ 处的热力学状态仅依赖于该点无限小邻域内所有物质点 $\boldsymbol{X}'$ 的运动史与温度史，与远离该物质点的历史无关。

一般情况，本构方程包括应力张量 σ 、热流矢量 q 、内能密度 u 或自由能密度 ψ 、比熵 η 等 11 个方程。若用 $\boldsymbol{x}(\boldsymbol{X}', \tau)$，$\theta(\boldsymbol{X}', \tau)$，$\tau \in [t_0, t]$ 表示物质点 $\boldsymbol{X}$ 邻域内物质点 $\boldsymbol{X}'$ 的运动史与温度史，则本构方程可表示为

$$\boldsymbol{\varphi}(\boldsymbol{X}, t) = \tilde{\boldsymbol{\varphi}}[\boldsymbol{x}(\boldsymbol{X}', \tau), \theta(\boldsymbol{X}', \tau); \boldsymbol{X}, t], \tau \in [t_0, t] \tag{11.1}$$

式中，$\boldsymbol{\varphi} = \{\boldsymbol{\sigma}, \boldsymbol{q}, u, \eta\}$ 。根据决定性公理，式（11.1）也可以基于初始构形表示为 $\boldsymbol{\Phi} = \{\boldsymbol{\Sigma}, \boldsymbol{Q}, u, \eta\}$ 。式（11.1）中，$\tilde{\boldsymbol{\varphi}}$ 表示的是 $\boldsymbol{x}(\boldsymbol{X}', \tau)$ 与 $\theta(\boldsymbol{X}', \tau)$ 的泛函，是 $\boldsymbol{X}$ 和 t 的普通函数。式（11.1）采用分号“;”隔离泛函变量和普通函数变量。

所谓泛函，通俗地说就是函数的函数。设 $\{y(x)\}$ 是在自变量 x 给定的取值范

围内，合乎某些预设条件并可供选择的一类函数，称为容许函数类。如果该函数类的每一个函数 $y(x)$，都有某个确定的数与之对应，记为 $\tilde{F}[y(x)]$ 或 $\tilde{F}[y]$，我们就说 $\tilde{F}[y]$ 是定义于该函数类 $\{y(x)\}$ 上的一个泛函。

4. 客观性公理

客观性公理也被称为**标架无差异原理**。它表明，本构方程与观察者的运动状态无关。物理上这是显然的，因为本构方程由材料性质决定，不受观察者影响。在热力学中，所谓的观察者可抽象为一组测量仪器。热力学的基本物理量包括长度、时间、质量与温度，故这组仪器可以是直尺、钟表、天平与温度计。不同观察者运动状态之间的区别在于它们相差一个刚体运动且计时起点不同，因此，两个观察者可以通过下面的标架变化联系起来，即

$$\begin{cases} \boldsymbol{x}^*(\boldsymbol{X},\ t^*) = \boldsymbol{Q}(t)\cdot\boldsymbol{x}(\boldsymbol{X},\ t) + \boldsymbol{c}(t) \\ t^* = t + a \end{cases} \tag{11.2}$$

式中，$\boldsymbol{Q}(t)$ 与 $\boldsymbol{c}(t)$ 分别为正交张量和向量，a 为某一常数。$\{\boldsymbol{x}^*,\ t^*\}$ 与 $\{\boldsymbol{x},\ t\}$ 分别为与两个观察者相连的标架。由式（11.2）表示的变换式可以理解为同一个代表性物质点在两个做相对刚体运动的参考系 $\{\boldsymbol{x},\ t\}$ 和 $\{\boldsymbol{x}^*,\ t^*\}$ 中的时空变换关系，也可以等价地理解为同一个参考系中所观测到的两个做相对刚体运动物体的代表性物质点之间的变换关系。它们的时钟的计时起点相差一个时间间隔 a，时钟快慢是一样的；它们的位置相差一个平移 $\boldsymbol{c}(t)$ 与刚体旋转 $\boldsymbol{Q}(t)$。

根据客观性公理，在式（11.2）的标架变换下，本构方程式（11.1）形式保持不变，即

$$\begin{aligned} \boldsymbol{\varphi}^*(\boldsymbol{X},\ t) &= \tilde{\boldsymbol{\varphi}}[\boldsymbol{x}^*(\boldsymbol{X}',\ \tau^*),\ \theta^*(\boldsymbol{X}',\ \tau^*);\ \boldsymbol{X},\ t^*] \\ &= \tilde{\boldsymbol{\varphi}}[\boldsymbol{x}(\boldsymbol{X}',\ \tau),\ \theta(\boldsymbol{X}',\ \tau);\ \boldsymbol{X},\ t] \end{aligned} \tag{11.3}$$

由式（11.2）易得

$$|\Delta\boldsymbol{x}^*| = |\Delta\boldsymbol{x}|,\quad \Delta\boldsymbol{x}^*\cdot\Delta\boldsymbol{y}^* = \Delta\boldsymbol{x}\cdot\Delta\boldsymbol{y},\quad \Delta t^* = \Delta t \tag{11.4}$$

以及变形梯度张量 $\boldsymbol{F} = \boldsymbol{x}\otimes\boldsymbol{\nabla}_0 = \dfrac{\partial x}{\partial X^A}\otimes\boldsymbol{G}^A$ 在标架变换下的关系式

$$\boldsymbol{F}^*(\boldsymbol{X},\ t) = \boldsymbol{Q}(t)\cdot\boldsymbol{F}(\boldsymbol{X},\ t) \tag{11.5}$$

由式（11.5）与质量守恒定律 $\rho_0 = \det(\boldsymbol{F})\rho$ 可得

$$\rho^* = \rho \tag{11.6}$$

由热力学定律也可以证明

$$\theta^* = \theta \tag{11.7}$$

也就是说：作为热力学范畴内的四个基本物理量，长度、时间间隔、质量及温度都不随标架变换而改变。其他物理量都是这四个物理量的组合。因此，标架无差异原理的本质在于保证了热力学的四个基本物理量及其组合具有客观性，即与观察者无关。

注意：**张量的客观性与张量性**是不同的概念，不可混淆。张量的客观性指参考两个做相对刚体运动的时空标架时的变换关系。这个变换是由标架刚体运动引起，观察者在运动标架上测量张量，要求测量值不变，这个就是客观性；张量性指坐标变换下张量形式的不变性，这里指同一个时空域上参考不同坐标系（基向量）引起张量分量的变化规律。

5. 质对称性公理

相对于一个无畸变的初始构形，如果材料对外界激励的响应在物质坐标变换下，即

$$\boldsymbol{X}^* = \boldsymbol{Q} \cdot \boldsymbol{X} + \boldsymbol{B} \tag{11.8}$$

没有变化，则称该材料关于式（11.8）的变换具有对称性。物理上，材料所具有的对称性应该在本构方程中得到反映。具体体现为，材料的本构方程在式（11.8）的变换下必须具有形式不变性。这就是**对称性公理**，也称为材料不变性公理。

设 $\mathbb{T}_3$ 与 $\mathbb{O}_3$ 分别代表平移群与完全正交群。一般地，式（11.8）中的 $\boldsymbol{B} \in \{\boldsymbol{B}\} \subset \mathbb{T}_3$，$\boldsymbol{Q} \in \{\boldsymbol{Q}\} \subset \mathbb{O}_3$，其中，$\{\boldsymbol{B}\}$ 与 $\{\boldsymbol{Q}\}$ 分别为 $\mathbb{T}_3$ 与 $\mathbb{O}_3$ 的子群。在物体的物理性质中，在 $\boldsymbol{X}$ 处，由 $\{\boldsymbol{Q}\}$ 代表几何对称性，$\{\boldsymbol{B}\}$ 表示非均匀性。

如果 $\{\boldsymbol{Q}\} = \mathbb{O}_3$，则材料是各向同性的（isotropic），这意味着材料性质及材料对外界激励的响应与取向无关。如果 $\{\boldsymbol{Q}\} = \{-\boldsymbol{I}, \boldsymbol{I}\}$，$\boldsymbol{I}$ 为二阶单位张量，此群称为三斜群，则材料是完全各向异性的。此种情况下，材料性质及其对外界激励的响应依赖于取向，不存在旋转对称性。各向同性与完全各向异性是材料旋转对称性的两种极端情况，前者对称性最大，后者没有对称性，一般情况下的旋转对称性在两

者之间。

当响应函数与物质坐标原点的平移无关时，即 $\{\boldsymbol{B}\} = \mathbb{T}_3$，则材料是均匀的（homogeneous），这意味着材料性质及材料对外界激励的响应与定位无关。当响应函数随物质轴的某些平移变化时，即 $\{\boldsymbol{B}\} \subset \mathbb{T}_3$ 时，材料则具有某轴平移周期结构，则该物质是非均匀的（inhomogeneous）。此种情况下，材料性质及材料对外界激励的响应与定位相关。

6. 简单物质假设

考虑在物质点 $\boldsymbol{X}$ 的无限小邻域内的另一个物质点 $\boldsymbol{X}'$，其运动历史 $\boldsymbol{x}(\boldsymbol{X}', \tau)$ 可以利用泰勒展开近似地由物质点 $\boldsymbol{X}$ 的运动历史 $\boldsymbol{x}(\boldsymbol{X}, \tau)$ 表示

$$\boldsymbol{x}(\boldsymbol{X}', \tau) = \boldsymbol{x}(\boldsymbol{X}, \tau) + \boldsymbol{F} \cdot \Delta \boldsymbol{X} + \frac{1}{2} \boldsymbol{F}^{(2)} : (\Delta \boldsymbol{X} \otimes \Delta \boldsymbol{X}) + \cdots$$

式中，$\Delta \boldsymbol{X} = \boldsymbol{X}' - \boldsymbol{X}$，$\boldsymbol{F}^{(n)} = \dfrac{\partial^n \boldsymbol{x}}{\partial \boldsymbol{X}^n}$，$\boldsymbol{F}(\boldsymbol{X}, \tau) = \dfrac{\partial x(\boldsymbol{X}, \tau)}{\partial \boldsymbol{X}} = \boldsymbol{x}\boldsymbol{\nabla}_0$ 为对应于 $\boldsymbol{X}$ 的变形梯度历史。在忽略温度效应的条件下，有决定性原理和局部作用原理，式（11.1）可写为

$$\boldsymbol{\varphi}(\boldsymbol{X}, t) = \tilde{\boldsymbol{\varphi}}[\boldsymbol{x}(\boldsymbol{X}, \tau), \boldsymbol{F}(\boldsymbol{X}, \tau), \boldsymbol{F}^{(2)}(\boldsymbol{X}, \tau), \cdots; \boldsymbol{X}, t]$$

现定义一种物质，其本构关系仅依赖于运动史的一阶梯度，即变形梯度历史 $\boldsymbol{F}(\boldsymbol{X}, \tau)$，而与运动 $\boldsymbol{x}(\boldsymbol{X}, \tau)$ 关于物质点 $\boldsymbol{X}$ 的高阶导数无关，即

$$\boldsymbol{\varphi}(\boldsymbol{X}, t) = \tilde{\boldsymbol{\varphi}}[\boldsymbol{x}(\boldsymbol{X}, \tau), \boldsymbol{F}(\boldsymbol{X}, \tau); \boldsymbol{X}, t] \tag{11.9}$$

这样的物质称为**简单物质**。下文中，我们仅讨论简单物质的本构关系。

11.2 客观量

本构公理要求本构方程具有客观性。显然，如果本构方程中涉及的物理量都是客观的，则这个要求自然满足。因此，有必要考察连续介质力学中各个量的客观性，也就是它们在式（11.2）所表示的标架变换下的不变性，具有不变性的量称为客观量。从数学上看，连续介质力学涉及的量主要是标量、矢量、二阶张量，下面来分别讨论它们的客观性。

1. 客观性定义

客观性张量的第一种定义是由特鲁斯戴尔（Truesdell）与诺尔（Noll）给出的：如果一个当前构形中的矢量 $\boldsymbol{q}$ 与二阶张量 $\boldsymbol{A}$ 是客观性的，则要求它们在由式（11.2）表示的标架变换时满足如下变换关系

$$\boldsymbol{q}^* = \boldsymbol{Q}\cdot\boldsymbol{q},\quad \boldsymbol{A}^* = \boldsymbol{Q}\cdot\boldsymbol{A}\cdot\boldsymbol{Q}^{\mathrm{T}} \tag{11.10}$$

式（11.10）表征了客观性张量在两个相对做刚体运动标架中的变换关系。

根据式（11.2）可得

$$\boldsymbol{u}^* = \boldsymbol{x}^* - \boldsymbol{y}^* = \boldsymbol{Q}\cdot(\boldsymbol{x}-\boldsymbol{y}) = \boldsymbol{Q}\cdot\boldsymbol{u} \tag{11.11}$$

$$\boldsymbol{v}^* = (\dot{\boldsymbol{x}^*}) = \dot{\boldsymbol{b}}(t) + \boldsymbol{Q}(t)\cdot\boldsymbol{v} + \dot{\boldsymbol{Q}}(t)\cdot\boldsymbol{x} \tag{11.12}$$

$$\boldsymbol{a}^* = (\ddot{\boldsymbol{x}^*}) = \ddot{\boldsymbol{b}}(t) + \boldsymbol{Q}(t)\cdot\boldsymbol{a} + 2\dot{\boldsymbol{Q}}(t)\cdot\boldsymbol{v} + \ddot{\boldsymbol{Q}}(t)\cdot\boldsymbol{x} \tag{11.13}$$

从式（11.11）可以看出，当前构形中的位移矢量 $\boldsymbol{u}$ 需满足变换关系式（11.10），$\boldsymbol{u}$ 是客观矢量。

关于速度矢量 $\boldsymbol{v}$，若其为客观量，则需要满足式（11.10），即有 $\boldsymbol{v}^* = (\dot{\boldsymbol{x}})^* = \boldsymbol{Q}\cdot\dot{\boldsymbol{x}}$；作为客观量，应满足标架变换与物质导数可交换次序，即 $(\dot{\boldsymbol{x}})^* = (\dot{\boldsymbol{x}^*})$，显然由式（11.12）的结果可知：$(\dot{\boldsymbol{x}})^* \neq (\dot{\boldsymbol{x}^*})$，因而速度矢量 $\boldsymbol{v}$ 不是客观量。要使得 $(\dot{\boldsymbol{x}})^* = (\dot{\boldsymbol{x}^*})$，则要求 $\dot{\boldsymbol{b}}(t)=0$，$\dot{\boldsymbol{Q}}(t)=0$，即变换与时间无关时，速度矢量才是客观量。对于客观张量 $\boldsymbol{A}$ 的物质导数的标架变换式应满足 $(\dot{\boldsymbol{A}})^* = (\dot{\boldsymbol{A}^*})$，因此可统一记为 $\dot{\boldsymbol{A}}^*$。

同理，加速度矢量 $\boldsymbol{a}$ 也不是客观矢量。只有当两个标架都是惯性标架时，即它们之间的相对运动是匀速直线运动，$\dot{\boldsymbol{b}}(t)$ 与 $\boldsymbol{Q}(t)$ 均为常数，此时加速度矢量满足客观性要求。

设 $\{\theta^1, \theta^2, \theta^3\}$ 表示当前构形上的一组坐标，由式（11.2）可得

$$\boldsymbol{g}_k^* = \frac{\partial\boldsymbol{x}^*}{\partial\theta^k} = \boldsymbol{Q}\cdot\frac{\partial\boldsymbol{x}}{\partial\theta^k} = \boldsymbol{Q}\cdot\boldsymbol{g}_k \tag{11.14}$$

因此，协变基矢量 $\boldsymbol{g}_k$ 是客观矢量。将任意一个客观矢量在协变基矢量展开，根据式（11.10）有

$$\boldsymbol{q}^* = q^{k*}\boldsymbol{g}_k^* = \boldsymbol{Q}\cdot\boldsymbol{q} = q^k(\boldsymbol{Q}\cdot\boldsymbol{g}_k) = q^k\boldsymbol{g}_k^*$$

$$\begin{aligned}\boldsymbol{A}^* &= A^{ij*}\boldsymbol{g}_i^*\otimes\boldsymbol{g}_j^* = \boldsymbol{Q}\cdot\boldsymbol{A}\cdot\boldsymbol{Q}^{\mathrm{T}} \\ &= A^{ij}(\boldsymbol{Q}\cdot\boldsymbol{g}_i)\otimes(\boldsymbol{Q}\cdot\boldsymbol{g}_j) = A^{ij}\boldsymbol{g}_i^*\otimes\boldsymbol{g}_j^*\end{aligned} \tag{11.15}$$

于是得到

$$q^{k*} = q^k,\quad A^{ij*} = A^{ij} \tag{11.16}$$

式（11.16）表明客观矢量的分量与标架变换无关，它可以作为客观矢量的另一种定义。而且这个定义可以很容易推广到高阶张量，即“**在当前构形中，如果一个张量的分量与由式（11.2）所表示的标架变换无关，则该张量称为客观张量**”。式（11.16）是当前构形的客观张量的另一种定义。

容易证明，客观张量具有下面的性质：

①两个客观张量的代数运算（和、差、点积）结果仍然是一个客观量；

②客观矢量的梯度、散度、旋度仍然是客观量；

③二阶客观张量的不变量、转置、逆都是客观量；

④二阶客观张量的散度是一个客观矢量。

第二种定义是希尔给出的初始构形上的张量客观性定义：在与式（11.2）相联系的两个标架变换中，定义在初始构形中的标量 φ 、矢量 $\boldsymbol{b}$ 、张量 $\boldsymbol{A}$ 分别满足下面的关系

$$\varphi^* = \varphi,\quad \boldsymbol{b}^* = \boldsymbol{b},\quad \boldsymbol{A}^* = \boldsymbol{A} \tag{11.17}$$

则它们分别被称为客观标量、矢量、张量。式（11.17）表明，初始构形中的客观标量、矢量、张量与标架变换无关。

为了便于区分，我们将定义在初始构形上的客观张量称为拉格朗日型客观张量，记为 $\boldsymbol{S}(\boldsymbol{X},\ t)$ ；将定义在当前构形上的客观张量称为欧拉型客观张量，记作 $\boldsymbol{s}(\boldsymbol{x},\ t)$ 。

拉格朗日型客观张量是定义在物质坐标上，直接给出各物质点的信息。显然，这个信息是与空间坐标运动无关，因而张量整体不会发生改变，即希尔定义。欧拉型客观张量是定义在空间坐标上的信息，参考的是空间基矢量。当空间坐标系发生旋转时，参考基矢量会发生改变，客观性要求测量值不变，也就是张量分量不变。因此，张量会随参考基的改变而变换，即特鲁斯德尔（Truesdell）定义。

2. 两类客观张量的转换

对于标量，利用运动方程 $\boldsymbol{x} = \boldsymbol{x}(\boldsymbol{X}, t)$ 及其逆，有

$$\begin{cases}\varphi(\boldsymbol{x}, t) = \varphi[\boldsymbol{x}(\boldsymbol{X}, t), t] = \boldsymbol{\Phi}(\boldsymbol{X}, t) \\ \boldsymbol{\Phi}(\boldsymbol{X}, t) = \Phi[\boldsymbol{X}(\boldsymbol{x}, t), t] = \varphi(\boldsymbol{x}, t)\end{cases} \tag{11.18}$$

利用式（11.18）可以证明：若 $\varphi(\boldsymbol{x}, t)$ 是一个欧拉型客观标量，则 $\boldsymbol{\Phi}(\boldsymbol{X}, t)$ 必然是一个拉格朗日型客观标量，反之亦然。这两类客观标量具有一一对应关系，因此它们的定义是等价的。

设 $\boldsymbol{b} = \boldsymbol{b}(\boldsymbol{X}, t)$ 是一个拉格朗日型客观矢量。利用运动方程，可令

$$\boldsymbol{y}(\boldsymbol{x}, t) = \boldsymbol{F} \cdot \boldsymbol{b}[\boldsymbol{X}(\boldsymbol{x}, t), t] \tag{11.19}$$

当标架变换时，利用式（11.5）与式（11.17），有

$$\boldsymbol{y}^* = \boldsymbol{F}^* \cdot \boldsymbol{b}^* = \boldsymbol{Q} \cdot \boldsymbol{F} \cdot \boldsymbol{b} = \boldsymbol{Q} \cdot \boldsymbol{y} \tag{11.20}$$

因此，$\boldsymbol{y}(\boldsymbol{x}, t)$ 是一个欧拉型客观矢量。反之亦有

$$\boldsymbol{b}^* = \boldsymbol{F}^{*-1} \cdot \boldsymbol{y}^* = \boldsymbol{F}^{-1} \cdot \boldsymbol{Q}^{\mathrm{T}} \cdot \boldsymbol{Q} \cdot \boldsymbol{y} = \boldsymbol{F}^{-1} \cdot \boldsymbol{y} = \boldsymbol{b} \tag{11.21}$$

式（11.20）与式（11.21）说明，任意一个拉格朗日型客观矢量都可以转换成一个欧拉型客观矢量，反之亦然。需要指出的是，这种转换关系并不唯一，例如 $\boldsymbol{F}^{-\mathrm{T}} \cdot \boldsymbol{b}$ 也是一个欧拉型客观矢量。

设 $\boldsymbol{S} = \boldsymbol{S}(\boldsymbol{X},t)$ 是一个拉格朗日型二阶客观张量。利用运动方程，可令

$$\boldsymbol{s}(\boldsymbol{x}, t) = \boldsymbol{F} \cdot \boldsymbol{S}[\boldsymbol{X}(\boldsymbol{x}, t), t] \cdot \boldsymbol{F}^{\mathrm{T}} \tag{11.22}$$

当标架变换时，利用式（11.5）与式（11.17），有

$$\boldsymbol{s}^* = \boldsymbol{F}^* \cdot \boldsymbol{b}^* \cdot \boldsymbol{F}^{*\mathrm{T}} = \boldsymbol{Q} \cdot \boldsymbol{F} \cdot \boldsymbol{S} \cdot \boldsymbol{F}^{\mathrm{T}} \cdot \boldsymbol{Q}^{\mathrm{T}} = \boldsymbol{Q} \cdot \boldsymbol{s} \cdot \boldsymbol{Q}^{\mathrm{T}} \tag{11.23}$$

因此，$\boldsymbol{s}(\boldsymbol{x}, t)$ 是一个欧拉型客观矢量。反之亦有

$$\begin{aligned}\boldsymbol{S}^* &= \boldsymbol{F}^{*-1} \cdot \boldsymbol{s}^* \cdot \boldsymbol{F}^{*-\mathrm{T}} = \boldsymbol{F}^{-1} \cdot \boldsymbol{Q}^{\mathrm{T}} \cdot \boldsymbol{Q} \cdot \boldsymbol{s} \cdot \boldsymbol{Q}^{\mathrm{T}} \cdot \boldsymbol{Q} \cdot \boldsymbol{F}^{-\mathrm{T}} \\ &= \boldsymbol{F}^{-1} \cdot \boldsymbol{s} \cdot \boldsymbol{F}^{-\mathrm{T}} = \boldsymbol{S}\end{aligned} \tag{11.24}$$

式（11.23）与式（11.24）说明，任意一个拉格朗日型二阶客观张量都可以转换成一个欧拉型二阶客观张量，反之亦然。同样，这种转换关系并不唯一。

很容易将二阶客观张量的转换关系式扩展到高阶。从上面的过程可以看出，一个非客观张量不可能转换成客观张量；反之，也不可能将一个客观张量转换成非客

观张量。这个结论保证了当本构方程在初始构形与当前构形之间进行转换时，其客观性不会丧失。

3. 常见力学量的客观性

变形梯度张量 $\boldsymbol{F}=\boldsymbol{x}\otimes\nabla_0$ 在标架变换下的关系式为 $\boldsymbol{F}^*(\boldsymbol{X},\ t)=\boldsymbol{Q}(t)\cdot\boldsymbol{F}(\boldsymbol{X},\ t)$，显然不符合二阶客观张量的变换关系。它既不是初始构形上的客观量，也不是当前构形上的客观量。由于 $\boldsymbol{F}$ 是一个既与初始构形也与当前构形有关的两点张量，可视作一个初始构形上的矢量与一个当前构形上的矢量的并积。因此，$\boldsymbol{F}$ 可视为一个两点客观张量。在标架变换下，利用极分解定理，有

$$\boldsymbol{F}^*=\boldsymbol{R}^*\cdot\boldsymbol{U}^*=\boldsymbol{Q}\cdot\boldsymbol{F}=\boldsymbol{Q}\cdot\boldsymbol{R}\cdot\boldsymbol{U} \tag{11.25}$$

由极分解的唯一性，可得

$$\boldsymbol{R}^*=\boldsymbol{Q}\cdot\boldsymbol{R},\quad \boldsymbol{U}^*=\boldsymbol{U} \tag{11.26}$$

对 $\boldsymbol{F}$ 进行左极分解，可得

$$\boldsymbol{R}^*=\boldsymbol{Q}\cdot\boldsymbol{R},\quad \boldsymbol{V}^*=\boldsymbol{Q}\cdot\boldsymbol{V}\cdot\boldsymbol{Q}^{\mathrm{T}} \tag{11.27}$$

式（11.26）与（11.27）表明，左拉伸张量 $\boldsymbol{V}$ 是欧拉型客观张量，右拉伸张量 $\boldsymbol{U}$ 是拉格朗日型客观张量，而旋转张量 $\boldsymbol{R}$ 是一个两点客观张量。故易证，左变形张量与阿尔曼西应变张量是欧拉型客观张量，格林变形张量与格林应变张量是拉格朗日型客观张量。

对式（11.5）取物质导数，则有

$$(\dot{\boldsymbol{F}^*})=\dot{\boldsymbol{Q}}\cdot\boldsymbol{F}+\boldsymbol{Q}\cdot\dot{\boldsymbol{F}} \tag{11.28}$$

因此，变形梯度的物质导数不是客观量。对 $\dot{\boldsymbol{F}}=\boldsymbol{L}\cdot\boldsymbol{F}$ 进行标架变换，并利用 $\boldsymbol{F}=\boldsymbol{Q}^{\mathrm{T}}\cdot\boldsymbol{F}^*$ 可得

$$\begin{aligned}\dot{\boldsymbol{F}}^*&=(\dot{\boldsymbol{F}})^*=\boldsymbol{L}^*\cdot\boldsymbol{F}^*=(\dot{\boldsymbol{F}^*})\\&=\dot{\boldsymbol{Q}}\cdot\boldsymbol{F}+\boldsymbol{Q}\cdot\boldsymbol{L}\cdot\boldsymbol{F}=\dot{\boldsymbol{Q}}\cdot\boldsymbol{Q}^{\mathrm{T}}\cdot\boldsymbol{F}^*+\boldsymbol{Q}\cdot\boldsymbol{L}\cdot\boldsymbol{Q}^{\mathrm{T}}\cdot\boldsymbol{F}^*\\&=(\dot{\boldsymbol{Q}}\cdot\boldsymbol{Q}^{\mathrm{T}}+\boldsymbol{Q}\cdot\boldsymbol{L}\cdot\boldsymbol{Q}^{\mathrm{T}})\cdot\boldsymbol{F}^*\end{aligned}$$

并利用式（11.12）得

$$\boldsymbol{L}^*=\boldsymbol{Q}\cdot\boldsymbol{L}\cdot\boldsymbol{Q}^{\mathrm{T}}+\dot{\boldsymbol{Q}}\cdot\boldsymbol{Q}^{\mathrm{T}} \tag{11.29}$$

式（11.29）表明，速度梯度 $\boldsymbol{L}$ 不是客观量。将 $\boldsymbol{L}$ 进行和分解，并由和分解的唯一性易得

$$\boldsymbol{D}^{*}=\boldsymbol{Q}\cdot\boldsymbol{D}\cdot\boldsymbol{Q}^{\mathrm{T}},\quad \boldsymbol{W}^{*}=\boldsymbol{Q}\cdot\boldsymbol{W}\cdot\boldsymbol{Q}^{T}+\dot{\boldsymbol{Q}}\cdot\boldsymbol{Q}^{\mathrm{T}} \tag{11.30}$$

这表明变形率张量 $\boldsymbol{D}$ 是欧拉型客观张量，而旋率张量 $\boldsymbol{W}$ 是非客观量。

客观性公理要求柯西应力张量具有客观性。由于柯西应力张量定义于当前构形上，因此，它必然是一个欧拉型客观张量。根据柯西应力公式与客观张量的性质，应力矢量是一个欧拉型客观矢量。

由第一类基尔霍夫应力张量与柯西应力张量之间的变换公式，易得

$$\boldsymbol{\pi}^{*}=\det(\boldsymbol{F}^{*})\,\boldsymbol{\sigma}^{*}\cdot\boldsymbol{F}^{*\,-\mathrm{T}}=\boldsymbol{Q}\cdot\left[\det(\boldsymbol{F})\boldsymbol{\sigma}\cdot\boldsymbol{F}^{-\mathrm{T}}\right]=\boldsymbol{Q}\cdot\boldsymbol{\pi} \tag{11.31}$$

故第一类基尔霍夫应力张量与变形梯度一样，是一个两点客观张量。再由第一类与第二类基尔霍夫应力张量之间的变换公式，有

$$\boldsymbol{\Sigma}^{*}=\boldsymbol{F}^{*\,-1}\cdot\boldsymbol{\pi}^{*}=(\boldsymbol{F}^{-1}\cdot\boldsymbol{Q}^{\mathrm{T}})\cdot(\boldsymbol{Q}\cdot\boldsymbol{\pi})=\boldsymbol{F}^{-1}\cdot\boldsymbol{\pi}=\boldsymbol{\Sigma} \tag{11.32}$$

可见第二类基尔霍夫应力张量是一个拉格朗日型客观张量。

4. 客观率

由式（11.17）易知，拉格朗日型客观张量的物质导数是一个拉格朗日型客观张量。也就是说，拉格朗日型客观张量的时间变换率是客观率。然而，对于欧拉型客观张量并不成立。以欧拉型二阶客观张量 A 为例，在标架变换下，其物质导数遵循下面的变换关系

$$\dot{\boldsymbol{A}}^{*}=\boldsymbol{Q}\cdot\dot{\boldsymbol{A}}\cdot\boldsymbol{Q}^{\mathrm{T}}+\dot{\boldsymbol{Q}}\cdot\boldsymbol{A}\cdot\boldsymbol{Q}^{\mathrm{T}}+\boldsymbol{Q}\cdot\boldsymbol{A}\cdot\dot{\boldsymbol{Q}}^{\mathrm{T}} \tag{11.33}$$

可见，$\dot{\boldsymbol{A}}$ 不再是一个欧拉型二阶客观张量，也不是拉格朗日型客观张量，所以 $\dot{\boldsymbol{A}}$ 不是客观率。非客观率会导致非物理的结果，因此需要定义客观率。为此，利用式（11.30）的第二个式子，得

$$\dot{\boldsymbol{Q}}=\boldsymbol{W}^{*}\cdot\boldsymbol{Q}-\boldsymbol{Q}\cdot\boldsymbol{W} \tag{11.34}$$

将式（11.34）代入式（11.33），并考虑欧拉型客观张量 $\boldsymbol{A}^{*}=\boldsymbol{Q}\cdot\boldsymbol{A}\cdot\boldsymbol{Q}^{\mathrm{T}}$，有

$$\dot{A}^* = Q \cdot \dot{A} \cdot Q^{\mathrm{T}} + (W^* \cdot Q - Q \cdot W) \cdot A \cdot Q^{\mathrm{T}} + Q \cdot A \cdot (-Q^{\mathrm{T}} \cdot W^* + W \cdot Q^{\mathrm{T}})$$

$$= Q \cdot \dot{A} \cdot Q^{\mathrm{T}} + W^* \cdot Q \cdot A \cdot Q^{\mathrm{T}} - Q \cdot W \cdot A \cdot Q^{\mathrm{T}} - Q \cdot A \cdot Q^{\mathrm{T}} \cdot W^* + Q \cdot A \cdot W \cdot Q^{\mathrm{T}}$$

$$= Q \cdot (\dot{A} - W \cdot A + A \cdot W) \cdot Q^{\mathrm{T}} + W^* \cdot Q \cdot A \cdot Q^{\mathrm{T}} - Q \cdot A \cdot Q^{\mathrm{T}} \cdot W^*$$

$$= Q \cdot (\dot{A} - W \cdot A + A \cdot W) \cdot Q^{\mathrm{T}} + W^* \cdot A^* - A^* \cdot W^*$$

整理后得到

$$\dot{A}^* - W^* \cdot A^* + A^* \cdot W^* = Q \cdot (\dot{A} - W \cdot A + A \cdot W) \cdot Q^{\mathrm{T}} \tag{11.35}$$

因此，可引入定义

$$\overset{\nabla}{A} = \dot{A} - W \cdot A + A \cdot W \tag{11.36}$$

则式（11.35）可表示为

$$\overset{\nabla}{A}{}^* = Q \cdot \overset{\nabla}{A} \cdot Q^{\mathrm{T}} \tag{11.37}$$

可见，由式（11.36）定义的 $\overset{\nabla}{A}$ 是一个客观率，被称为**乔曼**（Jaumann）**率或共旋导数**。由式（11.37）可知，它是一个客观张量。当用柯西应力张量代替 A，我们就得到了乔曼应力率。除了乔曼应力率，还可以构造多种其他的客观应力率，它们在次弹性与塑性结构模型中是重要的。

例 11.1 受单轴拉伸的杆件连同两端的作用力 p，以恒定的角速度 ω 逆时针绕其中心在一个固定平面内旋转。试计算杆件中应力的物质导数与乔曼应力率。

解： 如图 11.1 所示，以杆件的中心为坐标原点，建立一个平面直角坐标系 Ox_1x_2，另取一个坐标系 $O\bar{x}_1\bar{x}_2$ 固结在杆上，随杆一起转动。显然，在 $O\bar{x}_1\bar{x}_2$ 中，杆中的应力场可以表示为

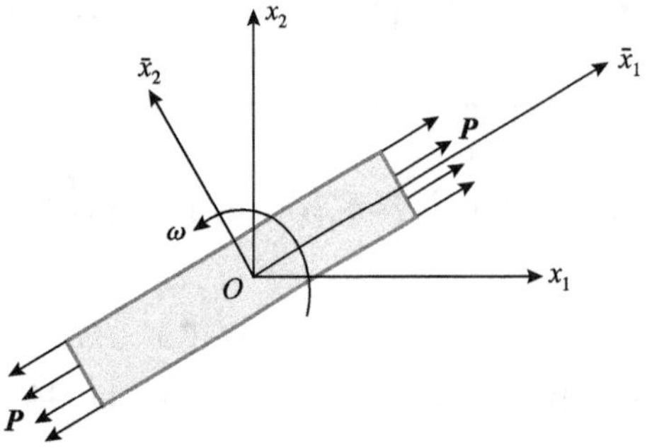

图 11.1 单轴拉伸

$$\bar{\sigma}_{11} = p,\quad \bar{\sigma}_{22} = 0,\quad \bar{\sigma}_{12} = 0$$

利用坐标转换关系，在固定坐标系 $O\,x_1\,x_2$ 中，杆中的应力可表示为

$$\sigma_{11} = \bar{\sigma}_{11}\cos^2\omega t = p\cos^2\omega t$$

$$\sigma_{22} = \bar{\sigma}_{11}\sin^2\omega t = p\sin^2\omega t$$

$$\sigma_{12} = \bar{\sigma}_{11}\sin(\omega t)\cos(\omega t) = p\sin(\omega t)\cos(\omega t)$$

由以上三个式子计算应力的物质导数，即得

$$\dot{\sigma}_{11} = -p\omega\sin 2\omega t, \quad \dot{\sigma}_{22} = p\omega\sin 2\omega t, \quad \dot{\sigma}_{12} = p\cos 2\omega t$$

应力的物质导数表明杆中的应力随时间变化，这显然不符合实际。因此，不能用物质导数计算应力率。接下来，我们计算应力的乔曼率。不失一般性，设初始时刻杆与 x_1 轴重合，则任意时刻杆上某点 $\boldsymbol{x}$ 的位移用其分量表示为

$$u_1 = \bar{x}_1(\cos\omega t - 1), \quad u_2 = \bar{x}_1\sin\omega t$$

对位移分量求物质导数，可得速度分量

$$v_1 = \dot{u}_1 = -\omega\bar{x}_1\sin\omega t = -\omega x_2, \quad v_2 = \dot{u}_2 = \omega\bar{x}_1\cos\omega t = \omega x_1$$

利用速度分量可计算旋率张量

$$w_{12} = \frac{1}{2}\left(\frac{\partial v_1}{\partial x_2} - \frac{\partial v_2}{\partial x_1}\right) = -\omega, \quad w_{21} = -w_{12} = \omega$$

利用上述结果，并根据 $\overset{\nabla}{\sigma}_{ij} = \dot{\sigma}_{ij} - w_{ik}\sigma_{kj} + \sigma_{ik}w_{kj}$，应力的乔曼率的计算结果为

$$\overset{\nabla}{\sigma}_{11} = \dot{\sigma}_{11} - w_{12}\sigma_{21} + \sigma_{12}w_{21} = 0$$

$$\overset{\nabla}{\sigma}_{22} = \dot{\sigma}_{22} - w_{21}\sigma_{12} + \sigma_{21}w_{12} = 0$$

$$\overset{\nabla}{\sigma}_{12} = \dot{\sigma}_{12} - w_{12}\sigma_{22} + \sigma_{11}w_{12} = 0$$

可以看到乔曼率正确反映了杆中应力为常数的物理事实。

11.3 习题

11.1 理想橡胶材料通常被看作是不可压缩的，选取 s_0 作为比熵参考值，它的变化可以描述为

$$\rho(s - s_0) = -\kappa(\lambda_1^2 + \lambda_2^2 + \lambda_3^2 - 3)$$

式中，ρ 是常密度；λ_i 是沿着 x_i 方向的伸长量，在恒温下，$\partial\varepsilon/\partial\lambda_i = 0$，其中 ε 是内能密度。试推导用这种材料制成的条带变形时，第二类皮奥拉应力与 λ_i 之间的关系。应力和伸长 λ_i 均沿着条带长度方向。

11.2 试证明速度梯度不是客观量，而速度散度是一个客观标量。

第 12 章

弹性固体力学问题

在本构关系的研究中，通常可采用两种途径对问题进行简化：本构关系或变形历史。本章所要讨论的弹性体是对本构关系进行简化的典型实例。本章基于本构公理建立弹性体的本构模型，着重推导各向同性超弹性材料的本构方程，讨论超弹性体的边界值问题，利用半逆解法详细求解超弹性体的均匀拉伸、简单剪切、圆柱体扭转三种基本变形。

12.1 弹性本构模型

1. 弹性的定义与分类

所谓弹性，就是物体的形状或体积发生变化后能够自行恢复的性质，也就意味着材料的应力状态在等温过程中只取决于当前时刻的变形，而与变形历史无关。因此，弹性物质的应力状态与变形状态具有一一对应的关系。

弹性可分为**柯西弹性**与**格林弹性**两类，格林弹性也称为**超弹性**（hyperelasticity）。两者的区别在于，在柯西弹性体中，只有应力与变形历史无关，而应力功依赖于变形历史；但在格林弹性体中，应力与应力功都与变形历史无关。由此易知，格林弹性体一定是柯西弹性体，但反之不然。

在柯西弹性体中，应力所做的功与变形历史相关。这表明柯西弹性体的变形不是一个守恒过程，其中的应力不能由一个标量势函数导出，而需要建立应力与应变的张量函数关系。从数学上看，确定两个二阶张量之间的非线性显式函数关系并非易事，而工程中遇到的非线性弹性材料绝大多数都可视为**超弹性材料**。因此，这里仅讨论超弹性本构方程。

2. 超弹性本构方程

如前所述，超弹性材料在变形过程中，应力所做的功与变形历史无关，应力所做的功转换成弹性体内的势能，被称为**应变能**。根据决定性公理与简单物质假设，单位质量上的应变能 u 可表示为

$$u(\boldsymbol{X},\ t) = \tilde{u}[\boldsymbol{x}(\boldsymbol{X},\ t),\ \boldsymbol{F}(\boldsymbol{X},\ t);\ \boldsymbol{X},\ t] \tag{12.1}$$

式中，$\boldsymbol{F}(\boldsymbol{X},\ \tau) = \boldsymbol{x}\nabla_0$ 为变形梯度。对式（12.1）进行标架变换，由客观性公理要求 $u^* = u$，有

$$\begin{aligned}\tilde{u}[\boldsymbol{x}^*(\boldsymbol{X},t),\boldsymbol{F}^*(\boldsymbol{X},t);\boldsymbol{X},t^*] &= \tilde{u}[\boldsymbol{Q}(t)\cdot\boldsymbol{x}(\boldsymbol{X},t)+\boldsymbol{b}(t),\boldsymbol{Q}(t)\cdot\boldsymbol{F}(\boldsymbol{X},t);\boldsymbol{X},t^*]\\ &= \tilde{u}[\boldsymbol{x}(\boldsymbol{X},t),\boldsymbol{F}(\boldsymbol{X},t);\boldsymbol{X},t]\end{aligned} \tag{12.2}$$

由标架变换关系式（11.2）中的 $\boldsymbol{b}(t)$ 和 a 的任意性，可知以上泛函表达式 $\tilde{u}$ 中的变元不应显含 $\boldsymbol{x}(\boldsymbol{X},\ t)$ 和时间 t。如仅考虑标架平移，令 $\boldsymbol{Q}(t) = \boldsymbol{I}$，$\boldsymbol{b}(t) = -\boldsymbol{x}(\boldsymbol{X},\ t)$，代入式（12.2）可简化为

$$u = \tilde{u}[\boldsymbol{F};\ \boldsymbol{X}] \tag{12.3}$$

类似地，也可以得到由各应力张量与变形梯度关系式所表征的本构方程

$$\begin{cases}\boldsymbol{\pi} = \tilde{\boldsymbol{\pi}}[\boldsymbol{F};\ \boldsymbol{X}]\\ \boldsymbol{\sigma} = \tilde{\boldsymbol{\sigma}}[\boldsymbol{F};\ \boldsymbol{X}] = (\det\boldsymbol{F})^{-1}\,\tilde{\boldsymbol{\pi}}[\boldsymbol{F};\ \boldsymbol{X}]\cdot\boldsymbol{F}^{\mathrm{T}}\\ \boldsymbol{\Sigma} = \tilde{\boldsymbol{\Sigma}}[\boldsymbol{F};\ \boldsymbol{X}] = \boldsymbol{F}^{-1}\cdot\tilde{\boldsymbol{\pi}}[\boldsymbol{F};\ \boldsymbol{X}]\end{cases} \tag{12.4}$$

接下来讨论客观性与热力学相容性原理两个本构原理对以上的弹性本构关系的限制条件。

（1）客观性原理的要求

基于式（12.3）给出的弹性固体的本构方程，因为应变能是一个标量场，并且是构架变化时的不变量。因此，在构架变化时应满足 $u^* = u$，即 $u^* = \tilde{u}[\boldsymbol{F}^*;\ \boldsymbol{X}] = \tilde{u}[\boldsymbol{F};\ \boldsymbol{X}]$。考虑变形梯度满足变换关系 $\boldsymbol{F}^* = \boldsymbol{Q}\cdot\boldsymbol{F}$，代入则有

$$u^* = \tilde{u}[\boldsymbol{F}^*;\ \boldsymbol{X}] = \tilde{u}[\boldsymbol{Q}\cdot\boldsymbol{F};\ \boldsymbol{X}]$$

同样，对应 PK1 应力本构方程 $\boldsymbol{\pi} = \boldsymbol{\pi}(\boldsymbol{F})$，在其满足变换式 $\boldsymbol{\pi}^* = \boldsymbol{Q}\cdot\boldsymbol{\pi}$ 时，有

$$\boldsymbol{\pi}^* = \tilde{\boldsymbol{\pi}}[\boldsymbol{F}^*;\ \boldsymbol{X}] = \tilde{\boldsymbol{\pi}}[\boldsymbol{Q}\cdot\boldsymbol{F};\ \boldsymbol{X}] = \boldsymbol{Q}\cdot\tilde{\boldsymbol{\pi}}[\boldsymbol{F};\ \boldsymbol{X}]$$

则可以推导出在架构发生变换时，响应函数 $\tilde{u}$ 和 $\tilde{\boldsymbol{\pi}}$ 应该满足

$$\begin{cases}\tilde{u}[\boldsymbol{F};\ \boldsymbol{X}] = \tilde{u}[\boldsymbol{Q}\cdot\boldsymbol{F};\ \boldsymbol{X}] \\ \tilde{\boldsymbol{\pi}}[\boldsymbol{F};\ \boldsymbol{X}] = \boldsymbol{Q}^{\mathrm{T}}\cdot\tilde{\boldsymbol{\pi}}[\boldsymbol{Q}\cdot\boldsymbol{F};\ \boldsymbol{X}]\end{cases} \tag{12.5}$$

由于正交张量 $\boldsymbol{Q}$ 具有任意性，可取 $\boldsymbol{Q}=\boldsymbol{R}^{\mathrm{T}}$，$\boldsymbol{R}$ 为极分解 $\boldsymbol{F}=\boldsymbol{R}\cdot\boldsymbol{U}$ 的旋转张量，可得 $\boldsymbol{Q}\cdot\boldsymbol{F}=\boldsymbol{U}$，从而式（12.5）可写为

$$\begin{cases}\tilde{u}[\boldsymbol{F};\ \boldsymbol{X}] = \tilde{u}[\boldsymbol{U};\ \boldsymbol{X}] \\ \tilde{\boldsymbol{\pi}}[\boldsymbol{F};\ \boldsymbol{X}] = \boldsymbol{R}\cdot\tilde{\boldsymbol{\pi}}[\boldsymbol{U};\ \boldsymbol{X}]\end{cases}$$

进一步可将式（12.5）中的右伸长张量 $\boldsymbol{U}$ 替换成 $\sqrt{\boldsymbol{C}}$，$\boldsymbol{C}$ 为右柯西－格林变形张量，则可引入响应函数 $\bar{u}[\boldsymbol{C};\ \boldsymbol{X}]=\tilde{u}[\sqrt{\boldsymbol{C}};\ \boldsymbol{X}]$，从而将应变能定义为 $\boldsymbol{C}$ 的函数，即

$$u=\bar{u}[\boldsymbol{C};\ \boldsymbol{X}] \tag{12.6}$$

同理，根据应变张量间的关系，对于 PK2 应力张量 $\boldsymbol{\Sigma}$，有

$$\tilde{\boldsymbol{\Sigma}}[\boldsymbol{F};\ \boldsymbol{X}]=\boldsymbol{F}^{-1}\cdot\tilde{\boldsymbol{\pi}}[\boldsymbol{F};\ \boldsymbol{X}]=\boldsymbol{F}^{-1}\cdot\boldsymbol{R}\cdot\tilde{\boldsymbol{\pi}}[\boldsymbol{U};\ \boldsymbol{X}]=\boldsymbol{U}^{-1}\cdot\tilde{\boldsymbol{\pi}}[\boldsymbol{U};\ \boldsymbol{X}]$$

同样将式中的 $\boldsymbol{U}$ 替换成 $\sqrt{\boldsymbol{C}}$，则可以引入响应函数 $\bar{\boldsymbol{\Sigma}}[\boldsymbol{C};\ \boldsymbol{X}]=\sqrt{\boldsymbol{C}}^{-1}\cdot\tilde{\boldsymbol{\pi}}[\sqrt{\boldsymbol{C}};\ \boldsymbol{X}]$，从而有

$$\boldsymbol{\pi}=\boldsymbol{F}\cdot\bar{\boldsymbol{\Sigma}}[\boldsymbol{C};\ \boldsymbol{X}] \tag{12.7}$$

上述推导过程说明：如果本构方程式（12.3）、式（12.4）要满足客观性原理，则必然退化成式（12.6）与式（12.7）的特殊形式。

此外，由于 PK2 应力张量 $\boldsymbol{\Sigma}$ 是对称的，由应力本构方程式（12.4）可以推得

$$\begin{aligned}\boldsymbol{\pi}\cdot\boldsymbol{F}^{\mathrm{T}}-\boldsymbol{F}\cdot\boldsymbol{\pi}^{\mathrm{T}} &= \boldsymbol{F}\cdot\boldsymbol{\Sigma}\cdot\boldsymbol{F}^{\mathrm{T}}-\boldsymbol{F}\cdot\boldsymbol{\Sigma}^{\mathrm{T}}\cdot\boldsymbol{F}^{\mathrm{T}} \\ &= \boldsymbol{F}\cdot(\boldsymbol{\Sigma}-\boldsymbol{\Sigma}^{\mathrm{T}})\cdot\boldsymbol{F}^{\mathrm{T}}=\boldsymbol{0}\end{aligned} \tag{12.8}$$

这意味着本构方程的标架无差异性要求同时使得动量矩平衡方程能够自动满足。因此，只要本构方程满足标架无差异性原理要求，就不用再考虑动量矩是否平衡的问题。

利用应力张量直接的变换关系式，可得柯西应力张量的本构方程为

$$\boldsymbol{\sigma}=(\det\boldsymbol{F})^{-1}\boldsymbol{F}\cdot\bar{\boldsymbol{\Sigma}}[\boldsymbol{C};\ \boldsymbol{X}]\cdot\boldsymbol{F}^{\mathrm{T}} \tag{12.9}$$

综上所述，标架无差异性原理对本构方程的要求，把弹性固体的表征问题退化为如

何确定应变能 u 和 PK2 应力张量 $\boldsymbol{\Sigma}$ 的响应函数 $\bar{u}[\boldsymbol{C};\ \boldsymbol{X}]$ 与 $\bar{\boldsymbol{\Sigma}}[\boldsymbol{C};\ \boldsymbol{X}]$。

（2）热力学相容性原理的要求

由满足客观性原理要求的本构方程式（12.6）的物质导数可得

$$\dot{u} = \frac{\partial \bar{u}[\boldsymbol{C};\ \boldsymbol{X}]}{\partial \boldsymbol{C}} : \dot{\boldsymbol{C}} \tag{12.10}$$

利用功共轭关系式和 $\boldsymbol{\Sigma} = \bar{\boldsymbol{\Sigma}}[\boldsymbol{C};\ \boldsymbol{X}]$ 可得

$$\boldsymbol{\pi} : \dot{\boldsymbol{F}} = \frac{1}{2}\boldsymbol{\Sigma} : \dot{\boldsymbol{C}} = \frac{1}{2}\bar{\boldsymbol{\Sigma}}[\boldsymbol{C};\ \boldsymbol{X}] : \dot{\boldsymbol{C}} \tag{12.11}$$

考虑纯机械载荷作用下的自由能不等式 $\boldsymbol{\Sigma} : \dot{\boldsymbol{E}} - \rho_0 \dot{\varepsilon} \geqslant 0$，由关系式 $\boldsymbol{E} = \frac{1}{2}(\boldsymbol{C} - \boldsymbol{I})$ 及式（12.10）与式（12.11）可得

$$\left[2\rho_0 \frac{\partial \bar{u}[\boldsymbol{C};\ \boldsymbol{X}]}{\partial \boldsymbol{C}} - \bar{\boldsymbol{\Sigma}}[\boldsymbol{C};\ \boldsymbol{X}]\right] : \dot{\boldsymbol{C}} \leqslant 0 \tag{12.12}$$

因为右柯西－格林变形张量 C 是对称的，所以 $\frac{\partial \bar{u}[\boldsymbol{C};\ \boldsymbol{X}]}{\partial \boldsymbol{C}}$ 也是对称的。同时，前面已经证明 PK2 也是对称的，所以 $2\rho_0 \frac{\partial \bar{u}[\boldsymbol{C};\ \boldsymbol{X}]}{\partial \boldsymbol{C}} - \bar{\boldsymbol{\Sigma}}[\boldsymbol{C};\ \boldsymbol{X}]$ 是对称的。针对上面的不等式，由于它对任意的 $\boldsymbol{C}$ 和 $\dot{\boldsymbol{C}}$ 都成立，所以 $2\rho_0 \frac{\partial \bar{u}[\boldsymbol{C};\ \boldsymbol{X}]}{\partial \boldsymbol{C}} - \bar{\boldsymbol{\Sigma}}[\boldsymbol{C};\ \boldsymbol{X}] = \boldsymbol{0}$，进而可以得到热力学限制条件

$$\boldsymbol{\Sigma} = \bar{\boldsymbol{\Sigma}}[\boldsymbol{C};\ \boldsymbol{X}] = 2\rho_0 \frac{\partial \bar{u}[\boldsymbol{C};\ \boldsymbol{X}]}{\partial \boldsymbol{C}} \tag{12.13}$$

通过式（12.13）可以由自由能计算弹性体的 PK2 应力，这就是所谓的应力关系。根据自由能不等式和式（12.11），可得在弹性体的纯机械变形过程中，耗散函数 D_{int} 为

$$D_{\text{int}} = \boldsymbol{\pi} : \dot{\boldsymbol{F}} - \rho_0 \dot{u} = 0 \tag{12.14}$$

说明在光滑的弹性本构关系中没有耗散产生。

此外，利用 $\boldsymbol{\pi} = \boldsymbol{F} \cdot \boldsymbol{\Sigma}$，$\boldsymbol{\sigma} = (\det \boldsymbol{F})^{-1} \boldsymbol{F} \cdot \boldsymbol{\Sigma} \cdot \boldsymbol{F}^{\mathrm{T}}$，$\det \boldsymbol{F} = \rho_0/\rho$，可得其他应力张量的本构关系为

$$\boldsymbol{\pi} = 2\rho_0 \boldsymbol{F} \cdot \frac{\partial \bar{u}[\boldsymbol{C};\ \boldsymbol{X}]}{\partial \boldsymbol{C}} \tag{12.15}$$

$$\boldsymbol{\sigma} = 2(\det \boldsymbol{F})^{-1}\boldsymbol{F}\cdot\frac{\partial \rho_0 \bar{u}[\boldsymbol{C};\ \boldsymbol{X}]}{\partial \boldsymbol{C}}\cdot\boldsymbol{F}^{\mathrm{T}} = 2\rho\boldsymbol{F}\cdot\frac{\partial \bar{u}[\boldsymbol{C};\ \boldsymbol{X}]}{\partial \boldsymbol{C}}\cdot\boldsymbol{F}^{\mathrm{T}} \tag{12.16}$$

由式（12.13）、式（12.15）、式（12.16）所表征的材料称为**超弹性材料**。这些方程表明：超弹性材料的应力可以由应变比能 U 导出。当应变能函数 $u = \bar{u}[\boldsymbol{C};\ \boldsymbol{X}]$ 的形式确定后，由以上三式就可得到超弹性材料的本构方程。

在不考虑温度效应时，可直接采用应变能函数 u 作为本构势函数；当考虑温度效应时，超弹性体的热力学状态变量包括应变 $\boldsymbol{E}$ 和绝对温度 θ，此时应以亥姆霍兹自由能 ψ 作为势函数。由克劳修斯－普朗克不等式等号成立情形

$$\rho\dot{\psi} = \boldsymbol{\sigma}:\boldsymbol{D} - \rho\eta\dot{\theta}$$

以及

$$J\boldsymbol{\sigma}:\boldsymbol{D} = \boldsymbol{\pi}:\dot{\boldsymbol{F}} = \boldsymbol{\Sigma}:\dot{\boldsymbol{E}}$$

可得

$$\rho_0\dot{\psi} = \boldsymbol{\Sigma}:\dot{\boldsymbol{E}} - \rho_0\eta\dot{\theta}$$

两边同乘以 $\mathrm{d}t$，有

$$\rho_0\mathrm{d}\psi = \boldsymbol{\Sigma}:\mathrm{d}\boldsymbol{E} - \rho_0\eta\mathrm{d}\theta \tag{12.17}$$

可得热超弹性材料的本构关系为

$$\begin{cases} \boldsymbol{\Sigma} = \rho_0\left.\dfrac{\partial\psi}{\partial\boldsymbol{E}}\right|_\theta = 2\rho_0\left.\dfrac{\partial\psi}{\partial\boldsymbol{C}}\right|_\theta \\ \eta = -\left.\dfrac{\partial\psi}{\partial\theta}\right|_E \end{cases} \tag{12.18}$$

3. 均匀各向同性超弹性材料

若超弹性材料具有均匀性（与物质点 X 无关）与各向同性，根据各向同性张量函数表示定理，自由能密度 ψ 可以表示为

$$\psi = \tilde{\psi}[I_1(\boldsymbol{C}),\ I_2(\boldsymbol{C}),\ I_3(\boldsymbol{C})] \tag{12.19}$$

式中

$$I_1(\boldsymbol{C}) = \mathrm{tr}\,\boldsymbol{C},\quad I_2(\boldsymbol{C}) = \frac{1}{2}[(\mathrm{tr}\,\boldsymbol{C})^2 - \mathrm{tr}\,\boldsymbol{C}^2],\quad I_3(\boldsymbol{C}) = \det\boldsymbol{C} \tag{12.20}$$

它们分别代表格林变形张量 $\boldsymbol{C}$ 的三个主不变量。使用式（12.19）与式（12.20），

计算可得

$$\frac{\partial\psi}{\partial\boldsymbol{C}}=I_3\psi_3\boldsymbol{C}^{-1}+(\psi_1+I_1\psi_2)\boldsymbol{I}-\psi_2\boldsymbol{C} \tag{12.21}$$

式中，$\psi_i=\dfrac{\partial\tilde{\psi}}{\partial I_i}$。

将式（12.21）代入式（12.17），可得

$$\boldsymbol{\Sigma}=2\rho_0[I_3\psi_3\boldsymbol{C}^{-1}+(\psi_1+I_1\psi_2)\boldsymbol{I}-\psi_2\boldsymbol{C}] \tag{12.22}$$

应用凯莱－哈密顿定理 $I_3\boldsymbol{C}^{-1}=\boldsymbol{C}^2-I_1\boldsymbol{C}+I_2\boldsymbol{I}$，式（12.22）也可表示为

$$\boldsymbol{\Sigma}=2\rho_0[(\psi_1+I_1\psi_2+I_2\psi_3)\boldsymbol{I}-(\psi_2+I_1\psi_3)\boldsymbol{C}+\psi_3\boldsymbol{C}^2] \tag{12.23}$$

容易证明左变形张量 $\boldsymbol{b}$ 与格林变形张量 $\boldsymbol{E}$ 的三个不变量相同，即

$$I_1(\boldsymbol{C})=I_1(\boldsymbol{b}),\quad I_2(\boldsymbol{C})=I_2(\boldsymbol{b}),\quad I_3(\boldsymbol{C})=I_3(\boldsymbol{b}) \tag{12.24}$$

故将式（12.21）代入式（12.18），可得

$$\boldsymbol{\sigma}=2\rho[I_3\psi_3\boldsymbol{I}+(\psi_1+I_1\psi_2)\boldsymbol{b}-\psi_2\boldsymbol{b}^2] \tag{12.25}$$

应用凯莱－哈密顿定理 $\boldsymbol{b}^2=I_1\boldsymbol{b}-I_2\boldsymbol{I}+I_3\boldsymbol{b}^{-1}$，式（12.25）也可写为

$$\boldsymbol{\sigma}=2\rho[(I_2\psi_2+I_3\psi_3)\boldsymbol{I}+\psi_1\boldsymbol{b}-I_3\psi_2\boldsymbol{b}^{-1}] \tag{12.26}$$

对于工程中经常遇到的橡胶类超弹性材料，由变形引起的体积变化很小，所以，这类材料可以被视为**不可压缩的**。不可压缩超弹性材料受到 $\det(\boldsymbol{F})=1$ 的内部约束，这种约束也可等价地表示成 $I_3(\boldsymbol{C})=I_3(\boldsymbol{b})=1$。此时，$\rho=\rho_0$。利用拉格朗日乘子法，不可压缩超弹性材料的自由能密度可表示为

$$\rho_0\psi=\rho_0\tilde{\Psi}[I_1(\boldsymbol{C}),I_2(\boldsymbol{C})]-\frac{1}{2}p[I_3(\boldsymbol{C})-1] \tag{12.27}$$

式中，p 是拉格朗日乘子，它代表由平衡方程或边界条件确定的静水压力。由式（12.27）可得

$$\rho_0\frac{\partial\psi}{\partial\boldsymbol{C}}=\rho_0[(\psi_1+I_1\psi_2)\boldsymbol{I}-\psi_2\boldsymbol{C}]-\frac{1}{2}p\boldsymbol{C}^{-1} \tag{12.28}$$

式（12.28）分别代入式（12.13）与式（12.16），即给出**不可压缩的超弹性材料本构方程**的两种表达式

$$\boldsymbol{\Sigma}=2\rho_0[(\psi_1+I_1\psi_2)\boldsymbol{I}-\psi_2\boldsymbol{C}]-p\boldsymbol{C}^{-1} \tag{12.29}$$

$$\boldsymbol{\sigma} = 2\rho[(\psi_1 + I_1\psi_2)\boldsymbol{b} - \psi_2\boldsymbol{b}^2] - p\boldsymbol{I} \tag{12.30}$$

应用凯莱－哈密顿定理，式（12.30）也可写为

$$\boldsymbol{\sigma} = 2\rho(\psi_1\boldsymbol{b} - \psi_2\boldsymbol{b}^{-1}) - \bar{p}\boldsymbol{I} \tag{12.31}$$

式中，$\bar{p} = 2I_2\psi_2 - p$ 为非确定性静水压力，需要通过动量守恒方程和边界条件才能最后确定。

当采用主长度比 $\lambda_\alpha(\alpha = 1, 2, 3)$ 来表示超弹性体的自由能密度函数即势函数时，可将势函数表示为 $\varphi(\lambda_1, \lambda_2, \lambda_3)$，其满足对称性条件 $\varphi(\lambda_1, \lambda_2, \lambda_3) = \varphi(\lambda_1, \lambda_3, \lambda_2) = \varphi(\lambda_3, \lambda_1, \lambda_2)$。不难证明：这时的柯西应力的主应力 $\sigma_\alpha(\alpha = 1, 2, 3)$ 可表示为

$$\sigma_\alpha = \rho\lambda_\alpha\frac{\partial\varphi(\lambda_1, \lambda_2, \lambda_3)}{\partial\lambda_\alpha}(\alpha = 1, 2, 3;\text{不对}\,\alpha\,\text{求和}) \tag{12.32}$$

考虑不可压缩超弹性体时，需要附加相应的内约束条件 $I_3(\boldsymbol{C}) = \lambda_1\lambda_2\lambda_3 = 1$，引入拉格朗日乘子 p，可将势函数 $\rho_0\varphi$ 表示为 $\rho_0\varphi(\lambda_1, \lambda_2, \lambda_3) - p(\lambda_1\lambda_2\lambda_3 - 1)$，由式（12.32）可得

$$\sigma_\alpha = \rho\lambda_\alpha\frac{\partial\varphi(\lambda_1, \lambda_2, \lambda_3)}{\partial\lambda_\alpha} - p\ (\alpha = 1, 2, 3;\text{不对}\,\alpha\,\text{求和}) \tag{12.33}$$

因为在不可压缩材料中 $\lambda_\alpha(\alpha=1, 2, 3)$ 是不独立的 $(\lambda_1\lambda_2\lambda_3=1)$，故可引入函数

$$\varphi^i(\lambda_1, \lambda_2) = \varphi^i(\lambda_2, \lambda_1) = \varphi[\lambda_1, \lambda_2, (\lambda_1\lambda_2)^{-1}] \tag{12.34}$$

这样就有

$$\sigma_1 - \sigma_3 = \rho\lambda_1\frac{\partial\varphi^i}{\partial\lambda_1},\quad \sigma_2 - \sigma_3 = \rho\lambda_2\frac{\partial\varphi^i}{\partial\lambda_2} \tag{12.35}$$

为了要与各向同性弹性体小变形的经典理论相一致，φ^i 的函数形式还应满足以下的条件：

①自然状态下应力为零，即

$$\varphi^i(1, 1) = 0,\quad \frac{\partial\varphi^i(1, 1)}{\partial\lambda_1} = \frac{\partial\varphi^i(1, 1)}{\partial\lambda_2} = 0 \tag{12.36}$$

②初始剪切模量为 μ^0，即

$$\frac{\partial^2\varphi^i(1, 1)}{\partial\lambda_1\partial\lambda_2} = 2\mu^0,\quad \frac{\partial^2\varphi^i(1, 1)}{\partial^2\lambda_1} = \frac{\partial^2\varphi^i(1, 1)}{\partial^2\lambda_2} = 4\mu^0 \tag{12.37}$$

显然，超弹性材料的本构方程的具体形式依赖于势函数 ψ 。超弹性势的具体函数形式需要根据实验加以确定，通常有两种方法：第一，先假定超弹性势具有某种函数形式，再由实验来确定其中的材料参数或函数；第二，对于所要研究的材料，通过实验来探讨超弹性势函数所应具有的形式。有关橡胶弹性变形的实验研究工作有很多，这里不再介绍。

对于橡胶类超弹性材料，目前存在以下一些典型的势函数表达式

尼奥 - 胡克型（Neo - Hookean）：$\psi = c(I_1 - 3)$

穆尼 - 里夫林型（Mooney - Rivlin）：$\psi = c_1(I_1 - 3) + c_2(I_2 - 3)$

布拉茨 - 柯型（Blatz - Ko）：$\psi = \frac{1}{2}\mu(\frac{I_2}{I_3} + 2\sqrt{I_3})$

奥格登型（Ogden）：$\psi = \sum\limits_{k=1}^{N} \frac{\mu_k}{\alpha_k}(\lambda_1^{\alpha_k} + \lambda_2^{\alpha_k} + \lambda_3^{\alpha_k} - 3)$

如果材料是各向异性的，则可引进结构张量，使 ψ 表示为其变元和结构张量的联合不变量的函数。例如，对于在参考构形中取向为单位向量 $\boldsymbol{L}$ 的纤维增强复合材料，可以引进结构张量 $\boldsymbol{L} \otimes \boldsymbol{L}$ ，式（12.21）可具体写为

$$\frac{\partial \psi}{\partial \boldsymbol{C}} = I_3 \psi_3 \boldsymbol{C}^{-1} + (\psi_1 + I_1 \psi_2)\boldsymbol{I} - \psi_2 \boldsymbol{C} + \psi_4 \boldsymbol{L} \otimes \boldsymbol{L} + \psi_5(\boldsymbol{L} \otimes \boldsymbol{L} \cdot \boldsymbol{C} + \boldsymbol{C} \cdot \boldsymbol{L} \otimes \boldsymbol{L}) \tag{12.38}$$

式中，$I_4 = \boldsymbol{L} \cdot \boldsymbol{C} \cdot \boldsymbol{L}$，$I_5 = \boldsymbol{L} \cdot \boldsymbol{C}^2 \cdot \boldsymbol{L}$ ，并应用了 $\frac{\partial I_4}{\partial C} = \boldsymbol{L} \otimes \boldsymbol{L}$ 与 $\frac{\partial I_5}{\partial C} = \boldsymbol{L} \otimes \boldsymbol{L} \cdot \boldsymbol{C} + \boldsymbol{C} \cdot \boldsymbol{L} \otimes \boldsymbol{L}$ 。

例 12.1 考虑初始时刻半径和壁厚分别为 R 和 H 的薄球壳，逐渐充内压 p 后，其半径与壁厚变为 r 和 h 。如果材料是各向同性不可压缩超弹性体，试用试函数 φ^i 写出压应力 p 和 r/R 之间的关系。

解：对于薄壳，沿厚度方向的主长度比可近似写为 $\lambda_3 = h/H$ 。因此，由不可压缩条件，可得沿球面切向的主长度比为

$$\lambda = \lambda_1 = \lambda_2 = \sqrt{\frac{1}{\lambda_3}} = \sqrt{\frac{H}{h}} = \frac{r}{R}$$

上式利用了近似表达式 $HR^2 = hr^2$ 。壳体外表面处于双向拉伸状态：$\sigma_1 = \sigma_2 = \sigma$，

$\sigma_3 = 0$，故由式(12.29)可得

$$\sigma_1 = \rho\lambda_1 \frac{\partial\varphi^i}{\partial\lambda_1}\bigg|_{\lambda_1=\lambda_2=\lambda}, \quad \sigma_2 = \rho\lambda_2 \frac{\partial\varphi^i}{\partial\lambda_2}\bigg|_{\lambda_1=\lambda_2=\lambda}$$

由平衡条件 $\pi r^2 p = 2\pi rh\sigma$，上式可写为

$$\frac{rp}{2h} = \rho\lambda_1 \frac{\partial\varphi^i}{\partial\lambda_1}\bigg|_{\lambda_1=\lambda_2=\lambda}$$

利用 $\frac{h}{r} = \left(\frac{H}{h}\right)^{3/2} \frac{R}{H} = \lambda^3 \frac{R}{H}$，并定义 $w^i(\lambda) = \varphi^i(\lambda,\lambda)$，则可得

$$p^* = \frac{Rp}{H} = 2\rho\,\lambda^{-2} \frac{\partial\varphi^i}{\partial\lambda_1}\bigg|_{\lambda_1=\lambda_2=\lambda} = \rho\lambda^{-2}\frac{\mathrm{d}w^i(\lambda)}{\mathrm{d}\lambda}$$

于是通过薄球壳的内压实验，可确定上式中 $w^i(\lambda)$ 的表达式。

4. 线性超弹性材料

假设材料中不存在初始残余应力，则**线性超弹性材料**的应变能密度 $\rho_0 u$ 可以表示为

$$\rho_0 u = \boldsymbol{E}:\boldsymbol{D}:\boldsymbol{E} = D_{ijkl}E_{ij}E_{kl} \tag{12.39}$$

式中，$\boldsymbol{D}$ 表示弹性张量，$\boldsymbol{E}$ 是格林应变张量。利用哑指标的性质与 $\boldsymbol{E}$ 的对称性，可以证明

$$D_{ijkl} = D_{klij} = D_{jikl} = D_{ijlk} \tag{12.40}$$

因此，最一般各向异性超弹性材料的弹性张量分量（弹性常数）共有 21 个。注意到 $\boldsymbol{E} = \frac{1}{2}(\boldsymbol{C} - \boldsymbol{I})$，将式（12.39）代入式（12.13），可得

$$\boldsymbol{\Sigma} = \boldsymbol{D}:\boldsymbol{E} \quad 或 \quad \Sigma_{ij} = D_{ijkl}E_{kl} \tag{12.41}$$

若线性超弹性材料具有各向同性，则 D_{ijkl} 可以表示为

$$D_{ijkl} = \lambda\delta_{ij}\delta_{kl} + \mu(\delta_{ik}\delta_{jl} + \delta_{il}\delta_{jk}) \tag{12.42}$$

代入式（12.41），可得

$$\Sigma_{ij} = \lambda\delta_{ij}E_{kk} + 2\mu E_{ij} \tag{12.43}$$

这种超弹性材料也称为圣维南－基尔霍夫（St Venant－Kirchhoff）模型，应变能可写为

$$u(\boldsymbol{E}) = \frac{\lambda}{2}(\mathrm{tr}\,\boldsymbol{E})^2 + \mu\mathrm{tr}(\boldsymbol{E}^2)$$

在小变形的条件下，式（12.43）中的 PK2 应力 Σ_{ij} 和格林应变 E_{ij} 可以分别用柯西应力 σ_{ij} 和线性应变 ε_{ij} 代替，这样就得到了胡克（Hooke）定律的表达式

$$\sigma_{ij} = \lambda\delta_{ij}\varepsilon_{kk} + 2\mu\varepsilon_{ij} \tag{12.44}$$

式中，λ 和 μ 为拉梅常数，μ 也即材料的剪切模量。

例 12.2 B 为一个弹性固体参考构形，该弹性固体的应力响应由材料参数为 λ，$\mu > 0$ 的圣维南－基尔霍夫模型给出。考虑无关单轴变形 $\boldsymbol{x} = \varphi(\boldsymbol{X})$：$x_1 = X_1$，$x_2 = qX_2$，$x_3 = X_3$，其中，$q > 0$ 为常数。

（1）计算变形梯度 $\boldsymbol{F}$ 和格林应变张量 $\boldsymbol{E}$ 的分量。

（2）计算两类皮奥拉应力场 $\boldsymbol{\pi}$ 和 $\boldsymbol{\Sigma}$，以及柯西应力场 $\boldsymbol{\sigma}$ 的分量。

（3）求作用在变形构形 $B' = \varphi(B)$ 每面的合力，这些力是用于保持变形的。在 $q \neq 1$ 时在每一个面上有没有作用一个非零的力？

（4）对于（3）中的极限情况 $q \to \infty$ 和 $q \to 0$，力会出现什么样的情况？在有限力的作用下，变形体可以被压缩到零体积吗？

解：（1）对于给定的变形情况，可以得到矩阵形式的变形梯度 $\boldsymbol{F}$ 与右变形张量 $\boldsymbol{C}$：

$$[\boldsymbol{F}] = \begin{bmatrix} 1 & 0 & 0 \\ 0 & q & 0 \\ 0 & 0 & 1 \end{bmatrix}, \quad [\boldsymbol{C}] = [\boldsymbol{F}]^{\mathrm{T}}[\boldsymbol{F}] = \begin{bmatrix} 1 & 0 & 0 \\ 0 & q^2 & 0 \\ 0 & 0 & 1 \end{bmatrix}$$

从而得到格林应变张量 $\boldsymbol{E}$

$$\boldsymbol{E} = \frac{1}{2}(\boldsymbol{C} - \boldsymbol{I}) = \begin{bmatrix} 0 & 0 & 0 \\ 0 & \frac{1}{2}(q^2 - 1) & 0 \\ 0 & 0 & 0 \end{bmatrix}$$

（2）由圣维南－基尔霍夫本构模型 $\boldsymbol{\Sigma} = \lambda \mathrm{tr}(\boldsymbol{E})\boldsymbol{I} + 2\mu\boldsymbol{E}$，可以得到

$$[\boldsymbol{\Sigma}] = \begin{bmatrix} \frac{\lambda}{2}(q^2 - 1) & 0 & 0 \\ 0 & (\frac{\lambda}{2} + \mu)(q^2 - 1) & 0 \\ 0 & 0 & \frac{\lambda}{2}(q^2 - 1) \end{bmatrix}$$

由两类皮奥拉应力之间及第一类皮奥拉应力与柯西应力之间的关系可得

$$[\boldsymbol{\pi}]=[\boldsymbol{F}][\boldsymbol{\Sigma}]=\begin{bmatrix}\frac{\lambda}{2}(q^2-1) & 0 & 0\\ 0 & (\frac{\lambda}{2}+\mu)(q^3-q) & 0\\ 0 & 0 & \frac{\lambda}{2}(q^2-1)\end{bmatrix}$$

$$[\boldsymbol{\sigma}]=(\det[\boldsymbol{F}])^{-1}[\boldsymbol{\pi}][\boldsymbol{F}]^{\mathrm{T}}=\begin{bmatrix}\frac{\lambda}{2}(q-q^{-1}) & 0 & 0\\ 0 & (\frac{\lambda}{2}+\mu)(q^3-q) & 0\\ 0 & 0 & \frac{\lambda}{2}(q-q^{-1})\end{bmatrix}$$

（3）与参考构形 B 相似，变形构形 $B'=\varphi(B)$ 是垂直于单位向量 $\pm\boldsymbol{e}_i$ 的方形固体。采用 ∂B_i 和 $\partial B_i'$ 表示 B 和 B' 各个面，并以 $\boldsymbol{T}^{(i,\pm)}$ 表示作用于 $\partial B_i'$ 面上单位面积的合力。然后，由第一类皮奥拉应力的定义与 ∂B_i 取单位面积可得

$$\boldsymbol{T}^{(1,\pm)}=\int_{\partial B_1'}\boldsymbol{\sigma}\cdot\boldsymbol{n}\mathrm{d}A_X=\int_{\partial B_1}\boldsymbol{\pi}\cdot\boldsymbol{N}\mathrm{d}A_X=\pm\boldsymbol{\pi}\cdot\boldsymbol{e}_1\mathrm{area}(\partial B_1)=\pm\frac{\lambda}{2}(q^2-1)\,\boldsymbol{e}_1$$

$$\boldsymbol{T}^{(2,\pm)}=\int_{\partial B_2'}\boldsymbol{\sigma}\cdot\boldsymbol{n}\mathrm{d}A_X=\int_{\partial B_2}\boldsymbol{\pi}\cdot\boldsymbol{N}\mathrm{d}A_X=\pm\left(\frac{\lambda}{2}+\mu\right)(q^3-q)\,\boldsymbol{e}_2$$

$$\boldsymbol{T}^{(3,\pm)}=\int_{\partial B_3'}\boldsymbol{\sigma}\cdot\boldsymbol{n}\mathrm{d}A_X=\int_{\partial B_3}\boldsymbol{\pi}\cdot\boldsymbol{N}\mathrm{d}A_X=\pm\frac{\lambda}{2}(q^2-1)\,\boldsymbol{e}_3$$

由上述可知，当 $q\neq 1$ 时，上述几个面的合力总有不为零。$\boldsymbol{T}^{(2,\pm)}$ 为沿方向 $\boldsymbol{e}_2$ 变形所需要的力。$\boldsymbol{T}^{(1,\pm)}$ 和 $\boldsymbol{T}^{(3,\pm)}$ 为变形体保持特定矩形形状所需要的力。

（4）对于 $q\to\infty$ 的情况，对于任意面 $\partial B_i'$，$|\boldsymbol{T}^{(i,\pm)}|\to\infty$。因此，为了达到无限大的变形，需要无限大的力；对于 $q\to 0$ 的情况，$|\boldsymbol{T}^{(i,\pm)}|$ 在任意面 $\partial B_i'$ 上均是有界的。需要注意的是，对于面 $\partial B_2'$ 上的合力趋近于 0。因此，体积变形为 0 的情况所需要的力不为无限大，这意味着该模型对于这类极端变形情况的描述在物理意义上是不合理的。

12.2 超弹性固体力学问题分析

受外部载荷作用，均匀各向同性超弹性体静平衡的边界值问题有两种描述方式：拉格朗日描述与欧拉描述。

拉格朗日描述以初始构形为参考构形，其控制方程罗列如下

平衡方程

$$[(\boldsymbol{I}+\boldsymbol{u}\otimes\nabla_0)\cdot\boldsymbol{\Sigma}]\cdot\nabla_0+\rho_0\boldsymbol{f}_0=0 \tag{12.45}$$

本构方程

$$\boldsymbol{\Sigma}=\begin{cases}2\rho_0[I_3\psi_3\boldsymbol{C}^{-1}+(\psi_1+I_1\psi_2)\boldsymbol{I}-\psi_2\boldsymbol{C}]\text{(可压缩)}\\2\rho_0[(\psi_1+I_1\psi_2)\boldsymbol{I}-\psi_2\boldsymbol{C}]-p\boldsymbol{C}^{-1}\text{(不可压缩)}\end{cases} \tag{12.46}$$

几何方程

$$\boldsymbol{C}=\boldsymbol{I}+\nabla_0\otimes\boldsymbol{u}+\boldsymbol{u}\otimes\nabla_0+(\nabla_0\otimes\boldsymbol{u})\cdot(\boldsymbol{u}\otimes\nabla_0) \tag{12.47}$$

式（12.45）~（12.47）是封闭的，当给定合适的位移边界条件、应力边界条件或混合边界条件后，原则上可以求解它们。由于这组方程的复杂性，其适定性尚未得到证明，也未找到解析解，但可以很方便地用有限元方法求解它们。

欧拉描述以当前构形为参考构形，其控制方程罗列如下

平衡方程

$$\boldsymbol{\sigma}\cdot\nabla+\rho\boldsymbol{f}=0 \tag{12.48}$$

本构方程

$$\boldsymbol{\sigma}=\begin{cases}2\rho[(I_2\psi_2+I_3\psi_3)\boldsymbol{I}+\psi_1\boldsymbol{b}-I_3\psi_2\boldsymbol{b}^{-1}]\text{(可压缩)}\\2\rho(\psi_1\boldsymbol{b}-\psi_2\boldsymbol{b}^{-1})-\bar{p}\boldsymbol{I}\text{(不可压缩)}\end{cases} \tag{12.49}$$

几何方程

$$\boldsymbol{b}=\boldsymbol{I}+\nabla_0\otimes\boldsymbol{u}+\boldsymbol{u}\otimes\nabla_0+(\boldsymbol{u}\otimes\nabla_0)\cdot(\nabla_0\otimes\boldsymbol{u}) \tag{12.50}$$

对于固体变形，由于变形后边界的位置未知。因此，在欧拉描述中很难事先给出边界条件，但我们可以通过半逆法找到一些问题的解。

采用半逆法，首先需要设定适当的变形模式，然后代入本构方程得到相应的应

力分布，最后根据平衡方程和柯西应力公式，确定变形模式应当满足的约束条件和边界条件。下面，我们利用半逆法来求解均匀拉伸、简单剪切、圆柱体扭转的有限变形，这是三种基本变形模式。

1. 均匀拉伸

考虑长方体在外载作用下产生均匀变形，令 $\{x^k\}$ 与 $\{X^M\}$ 为两个重合的直角坐标系，它们的单位方向基矢量分别为 $\{\boldsymbol{e}_k\}$ 与 $\{\boldsymbol{E}_M\}$，则变形的映射关系可表示为

$$x^1 = \lambda_1 X^1,\quad x^2 = \lambda_2 X^2,\quad x^3 = \lambda_3 X^3 \tag{12.51}$$

式中，λ_k 代表沿坐标 x^k 方向的长度比。由式（12.51）可得到

$$\boldsymbol{F} = \boldsymbol{x} \otimes \boldsymbol{\nabla}_0 = \lambda_1 \boldsymbol{e}_1 \otimes \boldsymbol{E}_1 + \lambda_2 \boldsymbol{e}_2 \otimes \boldsymbol{E}_2 + \lambda_3 \boldsymbol{e}_3 \otimes \boldsymbol{E}_3 \tag{12.52}$$

$$\boldsymbol{b} = \boldsymbol{F} \cdot \boldsymbol{F}^{\mathrm{T}} = \lambda_1^2 \boldsymbol{e}_1 \otimes \boldsymbol{e}_1 + \lambda_2^2 \boldsymbol{e}_2 \otimes \boldsymbol{e}_2 + \lambda_3^2 \boldsymbol{e}_3 \otimes \boldsymbol{e}_3 \tag{12.53}$$

根据式（12.53），可得左变形张量 $\boldsymbol{b}$ 的三个主不变量

$$I_1 = \lambda_1^2 + \lambda_2^2 + \lambda_3^2, I_2 = \lambda_1^2\lambda_2^2 + \lambda_2^2\lambda_3^2 + \lambda_1^2\lambda_3^2, I_3 = \lambda_1^2\lambda_2^2\lambda_3^2 \tag{12.54}$$

将式（12.52）~式（12.54）代入式（12.49）的第一个式子可得

$$\begin{aligned}\boldsymbol{\sigma} = {} & 2\rho\left[\frac{\lambda_1}{\lambda_2\lambda_3}\psi_1 + \left(\frac{\lambda_1\lambda_2}{\lambda_3} + \frac{\lambda_1\lambda_3}{\lambda_2}\right)\psi_2 + \lambda_1\lambda_2\lambda_3\psi_3\right]\boldsymbol{e}_1 \otimes \boldsymbol{e}_1 + \\ & 2\rho\left[\frac{\lambda_2}{\lambda_1\lambda_3}\psi_1 + \left(\frac{\lambda_1\lambda_2}{\lambda_3} + \frac{\lambda_2\lambda_3}{\lambda_1}\right)\psi_2 + \lambda_1\lambda_2\lambda_3\psi_3\right]\boldsymbol{e}_2 \otimes \boldsymbol{e}_2 + \\ & 2\rho\left[\frac{\lambda_3}{\lambda_1\lambda_2}\psi_1 + \left(\frac{\lambda_1\lambda_3}{\lambda_1} + \frac{\lambda_1\lambda_3}{\lambda_2}\right)\psi_2 + \lambda_1\lambda_2\lambda_3\psi_3\right]\boldsymbol{e}_3 \otimes \boldsymbol{e}_3\end{aligned} \tag{12.55}$$

显然 $\boldsymbol{\sigma}$ 与坐标无关。因此，无体积力的平衡方程自然满足。由柯西应力公式可得

$$\begin{cases}\boldsymbol{t}_1 = 2\rho\left[\dfrac{\lambda_1}{\lambda_2\lambda_3}\psi_1 + \left(\dfrac{\lambda_1\lambda_2}{\lambda_3} + \dfrac{\lambda_1\lambda_3}{\lambda_2}\right)\psi_2 + \lambda_1\lambda_2\lambda_3\psi_3\right]\boldsymbol{e}_1 \\ \boldsymbol{t}_2 = 2\rho\left[\dfrac{\lambda_2}{\lambda_1\lambda_3}\psi_1 + \left(\dfrac{\lambda_1\lambda_2}{\lambda_3} + \dfrac{\lambda_2\lambda_3}{\lambda_1}\right)\psi_2 + \lambda_1\lambda_2\lambda_3\psi_3\right]\boldsymbol{e}_2 \\ \boldsymbol{t}_3 = 2\rho\left[\dfrac{\lambda_3}{\lambda_1\lambda_2}\psi_1 + \left(\dfrac{\lambda_1\lambda_3}{\lambda_1} + \dfrac{\lambda_1\lambda_3}{\lambda_2}\right)\psi_2 + \lambda_1\lambda_2\lambda_3\psi_3\right]\boldsymbol{e}_3\end{cases} \tag{12.56}$$

只要作用在当前构形边界上的面力 $\boldsymbol{t}_k$ 满足式（12.56），长方体就能维持均匀拉伸的

状态。容易发现，均匀拉伸变形的平衡与超弹性势函数的具体形式无关，这样的变形称为**均匀普适变形**。

当给定 $\boldsymbol{t}_k$ 时，求解由式（12.53）构成的非线性方程组，在一般情况下会得到 λ_k 的多组解。因此，均匀拉伸的有限变形模式没有唯一性，而某一种变形模式的出现则依赖于加载路径。

对于不可压缩材料，$\lambda_1\lambda_2\lambda_3 = 1$。将式（12.50）代入式（12.46）的第二个式子，可得

$$\begin{aligned}\boldsymbol{\sigma} = &[2\rho(\lambda_1^2\psi_1 - \lambda_1^{-2}\psi_2) - \bar{p}]\boldsymbol{e}_1 \otimes \boldsymbol{e}_1 + \\ &[2\rho(\lambda_2^2\psi_1 - \lambda_2^{-2}\psi_2) - \bar{p}]\boldsymbol{e}_2 \otimes \boldsymbol{e}_2 + \\ &[2\rho(\lambda_1^2\lambda_2^2\psi_1 - \lambda_1^{-2}\lambda_2^{-2}\psi_2) - \bar{p}]\boldsymbol{e}_3 \otimes \boldsymbol{e}_3\end{aligned} \tag{12.57}$$

式（12.57）表明，不可压缩材料在均匀拉伸时，其应力状态不仅由长度比决定，还依赖于静水压力 $\bar{p}$。当 $\bar{p}$ 与位置无关时，无体积力的平衡方程自然满足。边界条件则由柯西应力公式给出，即

$$\begin{cases}\boldsymbol{t}_1 = [2\rho(\lambda_1^2\psi_1 - \lambda_1^{-2}\psi_2) - \bar{p}]\boldsymbol{e}_1 \\ \boldsymbol{t}_2 = [2\rho(\lambda_2^2\psi_1 - \lambda_2^{-2}\psi_2) - \bar{p}]\boldsymbol{e}_2 \\ \boldsymbol{t}_3 = [2\rho(\lambda_1^2\lambda_2^2\psi_1 - \lambda_1^{-2}\lambda_2^{-2}\psi_2) - \bar{p}]\boldsymbol{e}_3\end{cases} \tag{12.58}$$

当给定 $\boldsymbol{t}_k$ 时，求解由式（12.58）构成的非线性方程组，一般情况下会得到 λ_1，λ_2 和静水压力 $\bar{p}$ 的多组解。

2. 简单剪切

如图 12.1 所示，$\{x^k\}$ 与 $\{X^M\}$ 为两个重合的直角坐标系，它们的单位方向基矢量分别为 $\{\boldsymbol{e}_k\}$ 与 $\{\boldsymbol{E}_M\}$。变形前，长方体的各个面分别与坐标面平行；变形后，原来垂直于 X^1 轴的平面现在转过角度 θ，其他面仍然处在原来的位置。这种变形形式称为简单剪切，其变形的映射关系可表示为

$$x^1 = X^1 + kX^2, \quad x^2 = X^2, \quad x^3 = X^3 \tag{12.59}$$

式中，$k = \tan\theta$。

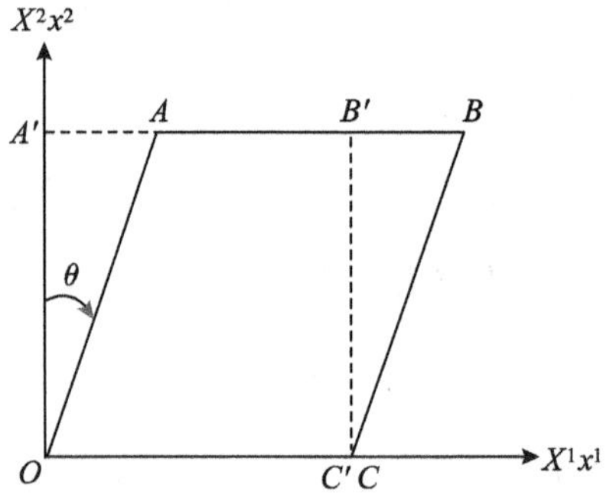

图 12.1 简单剪切

由式（12.59）可计算得到

$$\boldsymbol{F} = \boldsymbol{x} \otimes \boldsymbol{\nabla}_0 = \boldsymbol{e}_1 \otimes \boldsymbol{E}_1 + k\,\boldsymbol{e}_1 \otimes \boldsymbol{E}_2 + \boldsymbol{e}_2 \otimes \boldsymbol{E}_2 + \boldsymbol{e}_3 \otimes \boldsymbol{E}_3 \tag{12.60}$$

$$\begin{aligned}\boldsymbol{b} &= \boldsymbol{F} \cdot \boldsymbol{F}^{\mathrm{T}} \\ &= (1 + k^2)\,\boldsymbol{e}_1 \otimes \boldsymbol{e}_1 + k\,\boldsymbol{e}_1 \otimes \boldsymbol{e}_2 + k\,\boldsymbol{e}_2 \otimes \boldsymbol{e}_1 + \boldsymbol{e}_2 \otimes \boldsymbol{e}_2 + \boldsymbol{e}_3 \otimes \boldsymbol{e}_3\end{aligned} \tag{12.61}$$

$$\begin{aligned}\boldsymbol{b}^{-1} &= \boldsymbol{F}^{-\mathrm{T}} \cdot \boldsymbol{F}^{-1} \\ &= \boldsymbol{e}_1 \otimes \boldsymbol{e}_1 - k\,\boldsymbol{e}_1 \otimes \boldsymbol{e}_2 - k\,\boldsymbol{e}_2 \otimes \boldsymbol{e}_1 + (1 + k^2)\,\boldsymbol{e}_2 \otimes \boldsymbol{e}_2 + \boldsymbol{e}_3 \otimes \boldsymbol{e}_3\end{aligned} \tag{12.62}$$

根据式（12.61）可得左变形张量 $\boldsymbol{b}$ 的三个主不变量

$$I_1 = I_2 = 3 + k^2,\quad I_3 = 1 \tag{12.63}$$

将式（12.59）~式（12.62）代入式（12.49）的第一个式子，可得

$$\begin{aligned}\boldsymbol{\sigma} = {} & 2\rho[(1 + k^2)\psi_1 + (2 + k^2)\psi_2 + \psi_3]\,\boldsymbol{e}_1 \otimes \boldsymbol{e}_1 + \\ & 2\rho(\psi_1 + 2\psi_2 + \psi_3)\,\boldsymbol{e}_2 \otimes \boldsymbol{e}_2 + \\ & 2\rho[\psi_1 + (2 + k^2)\psi_2 + \psi_3]\,\boldsymbol{e}_3 \otimes \boldsymbol{e}_3 + \\ & 2\rho k(\psi_1 + \psi_2)\,\boldsymbol{e}_1 \otimes \boldsymbol{e}_2 + 2\rho k(\psi_1 + \psi_2)\,\boldsymbol{e}_2 \otimes \boldsymbol{e}_1\end{aligned} \tag{12.64}$$

显然 $\boldsymbol{\sigma}$ 与坐标无关的均匀应力状态，无体积力的平衡方程自然满足。边界条件可由柯西应力公式确定。在 AB 面上（$\boldsymbol{n} = \boldsymbol{e}_2$）有

$$\boldsymbol{t}_n = 2\rho(\psi_1 + 2\psi_2 + \psi_3)\,\boldsymbol{e}_2 + 2\rho k(\psi_1 + \psi_2)\,\boldsymbol{e}_1 \tag{12.65}$$

由图 12.1 可知，边界面 BC 的单位法向量 $\boldsymbol{n}$ 与沿 BC 方向的单位切向量 $\boldsymbol{\tau}$ 可分别表示为

$$\boldsymbol{n}=\frac{1}{\sqrt{1+k^2}}(\boldsymbol{e}_1-k\boldsymbol{e}_2),\quad \boldsymbol{\tau}=\frac{1}{\sqrt{1+k^2}}(k\boldsymbol{e}_1+\boldsymbol{e}_2) \tag{12.66}$$

于是，在边界面 BC 上，法向与切向载荷的大小可分别写成

$$\begin{cases}\sigma_n=\boldsymbol{n}\cdot\boldsymbol{\sigma}\cdot\boldsymbol{n}=\dfrac{2\rho}{1+k^2}[\psi_1+(2+k^2)\psi_2+(1+k^2)\psi_3]\\ \tau_n=\boldsymbol{\tau}\cdot\boldsymbol{\sigma}\cdot\boldsymbol{n}=\dfrac{2k\rho}{1+k^2}(\psi_1+\psi_2)\end{cases} \tag{12.67}$$

在垂直于 x^3 轴的边界面上（$\boldsymbol{n}=\boldsymbol{e}_3$）有

$$\boldsymbol{t}_n=2\rho[\psi_1+(2+k^2)\psi_2+\psi_3]\boldsymbol{e}_3 \tag{12.68}$$

我们看到，为了维持简单剪切变形状态，在边界面上不仅要施加剪切载荷，而且需要施加法向载荷，这是与小变形的不同之处。由式（12.64）易得

$$\sigma^{11}-\sigma^{22}=k\sigma^{12} \tag{12.69}$$

式（12.69）表明，简单剪切变形状态要求正应力 σ^{11} 与 σ^{22} 之差不为零，这就是所谓的坡印亭（Poynting）效应。式（12.69）是一个普适公式，利用它可以验证材料是否为各向同性。

对于不可压缩材料，$\lambda_1\lambda_2\lambda_3=1$。将式（12.61）代入式（12.49）的第二个式子，可得

$$\begin{aligned}\boldsymbol{\sigma}=&\{2\rho[(1+k^2)\psi_1-\psi_2]-\bar{p}\}\boldsymbol{e}_1\otimes\boldsymbol{e}_1+\\&\{2\rho[\psi_1-(1+k^2)\psi_2]-\bar{p}\}\boldsymbol{e}_2\otimes\boldsymbol{e}_2+\\&[2\rho(\psi_1-\psi_2)-\bar{p}]\boldsymbol{e}_3\otimes\boldsymbol{e}_3+\\&2\rho k(\psi_1+\psi_2)(\boldsymbol{e}_1\otimes\boldsymbol{e}_2+\boldsymbol{e}_2\otimes\boldsymbol{e}_1)\end{aligned} \tag{12.70}$$

容易验证，若要求式（12.70）表示的应力 $\boldsymbol{\sigma}$ 满足无体积力的平衡方程，则 $\bar{p}$ 一定为常数，且式（12.69）仍然成立。由柯西应力公式可以确定各边界上所施加的载荷，在 AB 面上

$$\boldsymbol{t}_n=\{2\rho[\psi_1-(1+k^2)\psi_2]-\bar{p}\}\boldsymbol{e}_2+2k\rho(\psi_1+\psi_2)\boldsymbol{e}_1 \tag{12.71}$$

在 BC 面上，法向与切向载荷分别为

$$\begin{cases}\sigma_n = \boldsymbol{n}\cdot\boldsymbol{\sigma}\cdot\boldsymbol{n} = 2\rho[\psi_1 - (1+k^2)\psi_2] - \bar{p} \\ \tau_n = \boldsymbol{\tau}\cdot\boldsymbol{\sigma}\cdot\boldsymbol{n} = 2k\rho(\psi_1 + \psi_2)\end{cases} \tag{12.72}$$

在垂直于 x^3 轴的边界面上（$\boldsymbol{n} = \boldsymbol{e}_3$）有

$$\boldsymbol{t}_n = [2\rho(\psi_1 - \psi_2) - \bar{p}]\boldsymbol{e}_3 \tag{12.73}$$

静水压力 $\bar{p}$ 可以由任何一个边界法向载荷为零的条件给出，如在式（12.73）中，令 $p_n = 0$，于是得到

$$\bar{p} = 2\rho(\psi_1 - \psi_2) \tag{12.74}$$

因此，式（12.70）~式（12.72）可化简为

$$\begin{cases}\boldsymbol{\sigma} = 2\rho k^2\psi_1\boldsymbol{e}_1\boldsymbol{e}_1 + 2\rho k^2\boldsymbol{e}_2\boldsymbol{e}_2 + 2\rho k(\psi_1 + \psi_2)(\boldsymbol{e}_1\boldsymbol{e}_2 + \boldsymbol{e}_2\boldsymbol{e}_1) \\ \boldsymbol{t}_n = -2\rho k^2\psi_2\boldsymbol{e}_2 + 2\rho k(\psi_1 + \psi_2)\boldsymbol{e}_1 \\ \sigma_n = -2\rho k^2\psi_2,\quad \tau_n = 2\rho k(\psi_1 + \psi_2)\end{cases}$$

类似还可以讨论其他边界面上的法向载荷为零的情况。

3. 圆柱体扭转

考虑例 7.3 中的不可压超弹性圆柱体的扭转变形，物质坐标系 $\{X^A\} = \{R, \Theta, Z\}$ 和空间坐标系 $\{x^i\} = \{r, \theta, z\}$ 为相重合的圆柱坐标系，半径为 a 的圆柱体的轴线与 Z 轴和 z 轴相重合。柱体扭转满足关系

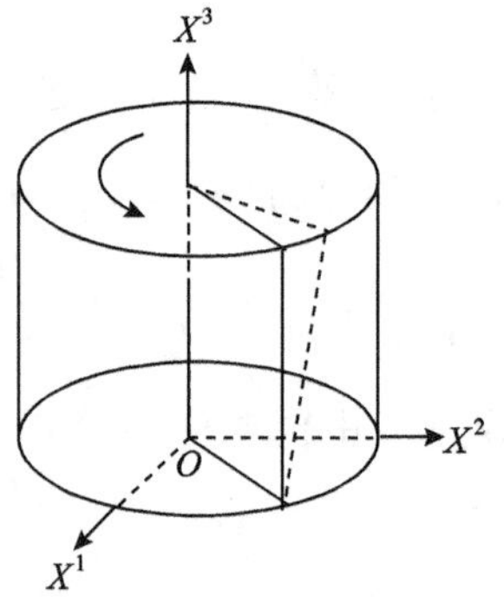

图 12.2　圆柱体的扭转

$$x^1 = X^1,\quad x^2 = X^2 + k X^3,\quad x_3 = X_3$$

在以上变形中，横截面绕 Z 轴旋转了一个角度 kZ，其中，k 为单位长度的扭转角，如图 12.2 所示。根据例 7.3 中的讨论，并注意到 $r = R$，可知

$$\begin{cases}\boldsymbol{C} = \boldsymbol{F}^{\mathrm{T}} \cdot \boldsymbol{F} = C_{AB}\,\boldsymbol{G}^A \otimes \boldsymbol{G}^B \\ \boldsymbol{b} = \boldsymbol{F} \cdot \boldsymbol{F}^{\mathrm{T}} = b^{ij}\,\boldsymbol{g}_i \otimes \boldsymbol{g}_j\end{cases}$$

的系数分别为

$$[C_{AB}] = \begin{bmatrix} 1 & 0 & 0 \\ 0 & R^2 & kR^2 \\ 0 & kR^2 & 1 + k^2R^2 \end{bmatrix}$$

$$[b^{ij}] = \begin{bmatrix} 1 & 0 & 0 \\ 0 & \dfrac{1}{r^2} + k^2 & k \\ 0 & k & 1 \end{bmatrix}$$

由 $\boldsymbol{c} = \boldsymbol{b}^{-1} = \boldsymbol{F}^{-\mathrm{T}} \cdot \boldsymbol{F}^{-1} = c^{ij}\,\boldsymbol{g}_i \otimes \boldsymbol{g}_j$ 得到的 c^{ij} 矩阵为

$$[c^{ij}] = \begin{bmatrix} 1 & 0 & 0 \\ 0 & 1/r^2 & -k \\ 0 & -k & 1 + k^2r^2 \end{bmatrix}$$

利用以上结果，$\boldsymbol{C}$ 或 $\boldsymbol{b}$ 的三个主不变量可计算如下

$$I_1(\boldsymbol{C}) = C_{AB}\,G^{AB} = 3 + k^2R^2 = 3 + k^2r^2 \tag{12.75}$$

$$I_1(\boldsymbol{b}) = b^{ij}\,g_{ij} = 3 + k^2r^2$$

再由 $\mathrm{tr}(b^2) = b^{ij}\,g_{jk}\,b^{kl}\,g_{li} = 3 + 4k^2r^2 + k^4r^4$ 可得

$$I_2(\boldsymbol{b}) = \frac{1}{2}[(\mathrm{tr}\,\boldsymbol{b})^2 - \mathrm{tr}(\boldsymbol{b}^2)] = 3 + k^2r^2 \tag{12.76}$$

$$I_3(\boldsymbol{C}) = I_3(\boldsymbol{b}) = \det \boldsymbol{C} = \det(C_{AB})\det(G^{AB}) = 1 \tag{12.77}$$

对于不可压缩超弹性体，柯西应力可写为

$$\boldsymbol{\sigma} = \sigma^{ij}\,\boldsymbol{g}_i \otimes \boldsymbol{g}_j = -p\,g^{ij}\,\boldsymbol{g}_i \otimes \boldsymbol{g}_j + 2\rho_0(\psi_1\,b^{ij} - \psi_2\,c^{ij})\,\boldsymbol{g}_i \otimes \boldsymbol{g}_j \tag{12.78}$$

式中，ψ_1 和 ψ_2 为 I_1 和 I_2 的函数，即为 k^2r^2 的函数。注意到 $|\boldsymbol{g}_1| = |\boldsymbol{g}_3| = 1$，$|\boldsymbol{g}_2| =$

r，式（12.78）还可用物理分量 $\sigma_{(ij)} = \sigma^{ij}|\boldsymbol{g}_i||\boldsymbol{g}_j|$（不对 i，j 求和）来表示。故有

$$\begin{cases} \sigma_r = \sigma_{(11)} = -p + 2\rho_0(\psi_1 - \psi_2) \\ \sigma_\theta = \sigma_{(22)} = -p + 2\rho_0[(1 + k^2 r^2)\psi_1 - \psi_2] \\ \sigma_{\theta z} = \sigma_{(23)} = 2\rho_0 kr(\psi_1 + \psi_2) = \sigma_{z\theta} \\ \sigma_z = \sigma_{(33)} = -p + 2\rho_0[\psi_1 - (1 + k^2 r^2)\psi_2] \end{cases} \tag{12.79}$$

其他应力分量为零。注意到 ψ_1 和 ψ_2 为 r^2 的函数，而与 θ，z 无关，这样可将平衡方程写为

$$\begin{cases} \dfrac{\partial}{\partial r}[-p + 2\rho_0(\psi_1 - \psi_2)] - 2\rho_0 k^2 r\psi_1 = 0 \\ \dfrac{\partial p}{r\partial\theta} = 0 \\ \dfrac{\partial p}{\partial z} = 0 \end{cases} \tag{12.80}$$

可见 p 仅是 r 的函数。故由式（12.80）与边界条件 $\sigma_r|_{r=a} = 0$ 有

$$\sigma_r = 2\rho_0 k^2 \int_a^r r\psi_1 \mathrm{d}r \tag{12.81}$$

再将 $p = 2\rho_0(\psi_1 - \psi_2) - \sigma_r$ 代入应力的其他非零分量，可得

$$\begin{cases} \sigma_\theta = 2\rho_0 k^2\left[\displaystyle\int_a^r r\psi_1 \mathrm{d}r + r^2\psi_1\right] \\ \sigma_{\theta z} = 2\rho_0 kr(\psi_1 + \psi_2) \\ \sigma_z = 2\rho_0 k^2\left[\displaystyle\int_a^r r\psi_1 \mathrm{d}r - r^2\psi_2\right] \end{cases} \tag{12.82}$$

式（12.82）中的 σ_z 为端面上的法向应力分量，它是使圆柱体在扭转时没有轴向伸长所需的轴向应力，反映了扭转中的坡印亭效应。扭转时所需的轴向合力 F_N 可写为

$$\begin{aligned} F_N &= 2\pi\int_0^a r\sigma_z \mathrm{d}r = 4\pi\rho_0 k^2 \int_0^a r\left[\int_a^r r\psi_1 \mathrm{d}r - r^2\psi_2\right]\mathrm{d}r \\ &= -2\pi\rho_0 k^2 \int_0^a r^3(\psi_1 - 2\psi_2)\mathrm{d}r \end{aligned} \tag{12.83}$$

式（12.82）中，$\sigma_{\theta z}$ 为端面上的切向应力分量，由此可求得施加于端面上的扭矩

M_T 为

$$
\begin{aligned}
M_T &= 2\pi\int_0^a r^2\sigma_{\theta z}\mathrm{d}r = 4\pi\rho_0 k\int_0^a r^3(\psi_1+\psi_2)\mathrm{d}r \\
&= 2\pi k\int_0^a r^3\mu(k^2 r)\mathrm{d}r
\end{aligned}
\tag{12.84}
$$

式中，$\mu(k^2r)$ 为广义剪切模量。

对于橡胶弹性体，通常有 $\psi_1>0$，$\psi_2>0$，所以轴向合力 F_N 总是负的，即扭转时轴向力为压力。可以想象，如果扭转时不施加轴向压力，圆柱体将有伸长趋势。更多有关超弹体的有限变形分析，读者可查阅相关文献。

12.3 习题

12.1 设计一个实验方案，确定穆尼－里夫林型本构模型中的两个材料参数。

12.2 可压缩弹性体受外载作用产生如下变形

$$x^1 = X^1 + kX^2,\quad x^2 = X^2 + kX^3,\quad x^3 = X^3$$

试确定弹性体中的柯西应力张量 $\boldsymbol{\sigma}$，并证明其分量满足以下的普适关系

$$\sigma_{22}-\sigma_{11}=\sigma_{13}=\frac{\sigma_{12}-\sigma_{23}}{k},\quad \sigma_{22}-\sigma_{33}=\sigma_{13}+k\sigma_{23}$$

说明弹性体中的变形是等容变形。

12.3 试证明柯西应力的主应力 $\sigma_\alpha(\alpha=1,2,3)$ 可表示为

$$\sigma_\alpha=\rho\lambda_\alpha\frac{\partial\varphi(\lambda_1,\lambda_2,\lambda_3)}{\partial\lambda_\alpha}\quad(\alpha=1,2,3;\ 不对\ \alpha\ 求和)$$

参 考 文 献

［1］黄克智，薛明德，陆明万．张量分析［M］．3 版．北京：清华大学出版社，2020.

［2］黄再兴．固体力学基础：经典与非经典理论［M］．北京：科学出版社，2020.

［3］黄勇．张量概念的起源与演变［J］．数学的实践与认识，2008，38（1）：169－176.

［4］黄筑平．连续介质力学基础［M］．2 版．北京：高等教育出版社，2012.

［5］高玉臣．固体力学基础［M］．北京：中国铁道出版社，1999.

［6］郭仲衡．非线性弹性理论［M］．北京：科学出版社，1980.

［7］金明．非线性连续介质力学教程［M］．3 版．北京：清华大学出版社，2017.

［8］李锡夔，郭旭，段庆林．连续介质力学引论［M］．北京：科学出版社，2015.

［9］赵亚溥．近代连续介质力学［M］．北京：科学出版社，2016.

［10］ABRAHAM R，MARSDEN J E，RATIU T. Manifolds，Tensor Analysis，and Applications［M］. Berlin：Springer－Verlag，1988.

［11］DASSIOS G，LINDELL I V. On the Helmholtz decomposition for polyadics［J］. Quart Appl Math，2001（4）：787－796.

［12］ERINGEN A C，KAFADAR C B. 微极场论［M］．戴天民，译．南京：江苏科学技术出版社，1982.

［13］FLÜGGE W. Tensor Analysis and Continuum Mechanics［M］. Berlin：Springer－Verlag，1972.